"全国重点物种资源调查"系列成果

丛书主编：薛达元

中国动物园：使命与实践

主编　蒋志刚

中国环境出版社·北京

图书在版编目(CIP)数据

中国动物园：使命与实践 / 蒋志刚主编. —北京：中国环境出版社，2013.5
（全国重点物种资源调查丛书）
ISBN 978-7-5111-1390-0

Ⅰ. ①中…　Ⅱ. ①蒋…　Ⅲ. ①动物园—概况—中国　Ⅳ. ①Q95-339

中国版本图书馆 CIP 数据核字（2013）第 056951 号

出 版 人　王新程
责任编辑　张维平
封面设计　彭　杉

出版发行　**中国环境出版社**
　　　　　（100062　北京市东城区广渠门内大街 16 号）
　　　　　网　　　址：http://www.cesp.com.cn
　　　　　电子邮箱：bjgl@cesp.com.cn
　　　　　联系电话：010-67112765（编辑管理部）
　　　　　　　　　　010-67112738（管理图书出版中心）
　　　　　发行热线：010-67125803，010-67113405（传真）
印　　刷　北京中科印刷有限公司
经　　销　各地新华书店
版　　次　2014 年 9 月第 1 版
印　　次　2014 年 9 月第 1 次印刷
开　　本　787×1092　1/16
印　　张　23
字　　数　540 千字
定　　价　88.00 元

【版权所有。未经许可请勿翻印、转载，侵权必究】
如有缺页、破损、倒装等印装质量问题，请寄回本社更换

"全国重点物种资源调查"系列成果编辑委员会

名誉主任：李干杰　万本太

主　　任：庄国泰

副 主 任：朱广庆　程立峰　柏成寿

委　　员：蔡　蕾　张文国　张丽荣　武建勇　周可新

　　　　　赵富伟　臧春鑫

"全国重点物种资源调查"项目专家组

组　　长：薛达元

成　　员（按姓氏拼音顺序）：

　　　　　陈大庆　龚大洁　顾万春　侯文通　黄璐琦

　　　　　蒋明康　蒋志刚　姜作发　雷　耘　李立会

　　　　　李　顺　马月辉　牛永春　覃海宁　王建中

　　　　　魏辅文　张启翔　张　涛　郑从义　周宇光

本册主编及完成单位

主　　编：蒋志刚

副 主 编：方红霞　罗振华　于双英　朱佳伟　李春旺　汤宋华

主要参编人员：平晓鸽　李春林　张　方　李忠秋　胡军华

　　　　　　　金　崑　初红军　李筑眉　胡慧健

顾　　问：张金国　谢　钟　刘昕晨

牵头单位：环境保护部南京环境科学研究所

完成单位：中国科学院动物研究所

前　言

　　仍记得童年时最爱的去处是城中岳屏山上的动物园。岳屏山是那时城中树最多的地方，四季常青、层林叠翠。小山头上有一座小动物园，现在回想起来，那是一座小得不能再小的动物园。40多年前，故乡那座城市的动物园里只有两排小笼舍，半数的笼舍是空着的。养着一头黑熊、一只非洲狮、一对孔雀、几只猕猴、几只画眉及八哥、几只小虎皮鹦鹉和情侣鹦鹉。动物园的门票只要3分钱。

　　入得园去，只见寥寥可数的几位游人，凑在铁栏杆前，隔着有些生锈的铁丝网，闻着骚臭的尿味，望着一只同样也扶着铁栏，瞪着双眼的黑熊，它晃动着身体，无奈地望着游人。隔壁的笼舍中一只懒洋洋躺在冰冷的有些发亮的水泥地上昏睡的狮子。游人会大叫几声，希望狮子能走上几步，做出几个漂亮的动作。然而，狮子要么转个身，接着睡；要么，偶尔爬起来，在笼中来回踱步；并不抬眼正视来人一眼。在秋高气爽、红叶满山的季节，那沉闷的、极具穿透力的狮吼，会越过笼舍、越过围墙、穿过树林，传到周围的市区。没有多少人知道，那是狮子发情的季节到了。

　　猴舍中只有一个固定在墙头上的小木台子、一根连接两面墙壁的横梁，一个用两根铁链固定在天花板上的秋千。猕猴倒是很活跃，在木头台子上、横梁上跳跃追赶，抓住铁链晃荡的猕猴是园中动感最强的场景，也是儿童们最喜欢看的动物，人们在心里琢磨着这些长相像人，动作也有几分像人的猴子，也就不再难接受老师在课堂上讲"人是猴子变的"这一进化论的简单说教。

　　虎皮鹦鹉、情侣鹦鹉的体型细小，被关在蒙着细密铁丝网的鸟房里。在那时只能看见麻雀和鸽子的城市里，在那个还没有电视、画报、中学也没有生物学课程的年代里，仔细打量那些羽毛艳丽、鸟喙奇特、叽叽喳喳、亲密无间的小鹦鹉在鸟房里枯树枝头上跳跃，无异是一场观赏珍奇动物的视觉大宴。那些能模仿人说话的八哥也十分吸引游人，南方没有笼养鸟的习俗，大家只能在动物园见到八哥。大家隔着铁丝网，盯着那鸟嘴发黄、长着小凤冠、浑身黑羽毛闪烁着金属光泽的八哥，大声发出"你好！""你好！"的叫声，八哥转动头，瞪着一双乌黑发亮的黑眼睛，回应一声"你好！"于是，"哇……"，人群发出一片惊讶声，"原来八哥会说话"。于是，人们试图叫八哥说更多的话，当有人大声教八哥说当时另一句流行的问候语"吃饭没有"时，八哥侧转头，瞪着眼，仔细地听。但是，八哥没有出声。于是，有人再次大声喊："吃饭没有？""吃饭没有？"八哥仍侧着头，瞪着眼，再仔细地听，试着模仿那句问候语时，似乎有些困难，喉头咕噜咕噜地响，发出一阵"丝分有"的声音。人们并不明白八哥咕噜了什么。不管怎样，游人们还是从与笼中八哥的互动中得到了极大的乐趣。那就是半个世纪前中国动物园中的小型动物园的缩影。

经过半个世纪历程，在世界动物园发展过程中，中国的动物园得到了长足的发展。单调、狭窄的铁笼正在逐步被模拟动物自然生境的展区所取代，中国动物园中也展出 700 多种动物，包括世界主要的野生动物种类。现在，无论观赏动物是一项爱好、消遣，还是一项工作时，我们了解动物的好奇心都会得到极大满足，我们的视野都会极大地得到拓展。我们乘坐电瓶车，隔着玻璃窗，观赏着在较大自然生境中活动的非洲狮群、猎豹；观赏着在草地觅食的斑马、羚羊、犀牛和长颈鹿；观看在雪原上奔跑的东北虎，在树林里跳跃的蜘蛛猴、松鼠猴时，我们感受到了大自然和野生动物的魅力，真正地感悟到人与动物的关系。现在动物园在保证动物的天性得以保存的同时，也体现了现代人类文明与人性的发展和升华。中国动物园像世界其他动物园一样，满足了人类了解自然、了解世界的愿望。

2006 年，我们承担了国家环境保护总局（现环境保护部）下达的"全国生物物种资源联合执法检查和调查项目"之"中国动物园动物编目与易地保护调查"。通过这个项目的实施，我们重温了世界动物园的历史，中国动物园的发展和现代动物园的理念。我们的足迹遍布祖国大地。从南到北，访问了 68 家动物园。我们通过网络数据库查阅了中国动物园的设计原则、科学研究、公众教育和环境保护方面的进展，分析了中国动物园面临的机遇与挑战。本项目的完成是集体努力的结果。我感谢薛达元先生、朱广庆先生、张文国先生、蔡蕾女士、张丽荣女士、周可新先生对本项目的支持和帮助。本书的研究论证得到张金国先生、谢钟女士、刘昕晨先生的支持和帮助，特别是张金国先生和北京动物园各位同仁的帮助。

本书集本研究组对中国动物园研究的大成，包括我担任内蒙古鄂尔多斯动物园顾问的工作，也包括了我指导研究生的研究，如阎彩娥对上海野生动物园和成都动物园金丝猴的发情行为与性激素关系的研究、于双英在北京动物园开展的气味丰富笼养动物行为的实验以及朱佳伟开展的动物园动物受游客欢迎程度调查。参加本书纂写的有罗振华、方红霞、汤宋华、于双英、朱佳伟、李春旺。参加外业调查的课题参与人员有方红霞、罗振华、汤宋华、于双英、朱佳伟、李春旺、平晓鸽、李春林、张方、李忠秋、胡军华、金崑、初红军、李筑眉、胡慧建、郑孜文、付义强、买尔旦·吐尔干、马瑞俊、李言阔、刘建、张琳、李国梁、王竹青、张达等，中国农业大学景观所刘果硕先生提供图片，在此一并致谢。本项目时间紧，任务重，难免挂一漏万，请读者批评指正。

蒋志刚

2012 年 7 月于北京中关村

目　录

摘　要

　　动物园是向公众展出动物的场所。本书第 1 章回顾了世界豢养野生动物的历史和动物园的出现。1793 年，法国建立了第一个动物园——Jardin des Plantes Zoological Gardens in Paris。动物园在我国的出现比西方晚了 100 多年。第 2 章回顾了中国动物园的历史。中国最早的动物园有始建于 1906 年的北京农事实验场附属万牲园（北京动物园的前身）和建于 1907 年的黑龙江省齐齐哈尔龙沙公园。新中国成立以来，中国动物园事业得到了空前的发展。改革开放后，中国动物园迎来了一个崭新的发展阶段。一些动物园开始扩建，并新建了一批野生动物园。1985 年 10 月，中国成立了中国动物园协会。同时，中国动物园的设计管理开始引入国外的先进理念。北京动物园等大型动物园率先在园内模拟动物自然生境，实施丰富动物生境计划，追求动物与环境的和谐、人与动物的和谐和人与自然的和谐共存，使得中国动物园真正与国际动物园接轨。本书的第 3 章介绍了现代动物园的三项使命：野生动物易地保护、开展与动物有关的科学研究以及向公众进行保护动物科普宣传教育。中国动物园与世界发达国家相比，现有管理水平有待提高。

火烈鸟　蒋志刚摄

由于圈养环境空间有限、生境元素单一且一成不变、缺乏必要的环境刺激与随机性以及动物无法控制环境等原因，生活于圈养环境之中的动物通常难以表达正常的行为达到康乐的理想状态。行为多样性低、异常行为频繁、活动过少等是圈养动物中常见的问题。第4章介绍了动物园生境丰富化（Habitat enrichment）和动物行为丰富化（Behavior enrichment）的概念和实践。圈养环境丰富化，作为一种解决诸多圈养环境带来的动物行为问题，及促进圈养动物心理健康的有效手段，已经成为圈养动物管理中的一条重要原则。本章介绍了环境丰富化的两种途径、环境丰富化与行为多样性、环境丰富化与圈养动物的异常行为、环境丰富化对刻板行为的影响、减轻圈养环境对动物造成的胁迫、环境丰富化与濒危物种迁地保护。

散放的孔雀　蒋志刚摄

第5章介绍了中国动物园的设计与管理。20世纪80年代，中国走向改革开放，中国动物园的发展也随之进入了一个崭新的时期。更多的二线、三线城市建立了动物园。而随着城市规模的扩大，经济的发展，中国的旧城区进入改造重建阶段，原有的动物园已经不能适应动物的饲养、展示、科普需求。于是，在城市的改造重建中，原有的城市动物园经过搬迁和改造，以崭新的面貌出现。同期，国外的先进的动物展示、动物展区生境与行为丰富化、动物展区设计、动物保育方法、动物福利等理念也进入我国。一大批大学毕业生，甚至硕士、博士进入动物园的工作岗位，更新了中国动物园职工队伍，为中国动物园管理注入了新鲜血液和创新的动力。中国动物园从传统的动物园向现代动物园转化。1993年，一种全新的动物园——野生动物园——在当时中国改革开放的前沿深圳出现。而后，中国的野生动物园如雨后春笋，在全国各地出现。在中国动物园建设过程中，新的建园设计理念的引入、选址与建筑原则的确定，动物展区的设计、展出动物种类的选择以及动物展示方式的革新，都为中国动物园的规划设计者和管理者带来了新的课题。

第 6 章介绍了中国动物园研究现状和环境保护进展。近 30 年来，中国动物园开展了动物学行为、营养、繁殖、疾病防治、保护教育方面的研究。许多高等院校和研究机构也以动物园为基地，针对中国特有的动物、国外引入的珍稀动物以及特定的动物学问题开展了研究。许多研究走向了国际前沿。同时，人们也在动物园开展了环境监测和保护以及水污染的治理。

在各种丰富环境的方法中，提供新奇气味是一种十分简便且花费少的方法，对嗅觉灵敏的猫科动物有很好的效果。第 7 章介绍了我们于 2006 年在北京动物园对东北豹（*Panthera pardus orientalis*）进行了以气味丰富圈养环境的实验，以检验提供植物（肉豆蔻 *Myristica fragrans*）、猎物气味（狍 *Capreolus capreolus* 粪便）和捕食者气味（东北虎 *Panthera tigris altaica* 尿）是否能增加东北豹的行为多样性、促进其活跃时间并减少刻板行为的发生。气味丰富化影响东北豹的行为模式，包括行为多样性和活动量的增加；但气味并不能改变东北豹的刻板行为，活动量的增加也只表现在实验初期。因此，对于丰富东北豹的圈养环境，引用气味的方法具有其优点和局限性。在动物园实践工作中，可以利用气味丰富化作为提高行为多样性的手段，而寻找其他更有效的丰富方法来改善异常行为的发生和活动过少的问题。

鄂尔多斯动物园鸟瞰图　中国农业大学景观研究所供稿

现代动物园有保护、科研、教育和娱乐四大功能，而观赏是实现这些功能的基础。第 8 章介绍了动物园展示动物吸引观众的因素的一项调查。动物园需要实现的主要目标是增加动物对游客的吸引和提高游客的满意度。我们在北京动物园对大熊猫（*Ailuropoda melanoleuca*）、亚洲象（*Elephas maximus*）和金丝猴等 24 个展区的 48 种动物分别进行了实地调查，对游客在不同动物展馆的参观时间进行记录分析，并以此评估不同动物的受欢迎程度。还对不同的动物情况（数目、来源、体型、特征以及活跃程度等）和展馆条件（展馆大小、条件和动物可见度等）以及游客自身特征对游客观赏时间影响进行了分析。结果显示：① 1600 组游客的平均观赏时间是 59.5±46.5 秒。游客观赏时间在不同展馆之间差异显著，游客在夜行动物馆的两种动物（耳廓狐 *Vulpes zerda*、蜜熊 *Potos flavus*）前的停留时间最短；观赏洪氏环企鹅（*Penguin humboldti*）、棕熊（*Ursus arctos*）、大熊猫等动物的时间较长。② 本国的物种比外国的更受欢迎，而游客对奇特、陌生的动物并不比熟悉的动物更感兴趣；动物的受欢迎程度与动物的数目无关，而动物的体型和活跃度都会影响游客对动物的喜好；参观路线较长、动物易见以及环境丰富化高的展馆更容易吸引游客；游客数目不超过六人时，观赏时间随人数增多而增加，多于六人时，二者没有相关性；游客团体中有小孩时参观的时间更长；而拍照、投食等行为也会增加游客的停留时间。提高展馆环境丰富程度和完善动物福利对动物园的建设和发展，提高动物吸引度和游客满意度都是非常重要的。

我们目前对中国动物园的圈养物种种类、数量、遗传资源和濒危物种易地保护能力尚不清楚。这种状况不利于我国的生物多样性保护与遗传资源的宏观管理。因此，需要开展一次全国性的中国动物园物种编目研究，以促进珍稀、濒危野生动物的易地保护和繁育，为保护和合理利用动物资源、促进物质文明和精神文明建设做贡献。第 9 章总结了我们在国家环境保护部生物多样性办公室的领导下组织开展的一次"中国动物园物种编目与易地保护研究"。我们采取直接抽样实地调查、问卷通信调查与收集现存资料、统计资料分析相结合的编目方法，进行了中国动物园的物种编目，全面评估了动物园易地保护能力，侧重回答了以下问题：中国动物园饲养了哪些动物？中国动物园展示了哪些动物？中国动物园繁殖了哪些动物？中国动物园有潜力繁育哪些动物？我们访问和调查了 68 家动物园，基本涵盖了中国现有的动物园类型：既有大中型动物园、野生动物园，也有小型动物园、公园的动物展区和自然保护区的动物展区。既有中国历史最悠久的动物园，也有在中国改革开放后新建的动物园。中国已经建成了一个由不同类型动物园、公园动物展区以及野生动物园组成的动物园体系。这些动物园的设计、动物收藏、动物展出形式各具特色。已考察的 68 家动物园饲养了 789 种（包括虎、金钱豹 *Panthera pardus* 的亚种，下同）野生动物，动物园物种编目信息见附录 1。

目前中国动物园饲养的中国野生动物比 20 世纪 90 年代初的 600 余种增加了 180 多种。20 世纪 90 年代初，中国动物园饲养了 100 余种国外引入的动物，现在中国动物园饲养的国外动物种类比 20 世纪 90 年代初增加了 160 余种。在中国动物园，人们现在可以见到中国野生动物的代表种类，抽样动物园展示了中国哺乳动物种类的 25.0%，中国鸟类种类的 28.2%，中国爬行动物种类的 22.7%，但只展示了中国两栖动物种类 4.0% 的种类。大中型动物园以及分建的濒危动物繁育中心是中国濒危动物的繁育基地。抽样调查的中国动物园饲养了 234 种国家一级与二级保护动物；饲养了 254 种 CITES 附录物种。这些 CITES 附

大猩猩 蒋志刚摄

录物种中，许多是世界著名的动物如非洲象（*Loxodonta africanna*）、黑犀牛（*Diceros bicornis*）、绿狒狒（*Papio anubis*）、山魈（*Mandrillus sphinx*）、黑猩猩（*Pan troglodytes*）等。有些濒危动物种类，目前能在动物园繁殖，例如雪豹（*Uncia uncia*）、华南虎（*Panthera tigris amoyensis*）、亚洲象等。中国动物园在濒危动物的繁殖配对、饲养方面进行了大量的研究。在一些极度濒危的动物，如华南虎的繁育方面开展了全国性的技术协作。中国动物园成功繁殖了许多濒危物种。近年来，中国动物园从国外引入了一批动物，如树袋熊（*Phascolarctos cinereus*）、鸭嘴兽（*Ornithorhynchus anatinus*）、长鼻猴（*Nasalis larvatus*）、叉角羚（*Antilocapra americana*）、蜂鸟、棱皮龟（*Dermochelys coriacea*）、鲨鱼、猎豹、大猩猩（*Gorila gorilla*）、美洲狮（*Puma concolor*）等，其中猎豹、大猩猩、美洲狮等已经能在我国动物园中人工繁殖。在动物园中成功繁殖的动物主要是哺乳动物和涉禽，其中，不少动物的人工繁殖工作，如大熊猫、金丝猴，是世界领先的。抽样动物园中饲养的国家一级重点保护动物占国家一级重点保护动物总种数的 70.57%，饲养的国家二级重点保护动物占国家二级重点保护动物总种数的 47.09%。抽样动物园饲养的列入 CITES 附录Ⅰ的中国动物占列入 CITES 附录Ⅰ的中国动物的 64.21%，饲养的列入 CITES 附录Ⅱ的中国动物占列入 CITES 附录Ⅱ的中国动物的 60.86%，饲养的列入 CITES 附录Ⅲ的中国动物占列入 CITES 附录Ⅲ的中国动物的 50%。由此可见，中国动物园已经成为濒危物种科普教育基地。

本研究的抽样动物园既有大中型动物园、野生动物园，也有小型动物园。样本包括了所有中国的典型动物园，具有代表性。第 10 章介绍了我们从这些动物园中发现的一些问题和提出的对策。①动物园收集/养殖的动物种类不全，抽样动物园的收集/养殖的动物种类只占中国野生哺乳类、鸟类和爬行类动物种类不到四分之一，两栖动物更少。②多数动物园收集/养殖的动物种群小，没有形成可繁殖、可生存种群。③ 一些动物园，特别老式小型动物园饲养空间小，使得一些动物表现出刻板行为。④ 除了大熊猫、华南虎等少数几种动物之外，抽样动物园中绝大多数动物没有建立谱系。⑤ 小型动物园笼养空间小，笼舍不清洁，只饲养了单只动物。展出的动物铭牌错误多，未能起到科学普及的作用。针对这些问题，我们提出，动物园是人类社会的重要组成部分，应当充分重视动物园的发展，加强国际交流和合作，建立中国动物园动物谱系；加大动物园的投入，增加动物饲养种类，扩大动物园的面积，丰富动物的圈养环境；发挥大中型动物园的示范作用，创造条件，让更多人参观动物园，充分发挥动物园的动物展示、科学普及与物种资源保存的作用。

番禺香江野生动物世界的角马　蒋志刚摄

猕猴（*Macaca mulatta*）　蒋志刚摄

短尾猴（*Macaca arctoides*）（左）、豚尾猴（*Macaca nemestrina*）（右） 唐继荣摄

1 动物园的历史

　　动物园是向公众展出动物的场所。动物园展出的动物以野生动物为主，现代动物园也展出一些家养的动物，如一些动物园中设置的宠物园和供儿童接触动物的小动物园。目前，全世界各种类型的动物园超过 10 000 座，其中知名动物园约 1 100 座。

1.1 古代对动物的收集与豢养

　　动物园的形态随着人类社会的发展而发展。古代中国、古埃及以及世界各地的帝王和贵族，都有收集和饲养珍稀野生动物的历史，收集珍禽异兽是王公贵族的喜好，活的珍禽异兽甚至死的动物标本是财富和权势的象征。Hoage 和 Dies（1996）报道在公元前 2500 年埃及人曾养殖了大量的大羚羊、小羚羊和其他羚羊，是最早的动物园。早在公元前 2～3 世纪，为展示从战争中缴获的大象、狮、豹等动物而建立了饲养栏圈。这些野兽用来在公共场所表演，甚至让角斗士在角斗场与猛兽搏斗或让猛兽处死死刑犯。在拜占庭帝国，饲养猛兽、进行猛兽搏斗表演的传统一直持续到 12～13 世纪。亚里士多德曾经在托勒密一世的动物园里观察动物，撰写了《动物历史》一书。

　　珍稀野生动植物是皇家贵族的一类收藏品。公元前 4～5 世纪埃及的神庙开始圈养羚羊，埃及第 13 王朝，哈苏塔女王在底比斯建立了世界上第一个私有动物园。公元前 12 世纪，周文王建有皇家“灵囿”，面积达 375 hm^2，饲养了包括大熊猫在内的一批野生动物。13 世纪，马可·波罗记载了忽必烈大汗在他的宫殿内饲养了大型猫科动物，在草地上放养了草食动物。16 世纪起，中国西藏达赖喇嘛也开始在拉萨罗布林卡养殖了一些野生动物。猎豹和狮是威猛、力量的象征，一直被埃及、波斯王室豢养。在印度，王室贵族为战争还驯养了亚洲象、黑豹（*Panthera pardus*）作战。

　　欧洲上层社会历来普遍对野生动物感兴趣，特别是那些猛兽和外来物种。例如狮、熊、狼等猛兽成为日耳曼贵族徽章的重要组成部分。早在 14 世纪，欧洲的皇族、王侯即开始在宫廷官邸里囚养、展示本土或外来的猛兽。地理大发现时期，葡萄牙从海外获得了大批野生动物，皇家动物园里饲养了象、犀牛和狮（*Panthera leo*）、虎（*Panthera tigris*）、金钱豹等。葡萄牙的贵族们也群起效仿，在府邸里饲养珍禽异兽。16～17 世纪西方城堡中饲养野生动物的种类增加，常见的野生动物有熊、狼（*Canis lupus*）、狮、山猫、虎、猎豹、金钱豹、雪豹（*Uncia uncia*）以及鹿类，用来昭示主人的社会地位，供宾客观赏娱乐。文艺复兴时期，各国王公贵族向梵蒂冈教皇进贡了许多野生动物，利奥十世时期，梵蒂冈小庭院里的动物园已经发展到一定规模。罗马教廷的红衣主教们也开始在他们的庄园里饲养野生动物。但是这些皇家贵族园林一般不对公众开放，是皇家贵族的私产，只有贵宾才能进入参观（巴拉泰，菲吉耶，2006）。

当时，驯养猛兽的一个目的是为了开展猛兽搏斗表演和利用猛兽进行围猎。这一习俗一直维持到 17 世纪。一方面，大型猫科动物在野外数量日益稀少，难以捕获，于是，日益难以获得猛兽来维持猛兽搏斗表演；另一方面，贵族们的伦理道德开始发生了变化，野蛮血腥的动物搏斗逐渐失去了吸引力，动物搏斗开始规范化。尽管利用猛兽进行围猎的习俗消失了，利用猎枪狩猎的传统一直延续至今，然而，狩猎的规模在缩小。

16 世纪以后，欧洲贵族们对珍稀的动植物越来越感兴趣。地理大发现随之而来的海外探索带来了奇形怪状的动植物，为贵族们的生活带来了新的兴奋点，只有贵族才有经济实力购买外来的珍禽异兽。在意大利贵族们可能肩扛猴子或鹦鹉外出散步。动物标本也成为收藏者社会地位的象征。瑞典国王曾要求林奈为他收藏的无数的哺乳动物、鸟类、昆虫和贝类进行分类，这些工作也促进林奈建立他的物种分类系统。当时，并不是所有的人都有机会见到外来的珍禽异兽。一个例子是，德国画家阿尔布雷希特·丢勒 1515 年根据一幅由不知名画家所画的印度犀牛素描，制作了木刻版画"犀牛"。在爱尔兰都柏林，一只虎死了，主人展出这只死虎，也引来了大批平时付不起门票的穷人来参观（巴拉泰，菲吉耶，2006）。

一直到 16 世纪，人们圈养动物时，还很少区分用于典礼、搏斗、观赏的动物，而是将当时视为珍奇的外来动物饲养在一起。例如，伦敦塔动物园狮、豹、虎、熊、鹰、鸵鸟和猴子一直养殖在伦敦塔的兽栏、回廊的笼子甚至拱顶层的房间里。当时，在法国、葡萄牙、西班牙、奥地利和日耳曼的宫殿花园和王侯府邸都建立了珍奇动物的圈养场所。但是，这些圈养动物的场所远非现代意义的动物园，由于成本的原因，这些动物圈养场所连养殖水鸟的池塘都没有。直到 16 世纪后期，意大利贵族的别墅园林中才出现了散养的鹧鸪、山羊和野兔，在喷泉水池中放养了本土或外来的珍稀鱼类。

到了 17~18 世纪，收集珍禽异兽的贵族其风尚发生了变化，他们开始希望展示自己的收藏，作为文化修养、荣耀、权力、实力的象征。17 世纪，意大利罗马鲍格才在别墅建设了有铁丝顶棚和窗户、四壁有模拟自然的绘画的鸟舍，游人可以从各个方向观赏鸟舍中鸟类，模拟自然的绘画也相当于早期的模拟自然生境。在英国，建成于 18 世纪 50 年代的哈利法克斯勋爵的霍顿别墅中央建成了一个巨大公众接待室，两侧的封闭庭院中展示了主人饲养的虎、熊、鹤、浣熊以及其他动物。饲养着珍禽异兽的路易十四的凡尔赛宫，也开始对公众开放参观（巴拉泰，菲吉耶，2006）。

自古以来，街头流动艺人与马戏团利用驯化的野生动物向公众表演，并以此谋生。例如，流动艺人美索不达米亚、希腊和罗马的动物表演，这些动物常常是当地土著动物种类，如熊、野猪（*Sus scrofa*）甚至旱獭（*Marmota baibacina*）。中世纪欧洲商人从海外引入外来动物。意大利人在 15 世纪看见了引入欧洲的第一只虎，16 世纪，奥地利人观赏了引入的象。18 世纪中叶，一名荷兰船长从亚洲引入了一头亚洲犀牛，他带着那头名为克拉拉的犀牛遍游了荷兰、日耳曼、法国和意大利。但是这些流动艺人与马戏团驯养的动物种类有限，在各国巡游，表演的地点流动不定（巴拉泰，菲吉耶，2006）。在现代动物园出现之前，美国人对野生动物的印象来自于狩猎、街头马戏艺人的表演。

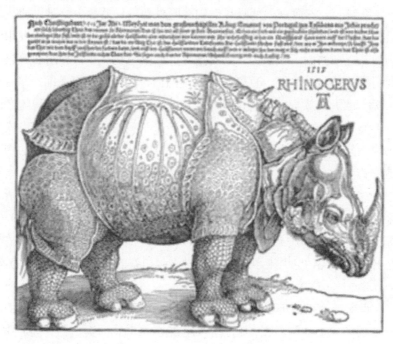

德国画家阿尔布雷希特·丢勒根据素描画制作的木刻版画"犀牛"

动物园的形成与出现是一幅人类发展编年史的缩影。人们有欣赏、了解野生动物的天生好奇心理，然而，一直到现代传媒的出现，不是所有人都有机会看到世界各地的各种各样的野生动物。而拥有珍稀野生动物还曾经是权利和财富的象征，有人有像收集珠宝一样地收集野生动物，包括活的野生动物和野生动物制品的嗜好。一些民族还有源自狩猎文化时代，搏击猛兽的尚武传统。野生动物也与人类文明发展有不可分割的渊源，在世界上许多地方，野生动物也一直是生产与生活资料，一直延续到工业革命。

1.2 现代动物园的出现

现代动物园作为向公众展出动物的固定场所，其雏形最早出现在欧洲，当时，人们作为一种谋生手段在固定地点的铁笼里向公众展示珍禽异兽。这种不定期的、小规模的早期的动物园常常只展示一种或几种珍禽异兽。但是到 18 世纪后叶，流动艺人与马戏团驯养的动物种类开始增多，包括猴、虎、豹、犀牛、象、骆驼、鸵鸟、海豹、海豚、鳄鱼、鼍蜥等。在欧洲的一些分权自治的意大利半岛、日耳曼领地的城镇也建有小型的动物园，如在威尼斯的小型动物园展示过狮和鹰，法兰克福建立过鹿圈，苏黎世、伯尔尼等瑞士城市的熊园，阿姆斯特丹的狮塔，荷兰一些城市建成了天鹅公园。这些动物种类单一的动物园在那个时候为公众带来近距离观赏了解动物的场所。后来发展成为较大的、固定的，甚至成为了公园内的动物展区。

法国早期动物园——Jardin des Plantes Zoological Gardens in Paris 中画家和动物

（http：//www.tate.org.uk/modern/exhibitions/rousseau/inspiration/）

　　1793 年法国在巴黎植物园中建立了现代形式的动物园——Jardin des Plantes Zoological Gardens in Paris。若弗鲁瓦·圣伊莱尔（Étienne Geoffroy Saint-Hilaire）和佛雷德里克·居维叶（Frédéric Cuvier）曾经分别担任第一任和第二任园长。动物园免费对公众开放。动物学家为动物园的建设发挥过重要作用。后来，法国的动物园模式被欧洲各国效仿。英国、瑞士、德国建成了许多动物学会管理的动物园，这些动物园成为改造城市的上流社会精英人士活动的地方和画家写生获得绘画灵感的地方，也成为动物学家研究动物的场所。伦敦、阿姆斯特丹等地的动物学会还开办了图书馆和国家自然博物馆。18 世纪后期，美国出现自然科学热。动物学会是许多驰名动物园的创建者。1879 年即拥有 4 000 名会员的史密斯桑尼学会，为华盛顿特区的岩溪公园捐赠了 140 英亩土地，于是，在美国也出现了学会开办的现代动物园——美国史密斯桑尼学会开办的华盛顿国家动物园。当时，这些动物园只对会员开放。

伦敦动物园是一个老动物园　蒋志刚摄

佛雷德里克·居维叶，著名动物学家、古生物学家，法国巴黎动物园园长 Frédéric Cuvier（1773—1838）

Ambroise Tardieu（1788—1841）

1830 年，伦敦动物园的水禽展区，人类与动物需求在现代动物园里初步得到满足（Andrews，E.A.1941. Zoological Gardens I. The Scientific Monthly 53：16-17.）

1900 年的汉堡动物园

　　1828 年由伦敦动物学会建立的伦敦动物园是世界上最早的动物园之一。伦敦动物学会的创始人 Stamford Raffles 爵士为了模仿他在印度能观赏野生动物的庄园，在伦敦执政者公园建立伦敦动物园。早期的伦敦动物园只对伦敦动物学会会员和他们的客人开放。早期，联合王国的庄园主希望动物园能驯化外来野生动物以装点英格兰的公园，并为人们的餐桌提供新的食物，而博物学家们则希望动物园养殖的动物仅仅是为了分类的目的，而不要考虑展出动物的吸引力、可食用性或其他用途。伦敦动物学会不得不平衡两种观点。1844 年，

Martin Lichtenstein 为首的一个委员会接受了 Friedrih Wilhelm 四世捐赠的动物建立了柏林动物园。最初的柏林动物园是一个股份有限公司，是当时一家不由动物学会管理的动物园。然而，柏林动物园与大学、博物馆保持密切的合作，他们开展合作研究、发表论文（Strehlow，1996），在 19 世纪后期，在柏林动物园建了一些外来风格的建筑物，这些建筑物一直保留到今天。1850—1860 年间，德国其他城市才开始建立动物园。尔后，墨尔本（1861 年）、费城（1871 年）、加尔各答（1875 年）、纽约（1876 年）、辛辛那提（1876 年）先后建立了动物园。1898 年在美国华盛顿特区建立的国家动物园标志着美国动物园的成熟，此时，美国已经建立了黄石国家公园。人们认为动物园不应当成为关押动物的笼舍，而应当成为展示野生动物的公园。美国国家动物园设计的模仿自然生境的展区、饲喂野生动物为天然食物以及动物园的科学管理方式奠定了现代动物园的方向。此后动物园经历了一系列的发展，1907 年建立的斯特林肯动物园使用了没有围栏的隐性隔离沟和全景式的仿生境展区设计，加深了人与野生动物以及自然世界的情感联系。现在国外先进的动物园一般都采用了具有动物自然生境的展区。

法兰克福动物园树懒展区   蒋志刚摄

柏林动物园具有俄罗斯风格圈舍的欧洲野牛圈舍　蒋志刚摄

柏林动物园的大门　蒋志刚摄

进入 20 世纪后，人们开始认识到动物园的自然价值和保育价值。设计者开始追求动物园设计的"画廊"效果，牢笼式的囚禁方式和过多展示种类的观点被大型、自然展区、同时展示多个物种，并强调物种保育的新观念所取代。例如，美国动物园协会协调开展了大约 70 种动物的合作保育项目，对于许多濒危动物来说，动物园是它们面前最后的生存地。野生动物园的出现，则彻底颠覆了将野生动物关在铁笼中观赏的传统。在野生动物园中，野生动物生活在自然生境之中，而游人则坐在游览车中观赏野生动物。

美国 The Wilds 野生动物园的长颈鹿　蒋志刚摄

2 中国动物园的历史

　　动物园在我国的出现比西方晚了 100 多年。中国建立的最早的一批公园动物展区，有始建于 1906 年的北京农事实验场附属万牲园（北京动物园的前身），次年，黑龙江省齐齐哈尔龙沙公园动物园和无锡锡金公园（亦名公花园、城中公园）开始建设。那个时期展出动物最多的动物园是北京万牲园。这些动物展区是中国现代动物园的雏形。1928 年，在南京玄武湖梁洲建立了玄武湖动物园。这些早期的动物园都在 20 世纪上半叶的战争中遭到了破坏。

2.1 中国最早的动物园

北京动物园　蒋志刚摄

　　北京动物园是中国开放最早、珍禽异兽种类最多的动物园之一，始建于清代光绪 32 年（1906 年），距今已有一百余年的历史，是中国第一个动物园，是一个皇家动物园。在西学东渐的趋势下，清政府为挽救其日益败落的统治，开通风气，振兴农业，由当时的商部请旨，饬拨官地兴办农事试验场。该农事试验场虽冠以振兴农业之名，其仍为清廷的皇家御苑。据记载，经商部查得在乐善园、继园旧址（现今北京动物园）土地广袤、泉流清冽、交通便利，作为农事试验场最为适宜。经奏准，将两园旧址及附近的广善寺、惠安寺等一并辟为农事试验场。总面积 71 hm²。农事试验场内，附设动物园、植物园，并设有试验室、农器室、肥料室、标本室、温室、蚕室、缫丝室、车厂、咖啡馆、照相馆等。还建有豳风堂、鬯春堂、畅观楼、海峤瀛春、荟芳轩、来远楼、松风萝月、万字楼、观稼轩、牡丹厅等风格各异的建筑，在蜿蜒的水系上建设了各具风格的桥梁。1908 年动物园开始向社会开放，称"万牲园"。动物园占地面积 1.5 hm²，建有动物园北楼及砖雕的正门，内有兽亭三座、兽舍 40 余间，鸟室 10 间，还有水禽舍、象房等。所展出的第一批野生动物约 80 余种 700 只，多是由清政府官员端方自德国购进的，还有各省督抚搜集解送的，小部分为慈禧及王公大臣赠送的宠物。慈禧及光绪曾两次率后妃等来此观赏（杨小燕，2002；肖方等，2009）。民国时期，由于军阀混战、社会动荡，管理上愈加混乱，1914 年，相继更名"农商部中央农事试验场"、"北平农事试验场"等，1936 年，园中饲养动物种类仅维持在 100 种左右（含淡水鱼）。抗日战争时期，仅有的一头大象因饥饿而死，狮、豹等动物又以防空为借口被全部毒死（杨小燕，2002）。北京动物园从清末时期的万牲园、民国时期的农事试验场，到新中国成立后的北京动物园；从供皇宫贵族、官僚军阀游玩享乐的场所到现今的供广大人民群众休息游览的场所，北京动物园经几代人的努力，已发展成为现今全国规模最大、饲养动物种类最多、科技力量最强，在亚洲乃至全世界都有着巨大影响力的动物园。

2.2 中国动物园的兴起

新中国成立以来，动物园事业得到了空前的发展。1950 年 3 月 1 日，原该农事试验场整修扩充为"西郊公园"并正式开放，开始与苏联、东欧国家建立国际间动物交换关系。1955 年 4 月 1 日，北京"西郊公园"改名为"北京动物园"。它位于西城区西直门外，占地面积约 86 hm²，水域面积 8.6 hm²，拥有大熊猫馆、企鹅馆、金丝猴馆、犀牛河马馆、象馆、狮虎山、熊山、鹰山、长颈鹿馆、猩猩馆、长臂猿馆、热带小猴馆、两栖爬行动物馆、鹦鹉馆、鸣禽馆、火烈鸟馆、貘科动物馆、小型哺乳动物区、澳洲动物区、非洲动物混养区、食草动物区、鹿苑、科普馆以及世界内陆最大的海洋馆，展出各种国内外珍稀动物以及许多国家赠送的动物，饲养展出的动物有 450 余种、5 000 多只，海洋鱼类 500 余种 10 000 多尾。每年接待国内外游客 700 多万人次。如今的北京动物园是国家和北京市科普教育基地，有专门的科室负责全园的科普工作，组织动物保护的宣传和志愿者活动。与世界 50 多个国家和地区的动物园建立了友好联系，许多国家及知名人士赠送给政府和人民的礼品动物都在这里饲养展出。

阿拉伯大羚羊　蒋志刚摄

九江动物园　蒋志刚摄

20 世纪 50 年代，国内先后建立了成都动物园（1953）、昆明动物园（1953）、上海动物园（1954）、重庆动物园（1955）、长沙动物园（1956）、兰州动物园（1957）、广州动物园（1958）、南昌人民公园动物展区（1959）等一批国内大中型动物园以及公园动物展区。20 世纪 70 年代，又新建了南宁动物园（1973）、天津动物园（1975）等动物园。在这一时期，北京动物园派出采购动物小组前往埃塞俄比亚、坦桑尼亚、肯尼亚等地，历时 4 年，收集到长颈鹿（*Giraffa camelopardalis*）、非洲象、斑马、角马（*Connochaetes taurinus*）、白长角羚（*Oryx dammah*）、非洲鸵鸟（*Struthio camelus*）、格氏瞪羚（*Gazella leptoceros*）、汤氏瞪羚（*Gazella thomsonii*）、象龟（*Geochelone pardalis*）、绿狒狒、大羚羊（*Damaliscus lunatus*）、土豚（*Orycteropus afer*）等 157 种 1 000 多只动物，分 13 批运回北京，补充完善了中国动物园的非洲动物收藏。

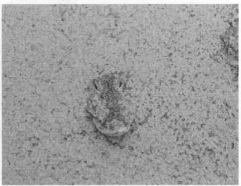

扬子鳄　蒋志刚摄

2.3 中国动物园的发展

改革开放后，中国动物园迎来了一个崭新的发展阶段。一些动物园开始兴建扩建动物展区，如南昌人民公园的动物展区扩建为南昌动物园，1987 年 2 月，南昌动物园从人民公园分出，正式成立动物园，目前，南昌动物园正在搬迁到市外朝阳公园。1994 年 3 月，上海动物园改建计划完成，建成了灵长馆、大猩猩馆、两栖爬行馆、科教馆。2004 年，西安动物园整体搬迁到市外，建成位于秦岭脚下的秦岭野生动物园。西宁动物园也在 2009 年搬迁到城外建立了青藏高原野生动物园。这一时期，中国动物园开始大批引入了大洋洲、美洲的动物，国外动物的引入极大地丰富了中国动物园饲养的动物种类。同时，中国动物园的设计管理也开始引入国外的先进理念，指导动物园发展的新思路，融入世界动物园发展的趋势。北京动物园等大型动物园率先在园内模拟动物自然生境，实施丰富动物生境计划，追求动物与环境的和谐、人与动物的和谐和人与自然的和谐共存，使得中国动物园真正与国际动物园接轨。

白眉长臂猿（雄/左；雌/右）　唐继荣摄

2.4 中国野生动物园的发展

　　1993 年，我国第一家野生动物园——深圳野生动物园开园。野生动物园是指在园区模拟野生动物的原生环境、集中放养世界各地的珍禽异兽，为旅游者提供接触模拟自然生境中野生动物的机会，同时为野生动物提供庇护环境的场所，使野生动物能够表现正常行为（中华人民共和国林业部，1996；国家林业局，2000；蒋志刚，2001；吴必虎，2001；杨秀梅和李枫，2008）。在国外出现的现代的野生动物园是一种新的展示野生动物的方式。自从动物园出现以来，野生动物就圈养在铁笼之中，游人隔着铁丝网或玻璃窗观赏铁笼中的动物。而野生动物园的面积较大，游人乘坐游览车按固定线路在园中参观，隔着车窗观看野生动物。这种"人在笼（车）中，动物在笼（车）外"的全新动物园游览模式深受旅游者欢迎。同时，野生动物园的门票较高，不但拥有良好的生态效益和社会效益，还可以获得可观的经济效益，其建设与发展在野生动物资源保护与可持续利用及科普教育、休闲、娱乐等方面发挥着越来越重要的作用。短短 18 年间，我国野生动物园从无到有，目前已达到 34 家，有的省市甚至同时拥有 2～3 个大规模的野生动物园（风易，1999；杨秀梅和李枫，2008）。

　　我国野生动物园自 1993 年问世以来，1993 年至 1996 年为探索起步期，到 1997 年至 2004 年为高速发展期，再到 2005 年至 2010 年为平稳发展期。我国野生动物园在快速发展的同时，竞争也日趋激烈，结束了早期野生动物园的短暂暴利时代之后，很快进入了行业亏损期，许多野生动物园经营惨淡，部分面临倒闭和重组。我国野生动物园发展中暴露出来的问题引起了人们的关注和思考，现有的研究成果多集中于对野生动物园的规划、管理、可持续发展等问题的研究（刘德晶，2000；魏婉红，2006；叶枫，2007；常红和张忠潮，

2008；杨秀梅，2008；罗小红等，2011），有关学者分析了中国野生动物园的时空分布，分析我国各个野生动物园与其最邻近的野生动物园之间的实际直线距离为 263.53 km，其最邻近点指数为 1，表明我国野生动物园的空间分布类型属于随机型。我国野生动物园在八大区域间的空间密度差异较大，其中，北部沿海地区、东部沿海地区、南部沿海地区和长江中游地区野生动物园密度较高（罗小红等，2011）。我国野生动物园建设中的经验教训需要进一步总结，以期为我国野生动物园的建设和经营管理者提供参考。

动物园里人与动物和谐共处　蒋志刚摄

据统计，世界上 1 200 个主要动物园共展出 3 000 多种，超过 100 万只动物。全世界每年有超过 6 亿人到这些动物园游览参观，参观动物园的人数超过了世界总人口的 1/10，参观动物园的人数远远超过参观任何其他公共设施和保护机构的人数。在北美洲，一半人口每年至少一次参观动物园。国际上已经建立了世界动物园组织（IUDZG，亦称国际动物园园长联合会），世界的各大洲还有大洲或区域性的动物园协会，如美洲动物园和水族馆协会（AAZPA，会员有 175 个动物园）、中美洲动物园协会（会员有 125 个动物园）、欧洲动物园和水族馆协会（会员有 300 个动物园）、泛非洲动物园、水族馆和植物园协会（PAAZAB，会员有 25 个动物园）、东南亚动物园协会（SEAZ，会员有 545 个动物园）及澳洲动物园和水族馆协会（ARAZA，会员有 30 个动物园）。此外，国际上还有国际物种信息网（ISIS，为全球提供动物园饲养动物数据库）、国际动物园教育工作者联盟（IZE，开展动物园教育的国际合作）等与动物园有关的非政府组织。

1985 年 10 月，中国成立了中国动物园协会。中国动物园协会是由全国各地动物园（包括有动物展区的公园）、水族馆组成的全国性行业社团。业务主管部门为中华人民共和国建设部，并设有全国动物园科技情报网等机构。中国动物园协会组织了中国动物园的交流、培训和技术协作，如华南虎的繁育协作、动物园大熊猫繁育协作，引入了动物园动物生境丰富化和饲养动物福利等新概念，促进了中国动物园事业的发展。目前，中国动物园协会有 170 多个团体会员。

周末，都柏林动物园大门口的长队　蒋志刚摄

花冠皱盔犀鸟（*Aceros undulates*）（左）、冠斑犀鸟（*Anthracoceros coronatus*）（右）

唐继荣、罗振华摄

3 现代动物园的使命

在追求知识、崇尚自然的今天，中国动物园开启了新的理念。现代动物园主要有以下三项使命：野生动物易地保护、开展与动物有关的科学研究以及向公众进行保护动物科普宣传教育。

利用蝴蝶进行科普　蒋志刚摄

3.1 野生动物易地保护

现代动物园是保存、繁育濒危物种的场所。易地保护指将那些在原自然生境中不能生存的濒危动植物迁移到人工环境中或易地实施保护，是《生物多样性公约》推荐的濒危物种保护措施之一。尽管由于人工环境中缺乏自然生境中自然选择的择优汰劣作用，不能完全保持物种的自然活力，但是，当物种丧失了在野生环境中生存的能力，在野生状态下即将灭绝时，易地保护无疑为濒危物种保种提供了最后一套保护方案。

中华花龟（*Ocadia sinensis*）（左）、缅甸陆龟（*Indotestudo elongata*）（右）　唐继荣摄

目前，世界上近 3 000 种鸟兽只有在易地保护下才能生存。易地保护繁育的濒危物种，其后代放归自然，建立自然种群，是濒危物种易地保护的目标。一些物种只有同时维持野生种群和人工保护的易地种群，才能保证物种不会灭绝。如麋鹿（*Elaphodus davidianus*）、加州秃鹫（*Aegypius monachus*）、黑足鼬（*Mastela nigripes*）等，都是成功易地保护的实例。北美洲成功地向野外再引入了加州秃鹫。日本当地的东方白鹳（*Ciconia boyciana*）种群灭绝后，从中国和俄罗斯再引入了东方白鹳，成功地进行了笼养繁殖，并尝试将笼养繁殖的东方白鹳进行野外放归，希望在东方白鹳原生境重新建立野生繁殖群体。

北京麋鹿苑的麋鹿　蒋志刚摄

东方白鹳筑巢　唐继荣摄

　　现代动物园、水族馆的角色从展示动物的场所开始转化为保存、繁育动物的基地，成为生物多样性保护的重要场所。中国目前有 180 余个动物园和公园的动物展区（园中园），还有 20 处野生动物园，一些城市正在兴建动物园，一些城市已经或正在将城市里的动物园迁移到郊外，扩建为野生动物园，如昆明动物园、西安动物园、南昌动物园。据 20 世纪 90 年代统计，中国的动物园共饲养了动物 600～700 种约 10 万只中国哺乳动物、鸟类、两栖爬行类、鱼类等。北京动物园、上海动物园、广州动物园饲养的动物种类都超过了 400种。此外，动物园是我国引入外来动物物种数量最多的地点，在北京、上海、广州动物园中还饲养了 100 种国外引入的动物。

广州动物园的狒狒　蒋志刚摄

大拟啄木鸟（*Megalaima virnes*） 唐继荣摄

目前中国动物园是中国野生动物保护的半壁江山，保存着许多中国特有动物和外来动物物种遗传资源。人们在动物园、水族馆开展了濒危动物的易地保护。现代动物园扩大面积，营造生境后，将发展为野生动物物种保护中心。

川金丝猴（*Rhinopithecus roxellanae*） 蒋志刚摄

我国的动物园为保护中国生物多样性作出了贡献。据 20 世纪 90 年代统计，中国动物园养殖了 200 多种濒危动物。在人工繁育华南虎、大熊猫、朱鹮（*Nipponia nippon*）、金丝猴、黑叶猴（*Presbytis francoisi*）等珍稀濒危动物方面作出了突出贡献。一些动物园在园外建立繁育基地，如上海动物园、北京动物园等。在动物园饲养种群的基础之上，建立了一批大型濒危动物繁育基地，如成都大熊猫繁育研究基地、广西黑叶猴繁殖研究基地、上海扭角羚（*Budorcas taxicolor*）繁育研究基地和沈阳珍稀鹤类繁育研究基地等，这些濒危物种繁育基地是目前我国濒危物种繁育体系的重要组成部分。

黑天鹅　蒋志刚摄

3.2 动物科学研究

现代动物园还是开展动物学研究的场所，国内外动物学研究者都在动物园开展了大量的研究工作。例如，北京动物园、成都动物园、上海动物园、苏州动物园、重庆动物园等对大熊猫、金丝猴、金钱豹、华南虎、黑天鹅（*Cygnus atratus*）、扭角羚、朱鹮、丹顶鹤（*Grus japonensis*）繁殖课题的研究。中国动物园开展了关于圈养动物刻板行为及其减缓措施的研究，如生境元素丰富化与大熊猫刻板行为的研究；开展了利用气味丰富笼养金钱豹的气味环境，以期减少笼养金钱豹的刻板行为的研究；研究了金丝猴家族中雌性的序位、动情交配序位以及性关系对维系家族关系的作用。

骆驼　蒋志刚摄

3.3 动物科普宣传教育

现代动物园是人们休闲的场所，每年中国游览动物园的游人数量达到一亿多人次，居世界各国首位。人们在游览的同时，在动物园认识了动物，了解了生物多样性，获得了动物学与生态学知识。于是，动物园成为对公众进行生物多样性和自然保护教育的基地。北京动物园 1984 年接待游客量就达 1200 万人次；在"五一"黄金周时，最多一天曾接待游客达 25 万人次。而举世闻名的故宫 2007 年也只接待了 930 万人次的参观者，在"五一"黄金周时，一天的参观人数也仅为 12 万人。参观动物园的人群中占很大比例的是学龄前儿童和父母。对于生活在大都市的人们来说，除了在电视、网络、书本、杂志看见野生动物的影像之外，几乎没有其他接触动物的途径，而动物园是很多人唯一接触动物的地方。因此，动物园对于公众的生物学科学普及作用不言而喻。

现代动物园还是现代城市景观的重要组成部分。现代动物园通常是城市中占地面积较大的一类绿地，大型动物园有着良好的绿化环境和精心设计的园艺，其景观特色是大草坪和大乔木，是"城市绿肺"的一部分。为突出动物园的园艺景观，动物园常常进行了个性化设计，使园内植物群落有层次、有季相、有景观，融野生动物的生态环境于公园的大绿化背景之中。动物展出区域结合动物生态与生境特点，同时根据不同的景观需要，各动物园引进了当地适生植物，园区体现了地方的生物多样性特色。例如，广州动物园，不仅是一处动物展出场所，也是一个植物展示的园地。全园种植了 10 000 多株 200 多种热带树种，因地制宜地在园区内开辟了各种类型的生境，形成了热带植物自然群丛景观。植物群落层次丰富、季相分明，生态环境自然，丰富了公园的景观面貌，构成了一个山清水秀、绿树成荫、格调新颖、景色宜人的优美环境。又例如，南宁动物园园内树荫似盖，绿草如茵，具有南国亚热带特点和生态园林景观，其园容表现典型的南国亚热带风光，被园林专家誉为"植物园中的动物园"。

2009 年 12 月的景观　　　　　　　　　　　　2012 年 8 月的景观

鄂尔多斯动物园园区的绿化　蒋志刚摄

白琵鹭（*Platalea leucorodia*）（左）、草鹭（*Ardea purpurea*）（右）　唐继荣摄

广州动物园的展区　蒋志刚摄

4 圈养环境丰富化与圈养动物福利

动物福利是指动物的一种康乐的状态，在此状态下，动物的基本需求得到满足，而痛苦降至最小（考林·斯伯丁，2005）。为了满足动物的需求，动物福利的五项基本原则（王增禄等，2004）：

（1）动物享有不受饥渴的自由，保证动物保持良好的健康和精力所需要的食物和饮水，满足动物的生命需要。

（2）动物享有生活舒适的自由，提供适当的房舍或栖息场所，让动物能够得到休息和睡眠。

（3）动物享有不受痛苦、伤害和疾病的自由。保证动物不受额外的疼痛，预防疾病，及时治疗患病动物。

（4）动物享有生活无恐惧和悲伤的自由，保证避免动物遭受精神痛苦的各种条件和处置。

（5）动物享有表达天性的自由，提供足够的空间、适应的设施以及与同类动物伙伴在一起。

动物保护内容包括保护动物免受虐待和身体的损伤，免受疾病的折磨和精神上的痛苦，减少人为活动给动物造成的直接伤害（陆承平，1999）。

吼猴馆的布置　蒋志刚摄

4.1 环境丰富化概念的产生

　　20 世纪，动物福利和支持动物解放的运动在西方国家发展起来，公众开始逐渐关注动物的各项权利，从而促使政府和相关的管理及研究机构开始制定全面和规范的措施来保证圈养环境下动物的康乐。但最初，保证动物免受饥渴和身体上的疾病与痛苦是动物福利关注的焦点，而动物的"心理福利"和"行为福利"却被忽视。某些为了维持动物身体健康的措施反而不利于动物心理健康的发展。例如，动物园的笼舍设计中考虑的一个因素是易于清洁以避免动物患病。因此，大多数笼舍中都建造成便于清扫消毒的水泥地面和墙壁。这种单一的设计取代了自然环境的复杂多样，虽然保证了动物的生理健康，但却无法满足其自然行为表达的需求。从 20 世纪 60 年代起，人们开始意识到行为学在动物福利中所发挥的重要作用。应用行为学（Applied Ethology），通常指研究由人类饲养管理的动物行为的学科。应用行为学的发展在动物福利领域中的重要性日益突出。Gonyou（1994）提出了行为学研究在动物福利领域的五个应用方面，包括物种的正常行为、行为需求、偏好实验、异常行为及较差福利的指标、心理状态及认知能力。可见，动物福利与行为学研究联系紧密。

模拟自然生境的鸟类展窗　蒋志刚摄

　　环境丰富化，主要是指通过改善圈养动物的行为需求、促进动物的心理健康等方面来提高圈养动物的福利。Shepherdson（1998）将环境丰富化定义为找出并提供保证圈养动物心理和生理健康的必要的环境刺激，提高动物饲养的质量。狭义的环境丰富化，也可以认为是"行为丰富化"，即通过改变圈养环境，为人工饲养的野生动物提供各种表达物种特有行为的机会，而这些行为在圈养条件下很容易丧失。丰富的圈养环境对动物的感官活动、机械活动以及认知要求提高，并且能强化一系列行为，包括学习、社会交流、身体活动以及探究行为（Dinse，2004）。从这个角度来说，环境丰富化的研究可以看做是应用行为学在动物福利领域中的一个重要应用。早在 20 世纪 20 年代，就有学者提出为圈养灵长需要类提供可以玩耍或操纵的装置才能够达到最佳的饲养质量，而后在 20 世纪 60 年代，Hediger 认为利用环境丰富化手段可以作为令圈养动物同表达野外正常的行为的方法。目前，丰富圈养环境这一原则在动物园、实验室、饲养场以及宠物饲养中广泛应用。一些国家的政府和科研机构都颁布了关于对动物人工环境要求的规定，例如美国农业部（USDA）为饲养灵长类的人工环境和管理而制定的要求（Stewart 和 Bayne，2004）以及密歇根大学动物使用和饲养委员会（UCUCA）制定的要求为非人灵长类提供环境丰富化措施的规定。生活在动物园中的动物，也是圈养动物的一个主要来源，在动物园设计中出现了一个新理念——动物系统工程（Animal Systems Engineering，ASE），其主要目的是在动物环境的设计中重点参考动物的生物学知识，提供各种生境元素来满足动物的生理和行为需求（Forman et al.，2001）。

4.2 环境丰富化的两种途径

对于应采取何种方法丰富圈养动物的环境，有两种看法：自然方法和机械方法，即建造与自然环境相似的圈养空间还是提供人造装置以恢复个体的行为表达（Young，2003）。前者强调的是为动物提供一个尽量接近自然生境的圈养环境，设计中建造树木、草、岩石或水池等自然性的物体，目的是令动物感觉生活在野外条件，并可教育游客保护野生动物以及它们的栖息地。为动物提供自然环境中存在的某些生境因素已经被证明可吸引动物。如研究发现，低地大猩猩（*Gorilla gorilla gorilla*）更偏好使用具有一些自然生境因素的地点，如斜坡、可攀爬装置以及其他生境因素如树木或岩石（Ogden et al.，1993）。而后者，利用人造装置来恢复行为的表达则更多地来自心理学研究而非动物学研究，其中 Markowitz 的工作最为卓越，他利用操作条件技术来"教"动物如何获取食物（Mellen 和 MacPhee，2001）。根据这一原则而制作的自动喂食箱已经获得了广泛的应用，并被证明对激发动物表达更为多样化的行为类型具有很好的效果。例如在放置自取食的食物箱后，褐狐猴（*Eulemur fulvus*）的活动时间接近自然水平，有效地丰富了狐猴的圈养环境（Sommerfeld et al.，2005）。目前，虽然在使用何种方法上不同的学者还有争论，但通常二者之间并非互相排斥，可以结合使用。

具体来说，丰富圈养动物环境的手段可以分为两类：与喂食不相关的以及与喂食相关的丰富化手段。前者包括给动物提供物体或气味、训练、笼舍调换以及其他对圈养环境所做的改进；而与喂食相关的方法主要是增加搜寻食物时间、捕获时间、提取时间以及处理时间，改变喂食时间以及每日喂食次数（Swaisgood 和 Shepherdson，2005）。

狮面狨馆的布置　蒋志刚摄

4.3 环境丰富化与行为多样性

环境是动物行为的三要素之一（蒋志刚，2000），环境中的各种生境因素是诱导动物行为发育的条件之一。在迁地动物保护设施中，往往无法提供必要的环境因素保证动物正常行为模式的发育。研究表明，缺乏必要的环境元素，动物无法表达物种具有的行为（Li et al.，2006）。除了生境的各种元素外，圈养空间大小也可能限制动物行为的表达。例如在大熊猫的案例中，小空间可抑制其发情行为及活动，而一旦获得较大的活动空间时，这类行为显著增加（Peng et al.，2007）。同饲养于小围栏中的个体相比，大围栏促进麋鹿弹性行为的表达，如通信行为，并减少了由于高密度引起的对抗行为（蒋志刚，2004）。

人工提供的金丝猴猴的食物 蒋志刚摄

树懒 蒋志刚摄

环境丰富化对于提高环境异质性，促进物种特有行为及正常的活动水平以及觅食行为来说是一种重要的工具，并且能够使动物更好地适应环境的改变（Snowdon，1991；Maple et al.，1995）。在圈养笼舍中提供倒木后，北极狐（*Alopex agopus*）表达出更多的行为种类，包括搬运、咀嚼、拨弄以及嗅闻（Korhonen 和 Niemelä，2000）。模拟黑猩猩在野外获取蚂蚁的方式而制作的自动取食蜂蜜的装置有效地减少了黑猩猩的不活跃状态（降低了52%），而其觅食行为由 0 增加到总观察时间的 31%，同时个体表现出工具使用和处理的行为（Celli et al.，2003）。提供可攀爬的结构后，观察到眼镜熊（*Tremarctos ornatus*）表达更多的行为种类（Renner 和 Lussier，2002）。提供同类其他个体的信息同样可以激发与群体行为相关的行为类型，例如放置另一只马的图片后，实验对象的警戒行为时间增加，推测是由于所提供图片中的马的姿势所引起的（Mills 和 Riezebos，2005）。Kus（2001）发现，生活在异质性高的环境中的大鼠（*Rattus norvegicus*）同生活在标准笼舍里的个体之间在表达的行为种类上存在显著差异，同时，个体对某些丰富环境的装置如通道表现出持续的兴趣，而对吊锁的使用则随观察时间而递减。Westergaard 和 Fragaszy（1985）发现提供麦秆和可操纵的物体促进了卷尾猴（*Cebus capucinus*）的使用物体的行为，一些物体甚至被用来作为工具，因此他们认为麦秆和可玩耍的物体能够使圈养的卷尾猴表达种特有行为，提高了其身体和健康，并且增加了游客的观赏兴趣。目前，动物园饲养实践中具有一种管理系统，即基于活动的圈养动物管理（Activity-based Management），指将动物在不同的饲养展览区轮流展出或训练，这一系统可以使动物定期接触不同的环境以及环境中的气味等信息，是一种非常有效的行为丰富化的手段。按照此原则，White（2003）等人的研究所证明。他们将五种哺乳动物，包括红毛猩猩（*Pongo pygmaeus*）、马来亚长臂猿（*Hylobates synaactylus*）、中美貘（*Tapirus bairdii*）、鹿豚（*Babyrousa babyrussa*）以及苏门答腊虎（*Panthera tigris sumatrae*）的 12 只个体在不同的笼舍中轮流饲养，发现动物的活动水平提高，刻板行为（主要是踱步）减少，且雌性貘和苏门答腊虎的标记行为（喷尿）增加。

法兰克福动物园鸟舍的布置　蒋志刚摄

4.4 环境丰富化与圈养动物的异常行为

　　同野外环境相比，圈养环境存在诸多限制，例如圈养环境空间大小有限；缺乏即时的环境刺激；动物本身无法控制所处的人工环境，由人类来决定；圈养环境可能会对动物造成胁迫；动物可能缺乏必要的社群结构，而被剥夺了必要的个体间的交流。生活在这样的非自然性的人工环境中，动物时常被观察到表现出一些异常行为。如动物园内圈养动物的异常行为表现，包括逃跑反应（Escape reaction）、采食紊乱（Feeding disorders）、改向行为（Displacement behavior）、自残（Self-mutilation）、过度修饰（Overgrooming）和异常的性行为（Abnormal sexual behavior）（崔卫国，2004）。刻板行为（Stereotypic behavior），又被称为呆板行为、行为冗余、行为规癖，是一组以固定模式重复的，没有变化的，没有明显生物学功能和目标的行为（Mason，1991）。动物的刻板行为具有多种表现，主要包括踱步、绕圈、玩舌、啃栏、扭颈、身体摆动、摇头、翻滚、迟钝、异常母仔反应、发育迟缓，异常攻击行为，反复呕吐和反刍食物以及食粪症（崔卫国，2004）。刻板行为的表现是相当有规律的，有时动作高度一致，例如 Wechsler（1991）对北极熊（*Ursus maritimus*）踱步的描述是这样的：在一个地方以相同的脚步不断重复，脚掌通常都落在同一地点，每一个来回持续的时间基本不变。

法兰克福动物园鹳舍的布置　蒋志刚摄

　　人工环境可能会导致动物出现刻板行为（Wemelsfelder，1990）。在 20 世纪 80 年代国外学者针对圈养动物刻板行为的发生机制提出了两个模型，即行为需求模型（"Ethological Need" Model）和获取信息模型（Information Primacy Model）。复杂的行为模式能明显地划分为两种组分：完了行动（Consummatory action 即完成一个特有的行为程序）和欲求行为（Appetitive behavior），是由一个较长而易变的活动程序和导致一个完成动作的定向反应所构成，如搜索食物或配偶（克劳斯·伊梅尔曼，1990）。行为需求模型认为动物的欲求行为可达到具某些功能性结果的目标，只有当目标完成所引起的生理反应才能中止欲求行为。否则，表达这种行为的冲动会持续升高。圈养条件下，欲求行为的表达通常难以达到目标，因而形成了一个闭合的反馈环（Hughes 和 Duncan，1988）。而获取信息模型则强调了收集信息的重要性。动物吃饱后，寻找食物的冲动降低，获取环境信息（包括食物可得性）的冲动升高，导致更多数量及不同形式的探究行为（Inglis 和 Ferguson，1986）。无法表达欲求行为或搜集环境信息是造成圈养动物行为异常的原因之一。关于欲求行为与刻板行为的关系，研究较多的是食肉动物的捕食行为，包括对猎物的搜寻、定位和捕捉。在圈养条件下，动物的一系列的捕食行为受到环境的限制而不能顺利表达从而发展为刻板行为。有研究表明为食肉动物提供搜索、捕食及处理食物的机会可增加行为多样性、增加活动时间和减少刻板行为。给圈养的渔猫（*Felis viverrinus*）不定间隔地饲喂活鱼或每天将老鼠或小鸡或一个鸡蛋等食物藏在一堆树枝中，刺激了渔猫捕食过程中的搜寻和定位行为，明显减少了渔猫的机械性踱步行为（Shepherdson et al.，1993）。圈养环境下鸟类的觅食行为受抑制也会发生刻板行为。提供促进觅食行为的丰富化装置显著减少了鹦鹉的啄羽行为（Meehan et al.，2003）。

模拟自然生境的鸟类展窗　蒋志刚摄

　　某些冗余行为可能是定时喂食造成的。很多动物在接近喂食的这段时间里会出现刻板行为高峰，如大熊猫（雷鹏等，2002）、熊类（Montausouin 和 Le Pape，2004；Vickery 和 Mason，2004）、猫科动物（Lyons et al.，1997；Weller 和 Bennett，2001）和灵长类（Krishnamurthy，1994）。定时喂食对圈养动物的行为和生理产生明显的影响，推迟喂食时间则能加剧动物的紧张，导致攻击行为、刻板行为及其他一些不正常的行为增加。Waitt 和 Buchanan-Smith（2001）研究了定时喂食对短尾猴的影响，观察到在动物等待喂食期间，个体的自我行为（Self-directed behavior）、发生行为和异常行为增加，而活动时间则减少。Montausouin 和 Le Pape（2004）认为喂食前加剧的刻板行为与营养不良无关，而其实是熊的一种乞食行为，即将自己的运动与偶尔出现在踱步之后的喂食联系起来，靠动作来使饲养员前来喂食。但定时喂食造成刻板行为的深层原因仍然是动物无法自主控制环境，不能顺利表达采食行为。

　　刻板行为也可能受外界非生物环境的影响，如温度，也就是说，物理环境指标的改变可能会导致动物产生某些动机，而当这些动机难以实现的时候，刻板行为出现或原有的刻板行为会加强。Ree（2004）发现当环境温度降低时会引起圈养亚洲象刻板行为频次的增加。他认为，较低的温度本身可能并不会直接造成动物的紧张，而是增加了动物寻找食物或隐蔽所这样的欲求行为的冲动。

　　另外，个体幼年的经历也会影响其今后的行为。人工抚育还是由母亲抚育会影响刻板行为及其他异常行为的发生。与母亲抚育大的个体比较，由人工抚育的懒熊（*Ursus ursinus*）的自体行为及刻板行为频次高（Forthman 和 Bakeman，1992）。导致刻板行为与异常行为的原因可能不同。对 87 只雄性豚尾猴的研究发现，最常见的运动性刻板行为与饲养在同一笼舍的时间正相关，而与个体成长历史无关。而其他一些针对个体自身的异常行为则受到出生后最初的 48 个月内单独饲养的时间影响（Bellanca 和 Crockett，2002）。

展区的植物配置可以以树篱笆的形式　蒋志刚摄

4.5 环境丰富化对刻板行为的影响

Indianapolis 动物园里的棕熊　蒋志刚摄

改善异常行为的方法之一是使用行为管理技术（behavioral management techniques），指利用训练和环境丰富化两种手段来减少或消除异常行为（Laule，1993）。环境丰富化方法已被证明能有效地减少动物的异常行为。Swaisgood（2001）在丰富大熊猫圈养生境元素与大熊猫行为的研究中发现，提供塑料物体、麻袋、杉树枝、冻有苹果的冰块或迷宫饲喂槽等物体或装置后，大熊猫的刻板行为显著减少，预计饲喂的讨食行为也同时减少，同时活动时间以及行为多样性增加。同传统的饲喂方式相比，动物可自我操作的饲喂箱显著地降低了东北虎的刻板性踱步行为，进一步证明了摄食行为受抑制是导致成年虎发生刻板行为的原因（Jenny 和 Schmid，2002）。类似的研究还包括饲喂方式的丰富化，如对熊的研究（Forthman et al.，1992；Carlstead et al.，1991），为猫科动物提供完整的猎物尸体（Mcphee，2002）、活鱼及猎物骨头（Bashaw et al.，2003），以及虎的社会环境丰富化（De Rouck et al.，2005）。增加感官上的刺激，如视觉、声音的刺激，也可减少动物的刻板行为。提供影像可以减少马的运动型刻板行为，如提供镜子或通过隔窗看到其他个体（Mills 和 Davenport，2002）以及马的照片（Mills 和 Riezebos，2005）。猎豹在设置可发声的猎物装置后，刻板行为也明显减少（Markowitz et al.，1995）。

为疣猪提供拱土的地点也是一种生境丰富化的措施　蒋志刚摄

4.6 减轻圈养环境对动物造成的胁迫

圈养动物由于环境的限制，如空间有限而单一、动物难以表达欲求行为，无法控制环境，无法应付有害刺激，缺乏隐蔽所，受到周围其他动物以及游客与饲养员的干扰等，经常处于紧张状态。长期的紧张会影响动物的繁殖功能。HPA 轴分泌的应激激素升高可能会降低类固醇激素水平，进而影响性欲或性行为，也可能直接抑制生理功能，例如紧张引起的糖皮质激素的分泌加强使野外群居的雄性狒狒的睾丸激素分泌减少（Sapolsky，1987）。社群压力可能造成动物园黑犀牛与白犀（Ceratotherium simum）长期处于紧张状态，并增高种群死亡率高，降低繁殖率（Carlstead 和 Brown，2005）。

丰富环境元素可以缓解圈养动物的压力，包括外界的不良刺激和社群压力。那么，提高圈的大小以及异质性是否能通过减少紧张而促进圈养动物的繁殖呢？多数研究还仅仅是推论而缺乏直接的证据，但丰富化的环境可能通过调节发育过程、紧张和心理唤醒（arousal）以及个体间交流等三种机制来促进动物的繁殖（Carlstead 和 Shepherdson，1994）。

为动物提供较大的空间以及提高环境的异质性可能有助于增强动物忍受圈养环境紧张因素的能力。空间大小影响社群中个体的紧张程度。Li 等（2007）比较了饲养于不同大小围栏中的雄性麋鹿的攻击行为与其粪便皮质醇含量，发现小围栏中的个体攻击行为较频繁，粪便中的皮质醇水平较高。因此，为动物提供较大的空间，可能减低由于群体间其他个体所造成的胁迫，有助于更好地维持动物福利。同时，相比较普通单调的环境，在异质性高的环境中的圈养动物的皮质醇水平低（Carlstead 和 Shepherdson，1994）。Shepherdson 等（1993）通过对豹猫（*Felis bengalensis*）的行为与激素的研究发现，提供隐蔽场所可以帮助猫科动物适应外界有害刺激，它们的皮质醇水平显著降低，同时刻板行为也显著减少。提供不同的玩具和与摄食相关的丰富化方法可以显著地降低卷尾猴的皮质醇水平，说明给予玩具和多样化的摄食机会可能有助于降低圈养卷尾猴的紧张水平，有利于其身体健康（Boinski et al.，1999）。

棕熊　蒋志刚摄

4.7 环境丰富化与濒危物种迁地保护

动物行为多样性与濒危动物的成功保护密切相关。Sutherland（1998）列举了保护行为学的 20 个研究领域，并认为这些研究能够帮助解决物种保护中遇到的问题。李春旺等将这些领域分为 6 个大的范畴，其中一大范畴为动物行为的保护与恢复，包括保护动物的行为、留住动物的生存技能、行为操纵以及放归计划等（李春旺等，未发表）。可见，如何丰富圈养环境的生境元素，培养和保存圈养濒危动物的行为，关系到以迁地保护为手段的物种保护能否成功。May 和 Lyles（1987）指出了狮狨（*Leontopithecus rosalia*）野放过程中所遇到的一系列问题，如无法定向，不能选择适当的食物和躲避捕食者。导致这些问题的原因是由于丢失掉的后天学习到的物种行为无法重新表达（Lyles 和 May，1987）。Shepherdson（1994）提出决定圈养个体重引入成功与否的两个关键因素：一是从过去的经历中所获得的经验，二是学习新技巧并将其应用于多变的环境中的能力。同饲养在传统笼舍中的个体相比，饲养在较复杂环境中的黑足鼬（对笼舍进行了丰富化处理，包括提供促进搜寻食物的措施）更容易杀死猎物（Vargas 和 Anderson，1999）。提供更加复杂和多样化的环境可促进物种特有行为的表达，增强其在野外环境求生的能力，将更有助于保证迁地保护项目的成功（Braithwaite 和 Salvanes，2005）。作为濒危动物的保护机构，动物园需要必要的知识及技术以维持健康和具繁殖力的圈养种群（Tudge，1991），特别是具备必要的行为要求能够在野外成功生存的个体（Morgan et al.，1998）。因此对于迁地保护的濒危动物，应注意如何培养和保存圈养个体的行为多样性，特别是要达到减少财力投资及人工训练而获得最大的可存活种群的目的时，圈养繁育计划更需要关注保持个体的行为多样性（Kerridge，2005）。

柏林动物园的动物圈舍　蒋志刚摄

开放式展区　蒋志刚摄

大猩猩的一家　蒋志刚摄

5 中国动物园设计与管理

20世纪末，《WAZA世界动物园及水族馆保育方略》对现代动物园提出了更多更高的要求：动物园不仅要保护动物，而且要成为自然保护的倡导者和先行者，做到尊重动物福利，从而体现对生命的尊重；创新动物展示方式，向公众传递正确的保护信息，感动并教育观众参与到自然保护行动中来（WAZA，1998）。动物园也在全世界的范畴内改变了一贯的社会形象，扩大了自身的生存空间与业务范畴。动物园发展的必然趋势也就决定了对动物园的设计不能再因循守旧，要顺应社会的发展，提出新的设计理念与解决方法。2011年10月，中国动物园协会管理委员会在广州召开的会议上通过了《中国动物园协会道德规范和动物福利公约》，明确提出把自然生态的综合保护和提高公众生态文明作为中国动物园的重要使命（中国动物园协会管理委员会，2011），这些纲领性文件为我国现代动物园的建设指明了方向。

天山野生动物园的景观　蒋志刚摄

随着人们对自身生存环境的日益重视和生态环境保护意识的加强，越来越多的人认识到保护人类和动物生存环境的重要性。城市动物园过去那种几十年不变的铁笼圈养式的封闭、半封闭的展出方式，不仅对游客失去了吸引力，也不符合当前人与自然、人与动物和谐的环保主题。游人希望通过游览，了解动物与自然环境的关系，希望能够更贴近野生动物、贴近自然，提高观赏动物的效果。进一步树立动物园动物与游人一样同属大自然成员的观念，继而将宣传保护动物、保护自然、保护人类所赖以生存的环境变为自发行动，建设自然生态型展区是游览者的需要（田裕中，2007；于延军，2010）。

5.1 动物园的建设

20 世纪 80 年代，中国走向改革开放。中国动物园的发展随之进入了一个崭新的时期。更多的二线、三线城市建立了动物园。随着城市的发展，经济的发展，中国的旧城区进入改造重建阶段，原有的动物园已经不能适应动物的饲养、展示、科普需求，于是，在城市的改造重建中，原有的城市动物园经过搬迁和改造，以崭新的面貌出现。同期，国外的先进的动物展示、动物展区设计、动物保育方法、动物福利理念也进入我国。一大批大学毕业生，甚至硕士、博士走向动物园的工作岗位，更新了中国动物园职工队伍，为中国动物园管理注入了新鲜血液和创新的动力。中国动物园从传统的动物园向现代动物园转化。1993 年，一种全新的动物园——野生动物园在当时中国改革开放的前沿——深圳出现。尔后，中国的野生动物园如雨后春笋，在全国各省出现。

野生动物园在我国出现的历史不长，1993 年 9 月，我国首座野生动物园建成（刘德晶，2000）。目前国内已建成了一批野生动物园。野生动物园的出现具有一定的进步意义，为了更好地促进野生动物园合理、科学、规范的发展，金惠宇和夏述忠（2000）初步探讨了建设野生动物园的意义及其发展对策。野生动物园使得野生动物生活相对自然的环境之中，为人民了解、认识、研究野生动物提供条件，满足了游客的心理，为抢救濒危物种创造了条件。但是，必须利用现状手段对野生动物园进行规划管理，科学、合理进行经营管理，形成动物饲养管理制度，保障游人与动物的安全。

杨秀梅和李枫（2008）指出了中国野生动物园发展过程存在的问题：对野生动物园含义的理解存在误区、缺少法律法规的约束、迁地保护功能没有很好地发挥、动物福利状况差、安全隐患严重、抵御市场风险能力弱等。针对这些问题，她们提出了健全法律法规、明确指导思想、促进迁地保护功能的发挥、保障动物福利、出台关于安全工作的法规、实施保护教育等应对措施。结合资源经济学的可持续发展观和体验经济学的旅游体验论，她们提出了以资源保护为首要目的，通过加强参与性与提高科普教育功能的手段吸引游客的可持续发展对策。

唐乐等（2010）回顾了动物园动物展出形式的历史演变过程，在概述了生态动物园设计核心理念的基础上，探讨了动物园生态式发展的方向。王兴金（2012b）指出：从传统动物园向现代动物园转变已经成为我国动物园建设的重要命题，既是中国经济社会发展的必然要求，也为中国动物园的发展带来了新的机遇和挑战。传统动物园的主要特征是以动物为娱乐的对象，而现代动物园则把物种保护和保护教育作为重要使命。他强调现代动物园的特征有：动物展示方式追求自然和生态化，展示动物栖息地的主要特征；注重动物福利从而体现对生命的尊重；开展科学研究为动物园及野外动物保护提供技术支持；动物园在规划、建设、运营中应成为环境保护的先行者。通过这些，使公众感受到保护自然的重要性，自觉充当自然保护和教育者的角色。

南宁动物园的景观　蒋志刚摄

　　动物园是城市绿地系统的一个组成部分，主要饲养展出野生动物，供人观赏，并对广大群众进行动物知识的普及教育，宣传保护野生动物的重要意义，同时可进行野生动物科研工作。随着现代城市规模的日益扩大，社会的不断发展进步，自然保护和生态环境的问题越来越引起人们重视，动物园在宣传和保护濒危动物的工作中所起的重要作用也越发凸显。动物园不再是一个单纯意义上供人类观赏动物的场所，而应更主动承担起环境保护的工作和责任，开始成为环保工作中一股不可替代的力量。王华川和顾正飞（2010）通过时现代发达国家动物园的分析，阐述了新一代动物园的设计理念与未来发展趋势，指出了我国现阶段动物园建设中的不足，提出基于生态理念的现代动物园设计概念。

　　在中国动物园建设过程中，新的建园设计理念的引入、选址与建筑原则的确定，动物展区的设计、展出动物种类的选择以及动物展示方式的革新，都为中国动物园的规划设计者和管理者带来了新的课题。

5.2 动物园选址

姜虹和徐苏宁（2006）从城市总体规划角度来分析城市动物园选址的要点：

（1）因地制宜，与河湖山川自然环境、已有的森林公园、自然保护区相结合。因为动物园从其自身需要的生态环境来看，要求尽量保证环境优美、地貌丰富、地形起伏适度；背风向阳，并具有良好的小气候；有较大的淡水水体及良好的天然植被，并具有适宜植物生长的土壤，以便为各类动植物提供有利的自然生态环境。

（2）服从于城市总体规划，结合城市的近、远期发展目标均衡分布，与公园、绿带等有机地构成绿地系统。

（3）道路交通方便、顺畅，便于参观游览。城市动物园选址既不能在市中心等交通流量高度集中的地区，也不能太远离市区。应有多条公交线路或开辟专线汽车，保证节假日高峰时期的日运送游客数量。

（4）与城市设计及城市景观规划的关系，即城市动物园的选址要符合城市建设景观布局的基本构思，不能抛开城市景观的总体框架。若处理得当，动物园对城市设计及城市景观能起到画龙点睛、相得益彰的作用；若处理不当，会浪费自然资源和人力资源，甚至加大对城市的压力。

（5）给水、排水、供暖、供电等基础设计配套健全，有合理的管线工程规划、防治污染规划等。

（6）宜布置在城市的下游、下风向。尤其应避开城市水源地等；周边环境应有利于动物的繁衍生息，不能存在对动物有干扰的噪声源、污染源等；附近也不宜有疗养区、饲养场等，以防止交叉感染。

（7）充分反映该地域原有的地形地貌、特有物种以及气候条件等，突出地域特点，展出有特色的动物种群。

（8）要有发展的观点。既要着眼于现在，也要考虑到未来。动物园的中远期发展：在明确动物园的主要功能、基本格调的前提条件下，规划设计过程有一定的发展预留空间。

（9）适当控制城市动物园用地面积，应该与其规模以及近、远期的发展目标相匹配。既要有足够的预留发展空间，又不能盲目求大；因为动物园用地一般都涉及征地、拆迁、补偿等土地开发行为。

饶广新（2011）通过总结石家庄市动物园的建设经验，介绍了动物园的定位、选址和综合规划问题。他认为动物园的定位在于要解决的问题是建设什么类型、什么规模的动物园。是建设单一种类动物展示的动物园（如水族馆），还是建设展示多种类动物的综合性动物园（热带、亚热带、寒带、水族动物）或是建设将动物圈养供人们观赏还是建设野生动物园（全封闭车观赏动物）。动物园建设的选址根据动物园的定位情况进行选址，单一动物园较为简单，而综合性动物园的选址则相对要复杂得多。一般来讲半山、半平原内有水系的环境条件是较为理想的。石家庄市动物园选址基本上满足了综合性动物园所需要的各种条件。动物园建设的整体规划就是根据定位、选址条件进行适当规划，包括选址的地形条件进行动物观赏区域的规划，兽舍之间关系的规划，游览路线的规划，后勤区域的规划，管理区域的规划等一系列内容。

南昌动物园动物展区　蒋志刚摄

现代发达国家动物园作为城市公园系统里的专类公园，动物园既有与植物园、综合性公园等城市绿地的共性，也有其特殊性，其规划设计是涉及规划、园林、建筑、动物学、生态学等多学科交叉的复杂工作。叶枫（2007）以规划设计与动物生活习性相结合为重点，从总体到局部的设计程序，论述了动物园的展览方式与场地规划、场馆类型与设计及专业设计师的工作内容。他还结合动物园的发展现状，综述了动物园规划设计的方案。

上海野生动物园的规划指导思想：突出一个"野"字，面向21世纪、"走向自然、回归自然"、"人与自然共存"的战略思想，建设一个具有原野风光以及良好生态条件，人与动物、植物友好相处，具有一流水平的野生动物园；按照动物生态习性要求，野生动物以大面积放养为主，尤其是以放养食草动物为主，以珍稀动物圈养为辅，实行放养与圈养相结合的布置原则；野生动物园要以保护、繁衍珍稀、濒危动物；向群众普及动物知识；培养保护动物意识；实行科普和游览相结合为办园宗旨；野生动物园要实行综合开发的建园方针，充分考虑环境效益、社会效益、经济效益三者之间的有机结合，通过基地周围用地综合开发，来带动野生动物园的建设。同时，又通过建立野生动物园来推动周围地区的经济发展。野生动物园的建立，也为整个城市的绿化面貌增添新的风采。在规划上考虑充分引用先进的科学技术管理野生动物园，如在园中央设观览水塔，可供全园用水，并形成全园制高点，可供游人一览全园景色，塔顶设全园电视监控管理中心（朱祥明，1994）。

碧峰峡景区由两条峡谷形成一个封闭式的可循环游览景区，峡宽 30～70 m，海拔 700～1 971 m。植被、峡景、瀑布、雪景是景区的四大鲜明特色。集险、奇、秀、幽、巧于一片原始风貌之中。雅安碧峰峡野生动物园于 1999 年初动工，年末开园。园内共放养各类野生动物 400 多种 11 000 头，其中一级保护动物 30 多种，二级保护动物 50 多种，极品珍稀动物 4 种（如白狮、白虎、袋鼠等）。李亚林和李叙云（2000）研究确定了碧峰峡野生动物园四条规划指导思想：第一，充分发挥现状的自然优势，以崭新的立意，科学的规划，合理的布局，创造一个环境清新自然，景观优美，内容丰富，形式新颖，寓意深刻的跨世纪野生动物园；第二，根据各种野生动物生态环境和动物生活习性，因地制宜地布置动物园分区，通过人与动物的接触和对动物的认识，唤起人们的爱心，提高人们对生态环境和野生动物的保护意识；第三，野生动物的规划布局与碧峰峡接待服务区密切结合，协调好与区内各景点的关系；第四，项目由企业投资运作，在方案设计中贯彻社会效益和经济效益并重的原则。

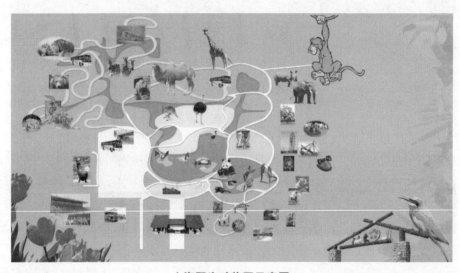

上海野生动物园示意图

温州新动物园位于温州市城区西部，瓯江之南，总面积 2.259 km^2，最高点为外营盘山，海拔 173 m。这里群山环抱、环境优美、植被茂盛、空气清新。选址范围内有一处天然泉水终年不断的泉眼，可为动物园提供部分水源。一期开发建设 13 hm^2，建构筑物 12 707 m^2，建设投资 2 798 万元。二期开发建设 24.6 hm^2，建构筑物 19 930 m^2，建设投资 4 767 万元。叶知妙（2005）介绍了温州市新动物园的设计过程。为了充分发挥基地地形、地貌的特点，新动物园应该建设成为一个集游览观赏、科普宣传、特种保护、科学研究于一体的地方性动物园，不仅仅是建筑师百年难遇的机遇，也是一次挑战与考验。与以往的设计所不同的是，动物园的设计针对的设计对象不仅是人，还有动物。为此，他们赴其他动物园参观访问，汲取经验，扬长避短。最终提出以自然环境为设计载体，动物为设计主体，人为设计客体的指导思想。创造人与自然、人与动物亲切交流的场所。在展养方式上，最大限度地减少铁笼、铁网，突出热门主题展示等。笼舍建筑以精巧取胜，尽可能与休息亭廊相结合，使游人有较方便的休息之处，提高游客的观赏兴趣。

　　自 1993 年，我国首家野生动物园——深圳野生动物园开园以来，截至 2010 年，开工建设和营业的野生动物园共计 34 家。陈文汇等（2007）发现：① 野生动物园的建设布局和数量与地区社会经济发展水平呈现正相关性，一个地区的社会经济发展水平越高，野生动物园的数量和规模也会较大。② 野生动物园建设数量与地区人口数量关系也呈现正相关性。人口数量大，人口集中的地区野生动物园建设的数量和规模较大。③ 影响野生动物园经营收入的主要因素是在游客人数和消费水平，这两大因素对野生动物园的建设发展具有决定性的影响作用。

碧峰峡　蒋志刚摄

　　罗小红等（2011）发现我国各个野生动物园与其最邻近的野生动物园之间的实际直线距离为 263.53 km，其最邻近点指数 $R \approx 1$，表明我国野生动物园的空间分布类型属于随机型。我国野生动物园在各省级行政区间分布的地理集中指数 $G = 22$，表明其空间分布较为分散；我国野生动物园在八大区域间分布的基尼系数为 0.973，表明其分布较为集中。我国野生动物园在八大区域间的空间密度差异较大，其中，北部沿海地区、东部沿海地区、南部沿海地区和长江中游地区密度较高。

5.3 园区设计

在全球倡导环境保护的今天，动物园作为生态保育以及引导方面的先锋的作用也逐渐凸显出来。而对于动物园的规划及管理者来说，生物多样性规划，不仅仅是一般讨论的议题，而成为必须要解决如何实施的问题。在城市动物园规划设计中不仅需要充分考虑动物习性，更应当分考虑生物多样性原则，将生物多样性原则贯穿于城市动物园规划设计的全过程（黄玫，2005）。

詹锦花（2009）论述了动物园植物配置的特殊功能：模拟动物原生生态环境、营造动物栖息的场所、为动物提供必要食物、丰富园区景观、有效分割园区空间、修饰园区消极空间、营造园区小气候。介绍了福州动物园中植物配置包括园区植物配置和动物展区的植物配置。刘碧云（2006）从介绍陆生野生动物园区的现状入手，介绍了制定陆生野生动物园区建设与管理通用技术规范的目的意义和主要技术内容，讨论了福建省陆生野生动物园区建设与管理通用技术规范。

利用水面取代围栏　蒋志刚摄

长沙生态动物园园区景观 蒋志刚摄

笔者（2011）承担了鄂尔多斯动物园项目的咨询工作。该项目是鄂尔多斯市参与西部大开发，进一步调整产业结构，实施社会经济可持续发展战略、人与自然和谐发展战略而拟定的大型建设项目，项目区位于鄂尔多斯市东胜区境内，紧邻国道，交通便利，自然条件较好，适合于该项目的建设。该园集野生动物展出、绿化、旅游观光、休闲度假为一体。坚持面向青少年，面向全社会，坚持以人为本，以保证动物的健康生活为宗旨。该园将展示中国，特别是中国西部地区特有的野生动物，兼蓄非洲、大洋洲和美洲的野生动物。以"保护动物、保护森林"为宗旨，突出"动物与人、动物与森林"的回归自然主题，着力渲染"人、动物、森林"的主题，拉近人与动物的距离。增加人与动物的接触，以现代的无屏障全方位立体观赏取代传统笼舍观赏方式。园区突出一个"野"字，体现一个"爱"字，建筑精美别致，绿树环抱，景色幽雅。园区尽可能利用现有地形地貌，实施动物馆舍绿色建筑，展出场地仿效自然，创造人工植物群落和良好的生态系统，在鄂尔多斯动物园园区建成了草原、森林、湖泊共存的生态景观，达到人与动物和谐共生的目标。

鄂尔多斯动物园坚持生态建园原则、科学管理原则和环保营运原则，寓野生动物科学普及于娱乐与休闲之中。主题突出，特色鲜明。坚持动物散放、混养和笼养相结合的展出方针，在野生动物园的整体规划体现生态学观念，改变早期动物园的笼养式参观模式为场景式或进入参观方式，提倡游人与野生动物之间无视觉障碍，让游人可以从不同的视角观察动物，让动物的生存空间开阔，生境内容丰富，体现动物福利。在保证游人绝对安全的前提下，为游人与动物接触创造条件，建设一个集野生动物展示、濒危野生动物异地保育、科普教育、娱乐休闲、科学研究为一体的，功能多样，特色鲜明的大型生态景观野生动物园，实施人性化服务、多方位服务。实现生态效益、社会效益、经济效益同步增长，实现社会与自然协调发展。

鄂尔多斯动物园的园区绿化　蒋志刚摄

全园功能分区分为科普游憩区、步行参观区、车行参观区、工作区和隔离区等6个功能区。目标是将鄂尔多斯动物园建成规模宏大、功能完备、设备先进、理念环保、具有蒙古高原动物特色，集野生动物展示、科普、休闲娱乐为一体的大型综合性主题公园，融草原、荒漠、湖泊、山地、湿地、动物、人类于一体的高品位、多景观、多功能生态园区。

第一期工作对野生动物园选址区景观改造、种植树木、修建亭廊、主体野生动物养殖观赏设施建设、野生动物引进、园门景区、围栏建设、修建观光道路、配置特殊观光车辆等；第二期工程扩大野生动物园园区建筑面积、增加饲养动物种类、建设科普娱乐场馆，并修建科普娱乐中心、宾馆、餐饮等配套工程。

笔者（2011）提出鄂尔多斯动物园设计方案应满足如下要求：① 符合动物生活习性原则。冬季保证动物馆舍室内温度在20℃以上，为热带动物提供高温高湿度室内环境。室内安装送排风装置、空调装置。为河马（*Hippopotamus amphibius*）、火烈鸟建造室内水池。经常更换池水，保证池水清洁。在灵长类动物馆内根据灵长类动物的特点，安装供灵长类动物玩耍、休息的栖架、吊环、秋千和绳索道。墙壁上作大型模拟其自然生境的壁画。② 无视觉障碍原则。鄂尔多斯动物园场馆的游人参观面应为钢化玻璃板，隔离游人与动物，方便游人游览观赏，使游人无视觉障碍。③ 安全原则。所有动物笼舍的栏杆应采用不锈钢材，减少避免栏杆生锈。建立监控录像系统，监测园内动态，建立应急事件预案。建立消防系统，保证动物、游人和饲养人员的安全。④ 方便管理操作原则。所有笼舍的设计应以绝对保证人与动物安全、方便饲养人员管理操作为原则。⑤ 低碳原则。园区建设尽可能降低二氧化碳的排放。动物馆舍屋顶和员工宿舍尽可能安装太阳能热水器地面采暖，地面内部预埋采暖管，减少二氧化碳的排放。⑥ 环保原则。植树绿化园区，选择环保建材，减少场馆室内甲醛污染，集中处理动物排泄物，净化园区生产用水，用于园区灌溉。

一些作者介绍了国外动物园的设计。如王莉（2011）介绍了澳大利亚阿德雷德动物园的设计。她写道"你几乎找不到新入口和墙的确切位置所在，因为根本就没有墙。园内外界限完全被打破，入口和周围的区域被改成一处开放式的景观带，动物园与周边公园绿地、道路、水景融合到了一起。设计者 HASSELL 用数公顷的当地植物营造出这面南澳洲最大的"会呼吸的无墙之墙"，为澳大利亚原生动物提供了首个人工设计的栖息地。还设计了可以用地表植物过滤雨水并将雨水储存到地下箱体中的水循环利用系统，尽可能地协助自然景观的自我更新和复生。设计者 HASSELL 跨学科、多领域的设计经验保证了动物园拥有先进的电影院、展览馆、商店、餐饮等空间，因为现代的动物园除了保护、展示多彩的生命，改善当地小气候，还要承担休闲、教育、科研，甚至促进当地娱乐和经贸繁荣的义务。

动物园的大门出入口空间的导向设计，既要体现时代的园林特色和景观效果，又要表现出动物园的主题特性和功能管理。李杰（2011）结合太原动物园大门入口及内外广场的导向设计动物园大门的空间应有明确的导向性。指出可通过对大门空间形状、道路布局及景物设置的设计来加强导向性，吸引游人步入动物园动物展区。

鄂尔多斯动物园长颈鹿馆鸟瞰图　中国农业大学景观研究所供稿

动物园的大门具有思维定位的功能　蒋志刚摄

　　设计动物园展区时，首先考察物种的生态习性和栖息地特征。设计一个鸟类展区时，应该回答如下问题：这类鸟是一种捕食者还是被捕食者？是否聚群？能和其他的种类混养吗？如果可以，能与哪一种类混养？这种鸟能否飞行，或已失去飞行能力？它是水禽还是涉禽？注意它们的野生环境。为一个具体物种创建一个最适合的展区。以鸟类展区为例，最好设计出足够的自由飞行的区域；为鸟类提供不同的高度、宽度和长度的栖木（可利用盆栽的植物和树达到这个目的）；用诸如沙子、泥苔、泥土等材料做地面供鸟沙浴，另外水也是一种要考虑的重要元素，水池和浅水盘能供鸟在水中洗浴；为鸟提供充足的退避空间和区域也很必要，设置在展区中的多种巢位和样式，诸如巢箱、圆木、泥窝、巢台或巢穴能促进自然的筑巢或挖掘行为（奥克兰动物园，2007）。为大猩猩设计展区时，这种大型的主要在地面生活的动物，栖息在树木稀疏和半郁闭的次生森林中，占据着巨大的领地而且每天移动距离可达 5km 以上。环境的变化为动物提供了视觉的、嗅觉的、听觉的和触觉的刺激，大猩猩自然栖息地在空间和时间上都是多样性的。圈养环境中安置植物、地形，控制光、温度和湿度，以复制自然的环境状况并且为大猩猩提供各种不同的刺激，如设置一些阴暗的、高位的、隐蔽的区域供动物去选择，确保动物能够使用某种它们想要的位置环境（Worstel，2007）。何勇贵（2008）以上海动物园马来熊展区景观设计为例，探讨了特殊动物展示区景观设计的原则与方法。

鄂尔多斯动物园热带鸟园鸟瞰图   中国农业大学景观研究所供稿

饶广新（2012）通过总结石家庄市动物园的建设管理经验，简析了动物园的园林景观建设的基本原则：① 以人、动物、自然为本的原则，统一规划，合理布局，追求实效和展示特色。② 坚持保护优先的原则，正确处理好工程建设与自然环境景观保护的关系。正确处理好动物保护与动物展出的关系。③ 模拟动物原生境，满足动物的生存条件。充分利用原有环境，结合动物的生活习性，因地制宜，合理布局，建立一个人与动物相和谐的优美环境。④ 不要设计高大建筑，建筑立面与周边环境相和谐，力求用植物、景观来削弱建筑的突兀感，避免喧宾夺主，注重动物园以景观取胜的特点，突出自然、园林、景观的理念，注重地域特色，使建筑与园林相映成趣，共同构成动物园的自然景观。

正在建设的鄂尔多斯动物园热带鸟园内部   蒋志刚摄

为猫鼬仿造的倒木洞穴 　蒋志刚摄

碧峰峡野生动物园在碧峰峡景区右峡谷侧，与景区融为一体，该园规划面积 400 多 hm²。第一期工程占地 20 多 hm²，主要为高山深丘，南高北低，岗峦起伏；南端为悬崖峭壁，自南向北呈鸡爪状延伸，其间自然地分布着一些平缓的冲沟谷地和开阔的山坡及台地。该地形狭长，东西宽、南北窄。用地内植被较好，均为成年人工林，树木枝叶繁茂，生长健壮。设计者充分利用景区现状植被、地形，合理规划主要车道、游道和动物分区，使建成后的野生动物园与自然风景融为一体，为野生动物的栖息营造了一个良好的自然环境（李亚林和李叙云，2000）。碧峰峡野生动物园大门的设计方案充分体现了生态动物园的特点。兽舍充分利用地形，修建在较隐蔽处，外装饰造型融合周围环境，力求朴素，具有野趣，以充分体现大自然生态环境的魅力（李亚林和李叙云，2000）。

动物展区大小、形状的规划。在规划、设计动物展区时，要想使其在动物舒适、动物对游客的接近、栖息地本质的描绘之间达成一种完美平衡，就要考虑到动物、游客、展区特色，有影响力的感觉空间，视觉上的错觉和心理状态等因素的影响。展区应该展示给游客一个真实的野外栖息地，展示动物不受限制的生活景观。展区的形状应该包括各种不同角度，大小的设计应该广阔，而不是特别深，这样给予了动物充足的空间，但又绝不会离观众视线太远。设定的深度最好是展示动物的最小逃避距离。展区应设置最大数量的，没有交叉视角的观赏位点。最理想的情况利用园林中障景的手法使游客从任何一个观赏点都不能够看到整个的空间，保持一种的空间错觉。另外设置多重视野观赏点，游客能依照动物所处的位置改变它们观赏的位置。将游客的参看区域处于与动物的眼睛水平或稍微降低的位置设置，一般认为当动物被安排在较高的位置时候，人对动物的感受会更加尊重。

树篱笆和水面取代了铁笼成为隔离屏障　蒋志刚摄

动物展区隔离屏障的设置。在展区周围需设置隔离屏障，且使它们不明显。隔离屏障一般包括物质的屏障——防止动物逃逸，同时也阻拦游客尝试进入展区；视觉的屏障——掩蔽园区建筑物，服务区域、壕沟等多余景观；视觉的连接——集中游客注意力到展区内的特别景观上。现代多数动物园使用掩蔽物、壕沟、玻璃金属网和提高步道等数种方式用作动物的隔离屏障，又利用一些方法把隔离屏障从公众视线中隐藏起来，诸如：一股水流、露出地表面的岩石、侵蚀了的堤岸或河沿等一些有自然特征的掩饰性屏障。利用植物、岩石和圆木等类似的小道具，也有助于创造出容纳各种动物生活在自然栖息地里面的景象，通过种植植被或造型植物也能隐藏隔离屏障让游客难以确定动物区域的真实界限，这样设置能产生更大的刺激，并更深地感受到动物世界的真实存在（于延军，2010）。

利用天然石缝为猫鼬营造的洞穴　蒋志刚摄

　　在生态动物园的场馆里，单位面积应该放养多少只动物，什么样的动物放养在一起相安无事，甚至能起到积极的作用，这是需要设计者认真思考的问题。在有些所谓的生态动物园里，一个小小的场馆里总是挤满了大量的动物，因为这样可以节约投资又能吸引更多的游客，殊不知这种做法是违反客观规律的。在自然界，野生动物的环境容纳量是较为恒定的，超越环境容纳量的养殖，会造成对环境的破坏，同时造成动物抢食引发的争斗、逃逸，最终导致动物饥饿，体质下降，对疾病的抵抗力下降，生殖力降低。除了有意识地选择之外，人工改造措施，如投料、建造巢穴也有助于提高容纳量。不同的动物对于环境的要求是有差别的。有的栖息在树上，有的是穴居，还有的栖息在水岸，应合理规划，利用更多的空间，让适宜的动物和平共处在一个环境当中。应研究动物生态习性的差异或共同性，选择分开或是共同放养。既可减缓不同物种、不同类群之间的生存竞争，又能在有限的空间内养殖更多的物种（唐乐等，2010）。朱本传（2010）报道合肥动物园非洲动物散放区长颈鹿、剑羚、斑马混养。通过一年多的饲养观察，发现其长颈鹿、南非长角羚（*Oryx gazella*）、斑马，使动物之间和睦相处。成为该园又一个观赏景点。混养既节约了空间，又能模拟野外自然环境，并介绍了长颈鹿、剑羚、斑马混养饲养环境及喂养方法。

　　动物园作为城市公园组成部分，景区和景点的营造仍然是以植物造景为主，如何运用园林植物为动物提供生存空间，与动物的生存环境有机结合起来，正确处理动物与植物的依存关系，为野生动物的生存制造良好的小气候环境已成为当今动物园管理亟待研究的课题（程健，2003；赵义旺，2003）。叶瑞铨（2005）以南平市九峰山动物园为例，对动物园绿化树种的选择和要求，各动物园展区的植物配置，园内植物保护和病虫害防治等方面作了探索和研究，探讨了动物园绿化的植物配置研究。李丽芸（2006）也提出了根据动物园中动物的生活习惯，以及动物生长对植物的要求，选择一些适合动物生存环境的植物，以满足动物的自然野性、生活习性，形成动物、植物协调发展，和谐共生的生态环境，构筑一处动物、植物的自然景观，供游人观赏。王丽等（2011）介绍了天津动物园植物配置的原则、园区内各类植物材料的配置、动物展区的植物配置等，认为只有根据动物生活习性和园林景观的设计要求，通过科学合理的植物选择，才能创造出优美的景观效果。尹秀花（2009）针对动物园动物的安全与健康的特殊性，阐述了动物展馆展区的绿化美化原则，介绍了动物园植物的选择与配置，园林植物保护和防治措施。

园区景观　蒋志刚摄

选择动物区域和游客都适用的植物色彩，展区种植的植物色彩，应该对动物区域和游客区域都适用。在游客步道及动物空间里的玻璃窗户之间栽植植物，使游客沉浸在植物的环境之中，营造好像他们正在与动物分享同一个空间的感觉，这样会使展区更加令人欣悦面对，并且室外的树和植物把游客的身影遮暗，能增加游客对动物的敬意，而且起到防止游客拍打玻璃，保护动物的效果（奥克兰动物园，2007）。

要均衡动物和工作人员管理的需求，丰富动物笼舍元素，便利饲养员工作。现在世界各地动物园都在努力提高笼舍建筑丰容，即改善人工圈养条件下动物的生活环境，通过构建和改变动物的生活环境，增加动物生活中的刺激，为动物提供更多选择的机会，使动物表现出正常的行为。明尼苏达动物园就将模拟动物尸体的丰容器材——可以随机取食的储藏室，安置在虎展区，饲养员能够通过地道，从展区外面把食物或者其他丰容材料放置到这个"尸体的肚子里"，虎就不得不想办法把这些东西从假的尸体中取出来，以此帮助刺激虎进行思考，并消耗它们的时间。恰是这种器具的使用，为虎提供了一个变化的环境，也增加了游客的观赏兴趣。能够在虎展出的时候，饲养员随机地提供食材。

于学伟（2012）从时代发展、保护教育与游客需要、动物的生理与心理需求和动物园自身发展的角度说明了动物园进行环境丰富化的必要性。对野外生活环境下与圈养条件下动物生存条件的差异进行了比较，环境丰富化工作应依据野生动物的自然史，充分利用动物学、动物生态学、动物地理学、保护生物学和动物行为学等相关学科知识及其研究成果，根据动物的生物学特性，增加自然因素，提供更多的刺激，给动物更多的选择，增强动物的主体能动性，使动物展示出更多的自然行为，并结合动物园实际指出了进行环境丰富化工作的注意事项。

动物园展区植物的选择与配置　蒋志刚摄

猛禽的网罩　蒋志刚摄

利用钢丝作为猛禽的围网　蒋志刚摄

　　动物逃逸的防范是动物园建设和管理中的重要工作。运用巧妙构思，摈弃传统意义的铁笼、铁网，是生态动物园设计中重要的课题。在不同的园区、不同的地形环境下，应该设计建造出不同的围栏。采取创造高差的方式，或者在游客视线看不到的地方设置壕沟，有的拉起了电网，将其隐藏在灌木林后面，比较常见的方式还有以钢化玻璃为主，如上海动物园就在灵长类馆中用到了大面积的玻璃墙，让游客能够近距离、真切地观察到大猩猩们的生活。值得一提的是，国外一些动物园，如佩恩顿动物园和贝尔法斯特动物园为了尽可能减少游客对动物生活的干扰，在玻璃墙顶上种植藤蔓植物，绿色的枝条和盛开的花朵遮掩着玻璃，既能够减少动物对游客的恐惧心理，又能增加游客拨开枝条向内窥看的神秘感；在科尔卡拉德动物园室内展区更是以大面积竹子和砖墙代替玻璃墙，只留高低不一、大小不等的几个窥视口观赏动物。通过这种手段，将对动物的干扰降低到最低。

　　动物的围栏应该提升于管理者空间地面的上方，这样动物通常是在管理者眼睛的水平位置，也就是设计动物的居舍的地板比管理者通道的地板高，有助于动物感觉不受经过的管理人员的威胁，而且动物处于视线的上方也便于饲养人员发现和观察动物。

5.4　原有动物园改造

　　城市动物园的改造是在已有城市动物园的基础上进行设计，我国大多动物园都始建于20世纪50年代初期，空间规模、设计和动物饲养方式都不符合现代动物园的标准。如果在原址进行改造，原有动物园的发展空间小，也与花园城市、生态环境、低碳经济的理念不相符。在这种背景下，城市动物园搬迁与建设作为城市建设与发展的一个组成部分，被列入了政府的议事日程。朱渺也和王晓虹（2010a）探讨了中国城市动物园的搬迁问题，他们发现中国城市动物园搬迁在选址重建时往往出现重景观、轻实用；重主体、轻细节；重规模、轻个性的现象。有新建城市动物园很多规划与设计弄巧成拙，有必要进行规范。在此基础之上，从城市动物园的安全、实用、经济、景观和功能等 5 个方面，他们探讨了南昌动物园迁址重建问题。

城市动物园的现状调查与分析尤为重要。园内除了常规的功能分区、游线规划、景观规划、植物种植规划、管线规划等内容外，还应该运用社会学、经济学、环境心理学等手段，从提高公园环境品质入手，对公园的各个景点进行具体分析；从建筑、绿化环境、基础设施、硬质铺装等各方面提出具体的改造措施，并对照明体系、引导与标识系统、基础服务设施等内容都提出具体而详尽的要求，保证规划的可操作性，从而实现公园内涵的发展（万林旺，2011）。

城市动物园的改造需要设计师结合考虑城市动物园的改造改造的重点、经费的合理使用等。基础设施的改造涉及的工作量大。因为不对城市动物园的改造的景观效果有直接的影响，往往会被设计师忽略。但是这些基础设施直接关系到动物园使用，在设计过程中必须充分的考虑，避免出现时间不长就需要检修和返工等这种情况。再比如改造经费，城市动物园改造的经费往往不多，而基础设施改造要占相当大的部分。因此在其他方面，如绿化、景观建筑等的改造方面，从实际出发，做到"画龙点睛"，铺地用卵石加一个公园标志，道路交叉口设置绿化组景，此类的一个很小的景观处理手法就可以唤起游人的认同感（万林旺，2011）。

动物处于电围栏的上方　前方的植物为动物提供遮挡　蒋志刚摄

山地大猩猩　蒋志刚摄

北京动物园的改造　蒋志刚摄

20 世纪 90 年代起，上海动物园开始改造，仍保持动物展示按动物进化规律排列模式不变，新建了一批动物展区，使动物展出种类达到 600 余种，共 6 000 余头。进入 21 世纪，上海动物园与世界先进动物展出理念接轨，以动物展示生态化、游客视线无障碍和动物生活丰富化为笼舍改造的指导思想，已较好地改造完成了两栖爬虫馆、鸟类展区、猛兽动物展区和大部分食草动物展区以及部分灵长动物展区。还在 21 世纪初对公园的整体污水雨水系统进行了综合改造，新建了大猩猩馆。上海世界博览会之前结合地铁十号线的建设，对动物园大门及主入口区也进行了改建。按照动物园最早的规划，动物园的整体规划改造是逐步推进、分期实施的，本次改造为动物园改造步伐中的最后一步，也是最重要的一步。为了迎接上海世界博览会的到来，对动物园的主干道路、标示标牌系统、灵长馆、大熊猫馆、非洲食草动物展区、河马馆等一批设施进行改建，最终得以完成动物园整体改造的规划设想（万林旺，2011）。

福州动物园搬迁新址位于福州市北部，北临八一水库，西靠山脉，总用地面积约为 60 hm^2，共有动物 150 余种，1 000 多头，其中国家一级保护动物 20 多种。福州动物园的设计结合区位规划及山地地形，将其定位为模拟动物自然生境展示动物科普的一座生态型城市山地动物园。林毅（2011）介绍了该项目以"让动物回归自然，让人与动物更加亲近"这一设计理念在福州动物园设计中的应用，拆除了圈养动物的铁笼子、水泥地，以生态化动物展示区和视线无障碍展示动物取而代之，让游人有身临自然环境观赏动物的感觉。

城市动物园属于专类公园。如何利用有限的空间为动物营造更加舒适、生态的栖息环境，为游客提供最佳的游览环境、观赏效果以及科普知识宣传，是动物园生态完善建设规划的基本主题。刘育文（2005）提出了广州动物园生态完善建设规划思路。他发现尽管广州动物园绿树成荫，覆盖率高，但是植物多样性低，部分树种需要淘汰，园区部分区域植物层次不够丰富，植物群落表现在只有乔木和地被植物，缺少中层的乔木及灌木植物。绿化种植面积内应增加多层结构的植物配置形式，提高生态效益。动物笼舍偏窄、动物活动场地空间偏小不利于为动物营造生态型生活空间。一些动物如斑马、长颈鹿、羚羊等食草动物需要一定的活动范围，由于动物可活动范围空间不够，造成动物对周围环境的破坏力增大，动物圈养场地绿化难度高。刘育文提出广州动物园生态完善规划有别于一般公园的建设规划，它要考虑动物与环境、动物与人、人与环境的多重复杂关系。规划要围绕以完善生态环境为主题，协调处理人、动物和环境的关系，利用设计学、植物学、生态学、美学等原理，运用岭南园林造园手法，完善公园的建设，以利其持续发展。

随着城市的发展和人民生活水平的提高，人们对人居环境质量的要求越来越高，如何提高城市公共基础设施的设计水平，从而满足人们的审美需求和功能需求，是一个值得探讨而且具有深远意义的话题。南昌动物园的早期雏形是 1953 年设立于南昌市八一公园内的动物展区，1958 年迁入人民公园。1987 年动物园作为园中园在人民公园内成立，直到 1994 年动物园才脱离人民公园而成为独立的公园。2004 年 10 月，南昌市规划委员会第六次会议决定投资 1.89 亿元，将动物园由福州路原址整体搬迁至朝阳片区。2005 年国庆，朝阳新址建设正式开工。2007年底动物引种工作启动，来自非洲的长颈鹿、白犀、斑马、细尾獴（*Suricata suricatta*）、非洲狮、猎豹等一大批珍稀动物陆陆续续入住新南昌市动物园。朱渺也和王晓虹（2010a）介绍了新南昌市动物园设计理念和建设情况。陈博旻（2012）总结了新南昌市动物园设计过程。新南昌市动物园占地面积52.3 hm²，其中水系9.7 hm²、长3.6 km。园内分为8大功能区，分别是大门区、水生两栖动物展区、中国区、美洲区、澳洲区、非洲区、食草动物区和管理区。园内展示的动物有来自世界各地和中国本土的哺乳类、两栖爬行类、鸟类和鱼类等300多种，近10 000只。不仅在规模数量上远远超过老南昌市动物园，在园林景观的营造和动物福利保障上也达到了国内先进水平。陈博旻（2012）以新南昌市动物园为例，解析艺术美在公园公共设施中的应用，对其公共设施进行分析和总结，动物园规划结合南昌市的自然环境和地理环境的特点，以动物地理布局为基调，以动物栖息生态环境为主要展示区域，将中国本土的生物群系作为该园的主要景点。

　　昆明动物园占地23 hm²，位于昆明市东北隅，高出翠湖约40.8 m。在国内从占地面积来划分，属中小型城市动物园，在有限区域内饲养着333种5 604只野生动物，为云南省动物迁地保护、科研及其科普宣传教育作出了重要贡献，曾被建设部评为十佳动物园。自建园以来，一直延续着历史布局格局，功能分区和动物陈列布局只做了一些局部完善和改动，未能系统化、全局化。随着动物园的发展，其功能设置、区域布局、动物陈列等不合理性逐渐展现出来。针对这些问题，为适应动物园发展，不断满足人们日益增长的物质和精神的需要，实现最好的社会效益，从为动物创造最佳保护环境出发，贺佳飞等（2004）对昆明动物园区域布局和动物陈列的合理性展开分析与评价，并提出了昆明动物园改进设想。

广州动物园景观　蒋志刚摄

目前，国内很多城市动物园都在尝试进行仿生态动物园的改造。广州动物园近年来也投入大量的资金用于改造园内老化的展馆，致力建设一个"动物、人、自然"和谐的生态动物园，张远环（2008）针对 2006 年广州动物园改造完成的飞禽大观景区，探讨了老式城市动物园的仿生态模式。吴其锐（2008）通过分析广州动物园动物展示形式的演变历程和国内外城市动物园动物展示形式发展现状，提出城市动物园必须探索生态化展示体系的发展道路，兼顾动物与游客安全性。

鄂尔多斯动物园的场馆   蒋志刚摄

随着城市的发展，太原市动物园逐渐被包围在城市中心，占地面积狭小，不能适应动物园的进一步发展。太原市政府有关部门为太原动物园的搬迁推荐了五处用地。李忠淑（2004）从改善城市人居环境条件，构建城市休闲空间，提高城市综合功能的视角，对动物园备选用地作了评价，为太原市休闲空间系统的构建提供了参考。

5.5 动物园管理

动物园的功能多种多样，过去人们对动物园的认识也仅仅局限于识别各种动物。刘小青等（2006）从动物园的发展实践中，提出动物园的科学发展与市场化选择。他们从发展机遇、体制创新、市场定位、文化建园、开拓市场、科学管理和依法经营 7 个方面论述了市场经济对我国动物园管理提出的要求。冯友谦、杨庆川（1995）从动物园的支出与收入方面分析了北京动物园的财务运作，探讨了北京动物园经营管理的途径。贾劲锐（2011）解析了城市动物园职能，探索动物园在生态型城市建设中潜在的可拓展性作用。于洪贤和覃雪波（2005）从生态旅游角度对哈尔滨北方森林动物园生态旅游资源进行了评价，并对客源市场进行了调查，计算了哈尔滨北方森林动物园游客环境容量，提出了哈尔滨北方森林动物园开发生态旅游的思路。

美国圣地亚哥动物园饲养员与游客的互动　蒋志刚摄

沈志军和孙伟东（2012）指出城市动物园是一个城市文明程度的标志，是城市品位的象征，是集综合保护、保护教育、科学研究、休闲娱乐等功能于一体的重要公用基础设施，分析了国内外动物园先进管理理念，探讨了中国动物园管理模式，如北京动物园通过管理动物发病率、动物治愈率、动物死亡率、动物繁殖成活率、动物健壮率等"五率"，提供相应的设备条件和建立激励机制，提高了动物园的整体饲养管理水平。上海野生动物园的"品牌服务——360 立体服务质量管理体系"，即以游客为圆心，以游客满意度为半径，依照"理念、制度、措施、反馈"四个方面，进行全方位的服务，形成了独具特色的"上野"服务文化模式。郑州动物园引入国外管理模式 PDCA（P——PLAN 计划，确定目标和计划；D——DO 执行或者实施、实现计划中的内容；C——CHECK 检查、总结经验；A——ACTION 改进，推广成功经验，总结失败教训）。提出了考虑到动物园社会功能的变化，跟踪国内外动物园行业发展趋势，瞄准世界一流水平，坚持科学发展观，坚持走社会公益型道路，整合内外部资源，以保护本土环境为出发点，以科学研究为技术支撑，以休闲娱乐为吸引手段，提出了森林动物园管理模式。

南京市红山森林动物园是一个以植物景观见长的城市森林动物园。在建园初期，园内有无数参天大树，但由于缺乏合理的疏伐、间伐措施，致使一些地区植物拥挤和杂乱，影响了植物的景观，迫切需要进行营林改造。刘霞利（2000）论述了对红山森林动物园营林改造的原则和林相、景点、主干道及野生植物改造的方法。徐学群和沈志军（2011）指出与单纯突出休闲娱乐以赢利为目的的旅游景点相比，动物园应突出社会服务与公益职能。面临现代旅游发展趋势的改变，利用 PEST 政治（Political）、经济（Economic）、社会（Social）和技术（Technological）分析法从政治、经济、社会和技术 4 方面对南京红山森林动物园的外部发展环境进行了深入、科学的分析，明确了红山森林动物园发展的契机和威胁，并提出了相应措施，为实现其发展转型提供科学依据。沈志军和白亚丽（2011）作了基于 SWOT 分析法的南京红山森林动物园发展战略分析。

许韶娜等（2007）在全面阐述动物园展馆评估方法的基础上，建立了从游客、动物和员工三个角度综合评估动物展馆的指标体系，并应用了该指标体系对搬迁前哈尔滨动物园的象馆、猩猩馆和水禽馆进行了评估。象馆的综合评估总分为 84.1 分，水禽馆为 83.5 分，猩猩馆为 58.8 分。他们认为搬迁前哈尔滨动物园象馆和水禽馆的总体使用效果稍好，而猩猩馆在平面布局、通风、采光和排水设施等方面存在问题，未能很好地吸引游客、保障动物健康和方便员工操作。

野生动物园旅游资源的开发利用是野生动物园深度管理问题。于洪贤、覃雪波（2005）探讨了哈尔滨北方森林动物园生态旅游开发。于洪贤、王晶（2007）用模糊决策理论综合评价了哈尔滨北方森林动物园中的在旅游资源。于延军（2010）讨论了动物园自然生态型展区设计，动物园导视牌将动物的自然、人文信息传递给游客，王保强等（2010）研究了北京动物园内标识导向牌的设计。赵靖等（2009）研究了北京动物园设置的导视牌。北京动物园分析了游客的需求，引入国家标准，规范了导视牌的字体、色彩、类别和安放地点，实现了导视牌的分级、分类管理。通过问卷调查，发现游客对北京动物园新的导视牌的满意度达 90%。

程英芬等（2006）以石家庄市动物园河马馆和为兽舍种植摆设植物的温室为试点，通过四年观测，摸清了河马馆及温室内小气候变化规律与植物生长情况。动物园绿化面积不断扩大，使得园林植物的养护管理工作，尤其是害虫的防治工作越来越难。石家庄市动物园鳄鱼馆、爬虫馆、大熊猫馆等 20 个兽舍进行了全面绿化，她们对兽舍绿化植物材料的生物学特性及生长情况进行了详细观察记录，为兽舍绿化积累了基础资料。李杰（2011）报道为了控制病虫害实践经验形成的动物园园林植物虫害综合防治的方法。金钱荣等（2004）研究了云南野生动物园环境绿化设计，提出根据绿化目标，提出分别对云南野生动物园游道、各动物展示区、专类植物园区进行特色植物绿化配置，做到环境绿化与生物多样性保护同时并举。

王丽华（2003）通过调查，游客主体特征、游客消费心理、游客态度分析和游客行为，分析了大连森林动物园的市场状况，探讨了大连森林动物园旅游形象定位和传播策略。杨健莺（2011）分析了云南野生动物园游客行为特征。她发现，云南野生动物园游客出游主要是以家庭和朋友结伴的方式。除了自己提出的游园想法之外，朋友和家庭成员的建议对于男性游客决定是否来园旅游影响较大，而女性游客更易受家庭的影响。家中孩子的要求对于女性游客决定是否购买该园旅游产品有重大影响，而情侣是否选择购买旅游产品则主要受对方建议的影响较大。在云南野生动物园，以休闲度假为目的的游客占所有游客的大半，这说明目前来园游客的目的比较单一，大多是为了缓解工作紧张的压力，远离喧闹的城市，这也从侧面反映了云南野生动物园旅游产品的发展还处于以基本的观光、游览为主的低层次，游客的出游要求并不高。因此，利用云南野生动物园优越的自然条件，大力发展休闲娱乐项目，是云南野生动物园旅游产品开发的主要方向。

导游图为游人提供了信息　蒋志刚摄

家庭出游是动物园的主要游客来源　蒋志刚摄

笔者（2011）分析了鄂尔多斯动物园游客分析。鄂尔多斯动物园立足鄂尔多斯市东胜区，辐射鄂尔多斯高原、内蒙古自治区包头市、呼和浩特市、巴彦淖尔市等城市和邻近的宁夏、陕西。根据距离，将鄂尔多斯动物园的潜在游客分为 1 日游、周末游和节日游三类游客。鄂尔多斯东胜区为 1 日游客区，游客可以早晨出发，前往参观野生动物园，在野生动物园午餐，然后，在 1 日完成游园活动。

　　随着经济的发展，人们的周末户外活动将会增多，户外活动的距离将会增大。在距离鄂尔多斯动物园 250 km 范围内，有包头、呼和浩特、榆林、巴彦淖尔等城市。鄂尔多斯市和东北与隔黄河相望的草原钢城包头市、巴彦淖尔市以及自治区首府呼和浩特市为鄂尔多斯动物园的周末游游客区，周末游游客区内游客在前一天出发，参观野生动物园，在野生动物园的宾馆或东胜区的宾馆过夜。

模仿游人动作的红毛猩猩　蒋志刚摄

距离鄂尔多斯动物园直径 400 km 内的晋、陕、宁毗邻地区及阿拉善地区为鄂尔多斯动物园的节日游客区，游客在五一、中秋、国庆等节日中前来鄂尔多斯动物园的参观游览。

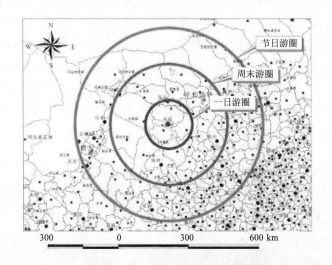

图 5.1　鄂尔多斯动物园的一日游圈、周末游圈和节日游圈

将鄂尔多斯动物园的游客来源地划分为一日游圈、周末游圈和节日游圈。该园一日游圈为距离鄂尔多斯动物园直径 100 km 内的范围，周末游圈为距离鄂尔多斯动物园直径 250 km 内的范围，节日游圈为距离鄂尔多斯动物园直径 400 km 内的范围（图 5.1）。

崔冰冰，刘广纯（2010），Cui 和 Jiang（2011）针对沈阳市冰川动物园发生近年来罕见的东北虎自相残杀现象，探讨了动物园保护动物的问题及解决对策。甘卫华（2012）指出动物园建立的首要目标就是保护动物，从而让那些处于弱势地位或者珍稀的濒危物种得到更好的保护和发展，同时使普通人有机会了解动物习性，促进人与动物的交流，并为动物科学研究提供素材，推进科普教育和培养人们的爱心。可是，在经济大潮的冲击下，一方面动物园数量大增，规模也不断扩大，另一方面，某些动物园存在动物受虐，动物的生存环境差等问题。甘卫华（2012）分析了动物园保护动物存在的问题，并从立法、教育和监管角度探讨了解决问题的对策。

广州动物园也是一个植物展示的园地，园内种植的树木有 200 多种 10 万多株。由于温度、湿度适宜和外界病虫害传入等一系列原因，园内病虫危害种类日渐增多，危害大部分观赏性植物，影响植株生势和降低观赏价值。为了控制和预防园内植物病虫害日趋严重，更有效地配合公园做好园林绿化建设的工作，刘建斌（2008）曾对广州动物园南北片主要绿化植物的病虫害情况进行了调查，并提出相应的防治措施。

在国外，旅行费用法是相对成熟的游憩价值评价方法，运用旅行费用法对环境及自然资源进行评价在中国尚处于起步阶段。在对哈尔滨北方森林动物园游客进行问卷调查以及森林动物园近年来的统计资料基础上，王晶和杨宝仁（2010）运用旅行费用法对其资源价值评价，运用旅行费用模型分析了哈尔滨北方森林动物园资源价值的典型消费者需求函数与收益，发现门票价格的高低或者交通成本的升降等都会影响总的旅游需求。他们指出如何在评价旅游业导致的外部性损害的同时，考虑到旅游活动带来的消费者福利，从而科学地选择最优规模的旅游开发水平，合理确定旅游门票价格等，对进一步开发资源和扩大目标市场客源，提高旅游目的地形象等都是具有借鉴意义的。此外，通过对特定景点的旅游者的问卷调查，可以获取个体消费者行程费用数据，得到旅行费用的准确指标，从而可以通过该模型对景点需求函数进行更为准确的评估。旅游景点的需求函数可以给景点的管理者提供重要信息，基于景点价格的需求弹性，管理者可以更有效地制定景点的门票价格。基于景点需求函数的收益评估可以为旅游景点开发投资项目提供收益评估的重要信息。

建设中鄂尔多斯动物园热带鸟馆　蒋志刚摄

旅行费用法（Travel Cost Method，TCM）是目前较为流行的评价环境资源游憩价值方法，被广泛应用于休闲场所、国家公园、旅游景点等地的价值评估。李跃峰等（2010）应用旅行费用法评估了樱花对昆明动物园游憩价值的影响，一方面为旅行费用法的研究积累案例，另一方面为昆明动物园的园区管理和建设提供参考依据。他们通过问卷调查统计分析得到消费者剩余及旅行费用，两者加和得出消费者的支付意愿，即为景点的游憩价值。通过比较樱花季节（3月）和非樱花季节（4月）昆明动物园的游憩价值，研究樱花对昆明动物园游憩价值的影响。结果表明2009年樱花季节（3月）和非樱花季节（4月）昆明动物园的游憩价值分别为 5.9×10^{7} 元和 1.3×10^{6} 元，前者是后者的41.5倍。说明特定的节日和特定观赏对象影响动物园的游玩价值。

野生动物饲养展出业是一门危险性较大的产业。动物园或野生动物养殖场动物伤人事故时有发生。吴其锐（2011）分析了国内外动物园或野生动物养殖场发生的一些动物伤人事故案例后，发现在许多事故中，人往往既是事故的受害者，同时又是事故的肇事者。这些事件的发生有时因为设施存在缺陷，有时因为动物处于危险状态，再者就是因为人的疏忽。人的不安全行为导致了事故的发生。他指出，提高人的安全行为能力，是野生动物饲养与展出安全管理的重要工作。人的安全行为能力，包括对事故发生的预见行为能力，对安全生产的掌控行为能力和对危机的应对行为能力。

动物园的管理人员除严格按照操作规程和安全守则执行外，有必要了解研究与安全相关的动物行为，有效地保护动物和自身的安全（熊飞，2009）。应注意野生动物的领域行为。许多野生动物在野外有领域，这些动物进入动物园后，动物笼舍、隔离通道就是领地或家，任何侵入者都可能受到攻击，例如：① 管理人员突然更换工装、接触强烈气味后未更衣等均有可能致动物出现防御行为。这时，管理人员应及时采用语言、动作、沟通交流让动物适应，避免升级为攻击行为。② 所有野生动物对陌生者都会产生警戒防御行为，当陌生者跨越安全距离之后，野生动物进而发动攻击。动物饲养管理人员应相对稳定，不要频繁更换。参观人员严禁进入管理区。③ 动物具有记忆报复能力，表现为直接攻击行为。管理人员的粗暴动作、兽医人员的治疗行为等都能导致延时攻击行为的发生（Karsten，1988a，b）。

树袋熊馆 蒋志刚摄

6 中国动物园研究现状和环境保护

近 30 年来，中国动物园开展了动物学行为、营养、繁殖、疾病防治、保护教育方面的研究。许多高等院校和研究机构也以动物园为基地，针对中国特有的动物、国外引入的珍稀动物以及特定的动物学问题开展了研究。许多研究走向了国际前沿。同时，人们也在动物园开展了环境监测和保护以及水污染的治理。

6.1 动物行为

动物园和野生动物园的动物为近距离研究动物行为创造了条件。我国研究人员也在动物园和野生动物园研究了动物行为，特别是一些珍稀动物的行为。

圈养大熊猫初产母兽弃仔和抚育行为不当是导致幼仔死亡的主要原因之一。针对这种情况，魏荣平等（2002）分别采用幼仔模型、尿液、叫声录音、实体和乳汁等多种刺激信号，培训了一只弃仔的雌性大熊猫的母性行为。他们发现首先采用幼仔模型、尿液、叫声录音和乳汁等多种信号的刺激，有助于弃仔的初产母兽再接受其幼仔。进一步对母兽抚育行为的培训，其母性行为逐年增强，并最终掌握各项育幼技能，使幼仔存活率得到显著提高。

番禺香江野生动物世界的冠鹤　蒋志刚摄

化学通信对哺乳动物的生存和繁殖起着重要作用。田红等（2007）研究了雄性大熊猫对同伴个体尿液气味行为反应的发育模式。结果显示，在成年雌性个体的尿液气味刺激下，雄性个体表现显著多的嗅闻行为和嗅闻、舔舐环境行为，但是撕咬气味刺激物的行为明显减少。在雌性个体的尿液气味刺激下，不同年龄段的雄性个体行为表现不同，成年雄性个体表现出较亚成年和幼年个体显著多的舔舐行为。此外，成年个体和亚成年个体均表现较多的嗅闻、舔舐环境行为，而幼年个体则无该行为表现。幼年个体较成年和亚成年个体表现显著多的气味涂抹行为，而且撕咬气味刺激物的时间较亚成年个体显著多。幼年个体和亚成年个体对雌性和雄性个体尿液气味刺激的行为反应不存在显著差异。研究结果表明，雄性大熊猫对同种个体尿液中化学信息的行为反应呈现出年龄差异。

刘定震等（2002）观察了 24 只圈养大熊猫，发现雄性个体活动、蹭阴标记和探究行为频次显著高于雌性个体，其他行为差异不够显著。随年龄的增长，个体探究和游戏行为频次显著减少；雄性个体用于蹭阴标记和嗅闻的时间显著多于雌性，而用于休息行为的时间则正相反。随年龄的增长，个体用于游戏的时间显著减少，休息的时间显著增加；圈养雄性个体白天处于活跃状态的时间百分比显著多于雌性。他们发现：大熊猫个体行为的性别差异不仅存在于野生个体，而且存在于圈养个体；幼年个体表现较多的游戏和探究行为可能与行为学习和模仿有关，并可能对个体行为发育有重要影响。非发情期雄性个体表现较多的蹭阴标记和嗅闻行为可能与护卫领地和维持社群关系有关。

大熊猫　蒋志刚摄

刘定震等（2003）采用气相色谱法分析了4只大熊猫雄体和两只雌体尿液中的挥发性成分，并进行了性别之间、性活跃与不活跃雄体之间、繁殖期与非繁殖期之间的比较。他们发现，繁殖期雄体尿液中主要包含大约29种挥发性物质，性活跃雄性个体的尿液中保留时间短的成分较性不活跃的多，两只性活跃雄体与1只雌体尿液中挥发性成分除两种成分不同外，其余基本一致；非繁殖期保留时间短的成分较繁殖期明显减少。研究结果表明，雄性个体尿液中挥发性成分的多少可能与个体的性活跃能力有关，雄性个体可能通过尿液传递有关个体的性别、社会地位等信息。

田红等（2004）采用连续观察法记录和分析了传统圈养和半自然散放环境下亚成年大熊猫的几种行为的持续时间和发生次数。传统圈养环境亚成年大熊猫探究行为的持续时间、标记行为的频次显著多于半自然散放环境下的个体；刻板行为的持续时间有增加的趋势，但无显著差异。刻板行为的持续时间与标记行为的频次和探究行为的持续时间均呈显著正相关。表明圈养环境的改善有助于亚成年大熊猫探究和标记行为的明显减少。

刘娟等（2005）采用聚焦动物取样（Focal sampling）和连续记录法（Continuous recording）对北京动物园3只成年圈养大熊猫的刻板行为进行了观察，同时在各观察时段采集粪便样品，采用放射免疫测定法（RIA）测定粪便样品中肾上腺糖皮质激素（Cor）的质量分数 w（Cor）。结果表明：圈养大熊猫刻板行为发生频次高峰期在14:00—15:00，刻板行为持续时间较长的高峰分别在9:00—10:00和15:00—16:00，该时段与人工投食的时间相吻合。在昼间刻板行为发生的低峰期（11:00—12:00）和高峰期（15:00—16:00），其发生频次和持续时间所占比例与 w（Cor）并无显著相关关系，但在其他时间段两者极其显著相关。表明大熊猫刻板行为的发生是由于环境胁迫所导致的Cor水平上升和不合理的管理方式引起的。

利手现象广泛存在于人类和非人灵长类动物，以往曾开展了深入的研究工作。然而，针对灵长类以外的物种，尤其是珍稀濒危物种是否存在利手，未曾有过报道。刘乔伊等（2012）以我国珍稀濒危物种大熊猫为研究对象，通过行为观察法，首次对其利手现象进行了系统研究。结果发现大熊猫个体存在利手现象，但是在群体水平不存在明显的一侧利手优势。雄性个体的利手指数与其年龄呈现显著的负相关关系，即幼年雄性个体多表现为左利手，成年和老年雄性多表现为右利手。雌性不存在类似的相关关系。相对单一的食性和取食、活动及育幼方式，可能是影响大熊猫利手指数的主要原因。

对于集群繁殖的独栖型动物而言，使用能够传播较长距离的通信信号，例如声音或者气味，对动物的配偶选择及其同步发情等具有重要作用。近期对大熊猫发情期发出的咩叫声（bleat）和鸟叫声（chirp）的研究结果发现，大熊猫使用听觉通信的方式及其变化比以往人们想象的要复杂许多。然而，过去利用这些声音信号进行的回放实验研究仅记录了有限时间内的几种行为，因而有关这些声音信号对接受者的行为尤其是通信行为的影响了解甚少。徐蒙等（2011）的实验通过录音回放方法，给圈养成年大熊猫播放发情期异性同伴的咩叫声，然后观察并记录声音接受者的行为反应。他们发现，在听到发情期异性大熊猫的咩叫声时，处于发情期的雌雄大熊猫的嗅味标记行为频率均显著增加，而咩叫频率并无显著改变。这是首次在大熊猫中发现交互模态信号通信现象，即借助化学通信信号，做出对异性声音信号刺激的行为反应。该研究结果揭示了大熊猫中声音信号与化学信号的关系，并显示上述两种方式的信号在维持大熊猫社群关系中可能是相互依赖的。

利用手绘京剧脸谱进行大猩猩笼舍丰富化实验　蒋志刚供稿

　　张君等（2004）在成都动物园用所有事件取样法观察人工饲养的 7 只山魈的繁殖行为。他们发现：山魈繁殖没有明显的季节性，一年四季均发情繁殖，月经周期为（30.55±0.77）d（N=11），行经期（238±0.13）d（N=16）；交配行为均发生在白天，交配持续时间为（14.90±0.34）s（N=246），具有明显的交配模式，其中碟牙、爬跨、插入和抽动 4 种行为在每次交配中都出现，交配姿势仅有背腹式一种；孕期为（171.13±4.19）d（N=8），产前不废食；分娩都在夜间进行，产程 2～3 h；育幼期哺乳时间随幼仔长大逐渐减少。张君等（2006）还观察了山魈的昼夜活动节律。他们发现：山魈一天的活动时间集中在 7:00—20:00，占总活动时间的 95.30%，活动高峰有 2 个，最高峰 16:00—18:00，次高峰 9:00—10:00；12:00—14:00 是白天活动的低谷，夜晚山魈基本在睡眠；季节不同山魈的昼夜活动节律有变化，夏季，山魈开始活动的时间早，休息时间晚，冬季则相反，每天开始活动的时间延迟，休息时间提早。

　　黄蓝金刚鹦鹉（*Ara ararauna*）和红绿金刚鹦鹉（*Ara chloropterus*）色彩鲜艳、善解人意，是著名的观赏鸟类。杭州野生动物园繁殖成功黄蓝金刚鹦鹉和红绿金刚鹦鹉各一只，张国贤等（2010）观察报道了金刚鹦鹉的繁殖行为。郑乐等（2012）描述了动物园条件下鸳鸯（*Aix galericulata*）的繁殖行为。

周杰珑等（2012）在昆明云南野生动物园采用连续记录法和焦点动物取样法记录与分析了 3 只亚成年雌性大熊猫间刻板行为发生频次和持续时间，并初步探讨了温度、游客流量与刻板行为发生的相关性。他们发现，大熊猫刻板行为发生频次高峰和持续时间较长的高峰均出现在 10:00—11:00 和 16:00—17:00 时间段。各时段行为表达水平存在极显著差异。个体间刻板行为持续时间昼间分布无显著差异；个体间发生频次在 14:00—15:00 时段存在显著差异，而在其他时段则存在极显著差异。温度与刻板行为发生频次、持续时间均无显著相关性；游客流量与持续时间、发生频次有一定的正相关，但不显著。此外，在刻板行为型时间分配格局中，以刻板踱步最高，占 56.78%，其次为爬笼、吮掌，而旋转、摇摆及坐着旋转等其他刻板行为表现较少，其总和仅占 1.20%。

罗洪章等（2006）在贵阳黔灵公园动物园采用扫描取样法观察记录笼养黑叶猴（*Presbytis francoisi*）的日活动节律及活动时间分配行为。他们发现黑叶猴的日活动具有一定的节律性，一天中有 9:00—10:30 和 15:30—16:30 两个明显的行为活动高峰期。黑叶猴在活动时间分配中：休息占 62.3%，取食占 15.1%，移动占 8.9%，梳理占 6.1%，戏耍占 2.6%，威胁占 0.5%，其他行为约占 4.5%，但在活动时间分配上个体间，成体-青年体间存在明显差。黑叶猴的群体、成体、青年体、雄性、雌性以及大部分个体具有显著，或极显著的左侧优势现象。

胡刚等（2002）观察和分析了昆明动物园圈养状态下水鹿（*Cervus unicolor*）、梅花鹿（*Cervus Nippon*）的行为。他们发现水鹿、梅花鹿的日活动具有晨昏型节律，梅花鹿的行为活动高峰期为早（7:30—8:30）、晚（14:30—18:30），水鹿一天的活动高峰为早（7:30—8:30）、晚（14:30—16:30）。但水鹿与梅花鹿的日活动节律之间没有显著性差异，且水鹿雌、雄性的日活动节律也没有显著差异。水鹿的活动时间分配为休息 45.72%、取食 29.72%、站立 17.78%、移动 2.99%；梅花鹿活动时间分配为：休息 34.07%、取食 26.93%、站立 24.13%、移动 8.42%。两者在活动时间分配上有极显著差异。在活动时间分配上水鹿雌、雄体间也存在极显著差异，这些行为差异可能与其种类、性别有关。

阎彩娥等（2003a）在成都动物园和上海野生动物园用放射免疫法监测了雌性川金丝猴（*Rhinopithecus roxellana*）晨尿中的雌二醇和孕酮浓度，寻找雌性川金丝猴繁殖生理的内分泌特性；结合行为观察，探讨性行为与性激素水平的相互关系。激素测量结果可以显示雌猴月经周期内排卵前的雌二醇高峰，并且在月经周期中，孕酮水平始终在试剂盒的测量范围（0.2 ng/ml·肌酐）以下，孕酮只有在妊娠后期才开始升高。根据激素测量结果推测出的月经周期的长度为（28.33±1.67）d，妊娠期的长度为 200 d。雌猴受孕后雌二醇水平的变化规律与未受孕的月经周期显著不同，因此，可以根据尿液中雌二醇的含量推测受孕日期，进行早期妊娠诊断。他们还发现在未受孕的月经周期内，雌猴的邀配行为集中在雌二醇分泌高峰前后，卵泡期和黄体期的邀配频次显著降低。邀配行为与雌二醇水平的显著相关性说明雌猴月经周期内的邀配行为受性激素水平的调控（Yan 和 Jiang，2006）。

上海野生动物园的金丝猴群　蒋志刚摄

阎彩娥等（2003b）发现上海野生动物园同一家庭单元内的雌性个体的月经周期并不同步，邀配高峰相互分离，互不重叠，这可能是雌猴为了避免相互竞争的一种手段。2002年它们受孕的日期也相互间隔。利用雌二醇测定结果推断出受孕日期，他们发现雌猴妊娠后仍频繁地邀配雄猴，并得到雄猴的响应，妊娠3个月后邀配行为才完全停止。但是雌猴妊娠期内的雌二醇水平显著高于月经周期内排卵前的雌二醇高峰，雌二醇水平虽有波动，但与邀配频次没有明显的相关性，因此这一时期的邀配行为不能归结为雌二醇作用的结果。与未受孕的月经周期不同，雌猴妊娠期的邀配行为存在相互干扰的现象，并且高序位个体发出的性干扰行为较多。川金丝猴的繁殖季节较长，群体内的优势个体发情较早，我们推测雌猴妊娠后仍然继续邀配雄猴，可能是为了维持与雄猴的密切关系。

盘羊（*Ovis aries*）为亚洲中部山地代表物种，在我国主要分布在新疆、西藏、宁夏、甘肃、青海、内蒙古西部，邻近国家也有少量分布。为了解散放盘羊的昼间活动节律、时间分配规律，李叶等（2011）2009年5～6月，在新疆天山野生动物园观察了909头盘羊的昼间活动节律。他们发现：散放情况下盘羊夏季昼间活动规律性较强，从 8:00—13:00活动频率较高，之后活动频率逐渐降低。在 14:00—15:00 降至最低值20%，后逐渐回升，至 18:00 活动频率达98%。在 8:00—10:00 和 17:00—18:00 采食频率较高；11:00—12:00 警戒频率较高。昼间各类行为所占的时间比例从大至小为：采食41%，休息27%，移动16%，警戒 10%，其他行为 6%。

东北虎是具有独居生态习性的动物。深圳野生动物园对东北虎的饲养方式做了尝试，以群居方式饲养东北虎。这种饲养方式是否会使虎的心理或生理紧张程度加剧，从而导致某些虎在某些条件刺激下产生异常行为？刘丽（1995）研究了群居东北虎相残行为。她发现独居习性的东北虎群养时，群体内部产生社会等级。当食物供应足以让绝大部分虎吃饱时，每只虎的领域为细长型。冬季，东北虎食物需要量增加，投饲活鸡时，一些社会等级低的东北虎争不到食物。食物短缺加强了虎的领域性。群养东北虎食物不足时，社会等级低的虎会受到社会等级高的虎的攻击。极度的食物短缺使虎产生了同类相残行为。

现代动物园中动物品种繁多，展览的形式和饲养的方法多种多样，早已经脱离了早期单一的饲养模式。但是，现代动物园中存在各种各样的应激原，使动物产生应激反应。应激是圈养野生动物所不能避免的，对动物的负面影响是多方面的。崔卫国（2004）介绍了动物园内动物的异常行为。

动物的应激是评价动物福利的一个潜在指标，王万华等（2009）针对动物园动物应激的特点，对动物园存在的应激进行分析归类，阐述了应激的危害和应激应对实践中的问题。他们建议系统地研究现代动物园的应激问题，采取有效措施对应激进行监测与管理，减弱应激的负面影响。

应激对动物的影响在临床上主要表现为呼吸加快、狂躁不安或活动量减少，采食量减少，机能代谢方面表现为机体蛋白质合成量减少，分解代谢增强，合成代谢减少，导致生长发育减缓，表现为动物免疫功能降低、生长和繁殖性能下降，甚至会出现胃溃疡、行为异常和疾病等，严重时引起动物死亡；给动物饲养造成很大损失（袁志航、文利新，2007）。动物园存在的应激原主要是管理应激、环境应激、营养水平应激、动物转运应激等，王万华等（2009）以石家庄动物园为例，对动物园存在的应激进行了分析归类，阐述了应激的危害和解释实践中的问题，探讨了动物园动物的应激及其管理。

动物标记的使用价值已经被野外工作者所认识，但在动物园中使用的历史并不长。现在通过动物标记来识别动物个体已经成为动物园饲养管理工作的重要一部分。动物标记标识动物个体，有助于建立个体档案和谱系，并有助于开展动物行为学研究。陈礼朝等（2009）介绍了动物园及家养野生动物的化学麻醉与保定效果。张涛等（2003）介绍动物园动物进行标识的方法。目前，除了传统的动物个体标记方法，植入微芯片已经动物园动物园动物个体标识的手段。

6.2 动物饲养与营养

影响草食动物食物选择的因子很多，如植物营养素含量，植物的抗营养因子水平、环境中食物的可利用量、植物的形态特征以及动物自身的生理特征等。动物园中园养草食动物与野生环境中的动物不同，它们不再是从自然环境中自由采食，而是由饲养者根据动物的生物学习性，从本地植物资源中去筛选一些适宜各种草食动物的植物种类。在饲用植物筛选过程中，饲养者主要根据营养性、安全性和动物的喜食程度来为草食动物提供各类食物。青饲料的足够供应是动物园草食动物养殖成功的关键因子之一。目前，广州动物园饲养的草食动物包括8科25属36种，共300余头。象草（*Pennisetum purpureum*）是广州动物园草食动物青饲料的主要来源。象草喜温暖湿润的气候，广州地处南亚热带，夏季长，温暖湿润，适合象草的生长，鲜草供应充足，然而到了冬季，由于气候干燥寒冷，象草生长缓慢，蛋白含量下降，从12月至翌年的2月是象草供应短缺的时期。为了解决冬季象草供应不足的问题，彭建宗（2010）开展了广州动物园草食动物饲用木本植物筛选的研究工作，旨在从本地植物资源中筛选出适宜的草食动物饲用植物，保证冬季青饲料的充足供应。

中国动物园的动物饲养管理研究包括野生动物饲料、饲养与营养的研究。首要的问题是饲料安全。饲料安全即饲料质量安全，指饲料产品对动物健康和正常生长、对生态环境的可持续性发展以及人类的健康和生活都无不良影响。对于动物园来说，饲料安全包括：① 饲料及其产品可提供动物体所需的各种营养物质，利于动物的生长发育与健康；② 饲料产品，包括原料和饲料添加剂不含有毒物质，或者其含量不足以造成危害。

犀牛　蒋志刚摄

　　动物园中影响饲料安全的因素有饲料因素、自然因素和人为因素：饲料因素指饲料的生产，包括生长、收获、运输、加工、贮藏等过程。饲料本身固有或自然形成某些有毒有害成分或其前体物质。这些物质可大体分为饲料毒物、抗营养因子和新饲料资源开发利用中的未知因素。饲料毒物（feed toxicants）是影响饲料安全的重要因素，有的是饲料中的天然成分，有的是饲料生产环节的产物。抗营养因子能降低或破坏饲料中营养物质，影响机体对营养物质的吸收和利用率，甚至能导致动物中毒。如植酸、蛋白酶抑制因子、单宁等，这些有毒有害物质在牧草和树叶中普遍存在。因抗营养因子性质的不同，可对动物机体造成不同危害和不良影响，轻者降低饲料的营养价值，影响动物的生长和生产性能；重者引起动物急性或慢性中毒，诱发癌肿、流产，甚至死亡。新工艺或新开发的饲料资源可能存在一些对动物有害的成分，如基因重组的饲料（转基因饲料）可能存在抗营养或引发动物基因突变、病变。新工艺提出油脂后饼粕中残留的有害成分，这些未知因素在动物繁殖、成长、展出中可能起负面作用。自然因素是指作物受生长地质以及气候环境的影响而造成的本身带毒或霉菌污染。人为因素一方面指原料生产的环节中，人为造成的饲料不安全，如不合理的施肥、杀虫、加工、贮藏等均可以导致饲料成分及质量的改变，从而影响饲料的营养价值和安全性；另一方面指游客投喂饲料的不安全，如游客把方便袋丢进草食动物的笼舍，或直接把有毒的食物喂给动物吃。引起动物园中动物伤害甚至死亡（王伟，2008）。

剑羚　蒋志刚摄

降低饲养成本，提高饲料综合利用率已成为动物园经营所面临的严峻课题。重庆动物园目前饲养展出野生动物 230 余种 4 000 余头只。从食性上划分为肉食动物、草食动物、杂食动物。近年来，通过加强饲料管理，严密控制饲料供应环节，该园在提高饲料利用率方面取得了较好效果。从饲料管理环节，包括科室审核饲料采购计划、饲料组核对饲料采购计划、饲料采购和验收入库等环节，严格控制成本（钟灵等，2011）。

在野生动物园的所有动物中，草食畜禽占了相当大的比例。由于动物园中草食畜禽都比较珍贵，有些还是国家保护动物，所以对牧草的要求也比较苛刻。动物园中有些动物如袋鼠、獐等小型动物，每天需要鲜嫩的优质牧草供应，即使冬天也不能用干草代替。所以动物园对优质牧草的周年供应青饲料问题显得十分迫切。舒巧云（2004）结合对牧草品种的引进及配套栽培技术研究及近年对宁波动物园优质牧草周年供应的经验，探索了适合宁波及周边地区大型动物园需要的优质牧草周年供应青饲料生产系统的技术。

自然界草食动物的食物来源广泛，它们自主选择喜爱的食物种类。每种动物采食的食物种类多达几十种甚至上百种。动物园草食类动物人工投喂的饲料食物种类则局限性非常大。选择营养、适口和益于健康的饲料一直是动物园经营者的课题。20 世纪 90 年代以前，广州动物园草食动物的精料用玉米、麸皮和黄豆等人工调配。草料用广州城市周围自然生长的野生象草和少量树叶。1996 年以后，精料选择奶牛用 D19 颗粒料作为草食动物的基本补充料。随着广州城市化的发展，农田和从前的闲置土地减少，鲜青草种类偏少，品质随季节性变化大。动物园获取的象草、树叶等鲜草范围从原来的市区扩展到附近的县市区，同时开始使用来自新疆、甘肃、四川和美国生产的苜蓿干草、草块和颗粒等商品草。广州属于亚热带，春夏季气候高热高湿，干草贮藏困难大。从广州动物园草食类动物的饲养实践中，刘小青等（2007）研究报告了广州动物园草食动物的饲养方法，评价了饲喂效果。

冬季和早春，常用青饲料象草的生长减慢，消化率变差，彭建宗等（2010）报道了洋蹄甲（*Bauhinia variegata*）、山指甲（*Ligustrum sinense*）、小叶榕（*Ficus microcarpa*）等当地常见木本植物作为冬春季广州动物园象草的替补饲料。刘小青等（2012）总结了 1996 年以来广州动物园草食类动物饲料植物选择方法和结果。广州动物园现有草食动物 36 种，青草料选择当地的象草，同时种植一些冬季生长快的牧草和树叶补充；干草选择当地的禾秆、田基草、羊草（*Aneurolepldium cninense*）和苜蓿草块。从 1996 年开始，在广州动物园饲养场建立了占地面积约 4 hm^2 的饲用植物基地。选择种植和培育动物园草食类动物喜食的植物种类属 20 科 34 种，包括：羊蹄甲、绿叶山绿豆（*Desmodium intortum*）、异果山绿豆（*Desmodium heterocarpum*）、台湾相思（*Acacia confusa*）、朴树（*Celtis sinensis*）、蒲桃（*Syzygium jambos*）、柿（*Diospyros kaki*）、山指甲（*Ligustrum sinense*）、土蜜树（*Bridelia tomentosa*）、乌桕（*Sapium sebiferum*）、假柿木姜（*Litsea monopetala*）、潺槁树（*Michelia figo*）、苎麻（*Boehmeria nivea*）、火炭母（*Polygonum chinense*）、鸡屎藤（*Paederia foetida*）、团花（黄梁木）（*Anthocephalus chinensis*）、三裂叶蟛蜞菊（*Wedelia trilobata*）、五爪金龙（*Ipomoea cairica*）、黄槿（*Hibiscus tiliaceus*）、苦楝（*Melia azedarach*）、小叶米仔兰（*Aglaia odorata*）、

芒果（*Mangifera indica*）、构树（*Broussonetia papyrifera*）、小叶榕、大叶榕（*Ficus virens*）、对叶榕（*Ficus hispida*）、斜叶榕（*Ficus tinctoria*）、桑（*Morus alba*）、菠萝蜜（*Artocarpus macrocarpus*）、笔管榕（*Ficus superba*）、鸭跖草（*Commelina communis*）、象草、大黍（*Panicum maximum*）、黄金间碧竹（*Bambusa vulgaris*）。主要栽培的青饲料植物有：象草、羊蹄甲、小叶榕、山指甲和绿叶山绿豆。

正在进食的大熊猫　蒋志刚摄

　　青贮饲料是将含水率在 65%～75% 的青绿植物秸秆经切碎后，在密闭缺氧的条件下，通过厌氧乳酸菌的发酵作用，抑制各种杂菌的繁殖而得到一种粗饲料。经过青贮后的青绿植物秸秆，其营养成分可保持 80%～90%，气味酸香，柔软多汁，适口性强，且能存放 1～2 年。近些年来，青贮技术发展很快，如半干青贮、低水分青贮、与添加甲酸、丙酸、糖蜜、谷物等特种青贮饲料在饲养家畜方面获得较快的推广和应用。但在野生动物饲养当中应用发展较慢，其原因：①动物园一般都建在城区，秸秆从农村运往城市，运输困难，制约了青贮饲料在野生动物饲养中的应用。目前，许多城市动物园迁往郊外，秸秆原料运输问题得到解决。②饲喂青贮饲料的时间往往在冬季，而这一季节动物展出多数在室内，为保温，馆舍多密封，在这样的环境下饲喂青贮饲料，青贮饲料特殊的酸味影响了游客的参观，随着动物园越来越重视动物福利与丰容，这个问题也得到解决，青贮饲料逐渐引起动物园的重视。③野生动物园建在离城较远的地区，获得秸秆较容易，青贮饲料逐渐引起野生动物园的重视。丁文娟等（2012）探讨了青贮饲料的制作及在野生动物饲养中的应用。

他们介绍了地上、地下 2 种方式贮存玉米秸秆生产青贮饲料。

宋晓东等（2012）从食物营养值、环境丰富度、种群密度三个角度对大连森林动物园散放区草食动物饲养繁殖管理进行分析，并从小生境角度、建立稳定的群体出发。分析斑马、羊驼和岩羊比较适合大连的气候及混养模式，种群数量逐年递增，繁殖状况良好，死亡率也比较低，尤其是岩羊，由于其善攀援跳跃，活动范围广，种群发展最好。长颈鹿，黑斑羚（*Aepyceros melampus*）和跳羚（*Antidorcas marsupialis*）适应能力较差，尤其是黑斑羚和跳羚，性情机警、敏感、应激反应强烈，引进后种群数量逐年递减，不适应此混养模式。作为马鹿和梅花鹿，其种群情况也堪忧。于是，宋晓东等提出从饲料营养和引种两方面加以改进以达到增加其种群数量的目的。

动物的膳食 蒋志刚摄

此外，国内动物园也开展了动物营养病的研究。唐朝忠等（1997）报道了长颈鹿骨软症的诊断及体内矿物元素含量测定。大熊猫消化道疾病多与消化道菌群紊乱有密切的关系，为科学防治大熊猫消化道疾病，彭真信等（1998）对动物园中大熊猫粪便菌群进行检测。他们检测了 4 只大熊猫的粪便，培养结果表明大熊猫粪便菌群中的优势菌群为大肠埃希氏菌，未检出双歧杆菌，这可能是由于大熊猫消化道微环境不利于双歧杆菌定居。双歧杆菌制品在人医界应用较广，兽医界也开始使用，但就检测结果来看，应用双歧杆菌制剂调整大熊猫消化道微生态平衡意义不大，他们在临床试用时也发现没有明显效果。

6.3 野生动物疾病

在现代动物园中，兽医在动物园管理中扮演着越来越重要的角色，兽医工作质量的好坏直接关系到野生动物的展出质量和可持续发展。但是由于兽医人员的思想观念落后，医疗设备有限，兽医工作至今仍未摆脱传统落后的诊疗方式，缺乏科技含量。如何将现有的医疗设备、技术应用于日常工作，创新性地开展动物防病治病工作是兽医工作者面临的重大课题。结合他们在广州动物园的工作，王兴金（2012a）探讨了动物园兽医的使命。黄勉和植广林（2012）从广州动物园兽医院的实际工作出发，阐述了动物园诊疗手段、工作思路、管理模式，提出在提高动物福利、保护动物多样性的前提下，变被动治疗为积极治疗和主动防疫，使科普教育、医疗保健、动物展示有机地结合起来，提升动物园的品牌价值。

郑先春等（1995）进行了动物园饲养动物血清 HBsAg 水平调查，他们检测了 2 纲 12 目 17 科 49 种鸟类和兽类共 77 份血清标本。检出了 HBsAg 阳性 23 份，占 31%。调查结果显示，野生动物血清中 HBsAg 的阳性率高，易接近的、贪吃的鸟类的阳性率高于其他鸟类，而兽类高于鸟类，灵长类动物高于其他兽类，个别阳性鸟类，如蓝马鸡（*Crossoptilon auritum*）、环颈雉（*Phasianus Colchicus*），死亡后剖检，发现肝萎缩、肝硬化，病理诊断肝癌等病理变化。由此表明，野生动物感染乙型病毒肝炎，与有的学者报道的某些家禽、家畜感染类乙型病毒肝炎症状一致。

戊型肝炎病毒（Hepatitis E virus，HEV）是人类急性戊型肝炎的病原。沈权等（2008）从皖南某野生动物园采集了包括鸟类在内的 22 种动物的 38 份粪便样品，采用 RT-nPCR 法检测 HEV。结果表明，28.9%的粪样呈 HEV RNA 阳性，其中包括多种鸟类粪样。对所有 11 个 HEV 分离株的基因序列分析表明，它们均属基因 4 型，同源性为 96%～100%。这表明，在该野生动物园发生了 HEV 的跨种间感染，哺乳动物 HEV 可以在自然条件下感染鸟类。鸟类的代谢机能旺盛，生长期短，发病时病情快不易觉察，若待发病后进行治疗，则治愈希望很小。张占侠（1994）简要介绍了动物园群集饲养的鸟类发病原因及预防。

河南省某动物园在 1998 年 1 月短期内发生了黑猩猩、斑马和鹿三种动物的急死病例，黄鉴明等（1994）经流行病学、临床、病理、实验室诊断和防治试验，确诊为炭疽病。解德胜和王会香（1998）报道了动物园熊与狮的死亡病例。

亚洲象是国家一级保护动物，常因各种原因导致非正常死亡，造成很大的经济损失。2000 年 5 月，武汉动物园 1 只 19 岁的雌性亚洲象突然患病死亡，经检查，确认是金黄色葡萄球菌（*Staphylococcus aureus*）感染引起细菌性败血症死亡。赵静等（2008）报道对死亡亚洲象进行的病原分离鉴定和病理学观察。

支气管败血波氏杆菌（*Bordetella bronchiseptica*）是寄生在呼吸道黏膜纤毛上皮细胞的一种革兰阴性小杆菌，能引起多种哺乳动物发生呼吸道的隐性感染及急、慢性炎症。李伟杰等（2010）采用 Biolog 和 16S rRNA 基因序列分析法对分离自北京动物园的 8 株支气管败血波氏杆菌进行了鉴定。菌株经纯化培养，用 Biolog 微生物鉴定系统进行了鉴定，菌株经纯化培养，采用菌落 PCR 方法进行 16S rRNA 基因序列扩增，扩增产物纯化后直接进行测序。序列经人工校对后用 Clustal X 1.83 软件进行比对分析，最后用 Mega 3.1 软件构建系统发育树，系统发育分析结果表明，8 株菌株与支气管败血波氏杆菌 DSM 10303 的同源性达到了 99.9%，并在同一个分支内。鉴定 8 株菌株为支气管败血波氏杆菌。

张冬野（2011）报道，近年来，大肠杆菌和沙门氏菌对畜禽的危害日趋严重，血清型也较多。但孔雀出现大肠杆菌和沙门氏菌混合感染的情况还未多见。锦州市某动物园所养的 300 多只孔雀出现了零星死亡，发病期持续时间长，死亡 26 只，死亡率达 8.7%，经病理剖检和实验室诊断为大肠杆菌和沙门氏菌混合感染。采用综合治疗措施后，病情得到控制。

广东某动物园饲养的角马、梅花鹿、麋鹿出现高热稽留、食欲下降、下痢、贫血症状。陈绚姣等（2005）经流行病学调查、临床症状观察、实验室检查，诊断为附红细胞体病。在治疗中分别采用盐酸多西环素、贝尼尔、四环素联用或单独使用，对发病动物进行治疗，发现盐酸多西环素单独作用或者四环素与贝尼尔联用有较好的治疗作用，但四环素与贝尼尔联用有较大的副作用。

韦莉等（2012）报道了重庆动物园亚洲象的一种皮肤病，表现为臀部、腰部或脖颈部等处皮肤不同程度的白斑、脱屑、皲裂、瘙痒和结痂等，严重妨碍亚洲象生长发育，在应用特比萘芬等化学药物治疗效果不佳的情况下，于 2008 年经分离鉴定推测为小孢子菌真菌性皮肤病。他们采用艾叶水剂外洗治疗，并以艾叶混合饲料饲喂动物，配合艾叶环境熏蒸消毒，取得良好的防治效果。

6.4 防疫

近年来，野生动物疾病，如禽流感已在全世界造成较大危害，动物园鸟类与人类接触相对较多，距离较近，有些参观的游人能够直接接触到动物，这也使得人畜共患性传染病容易在鸟类和人之间传播。做好野生动物传染性疾病的防治，对于野生动物保护和公共卫生有着重要的意义。杨文辉等（2009）探讨了北方森林动物园鸟类传染性疾病监测和防治措施。

张成林等（2010）对 18 家动物园饲养野生动物疫苗免疫情况进行了调查。他们发现中国动物园动物现共使用 18 类 36 种疫苗，预防 31 种疫病。其中哺乳动物使用 14 类 24 种疫苗，预防 24 种疫病；禽类使用 4 类 12 种疫苗，预防 7 种疫病。使用范围最广的有禽流感、犬瘟热疫苗、新城疫疫苗、猫瘟热疫苗等。共有 24 目 58 科动物接种疫苗，其中，食肉动物类 1 目 8 科，食草动物类 3 目 9 科，杂食动物类 2 目 3 科，禽类 18 目 38 科。他们发现所用疫苗没有制定开发野生动物使用的疫苗，没有制定相应的免疫程序，疫苗接种均是参照家畜家禽的使用剂量和程序，大部分动物园动物没有进行禽流感、狂犬病等人兽共患病的监测，动物园之间的动物免疫技术交流较少。主要原因是技术落后、设备缺乏、人员不济。他们强调应加强动物园之间疫病信息交流、防疫资源的利用、疫病监测和研究，加大对动物园动物疫病的研究投入，逐步建立动物园动物统一的防疫规程。应加强对圈养野生动物疾病防控技术的研究，加强对动物园动物重要疫病的监测，进一步加强动物园之间对疫病信息的交流和防疫资源的利用，加大对动物园动物疫病的研究投入。

虎、狮、豹等大型猫科动物可发生犬瘟热（CD），有必要进行预防。李梅荣等（2006）采取某动物园未免疫的东北虎、非洲狮、猞猁（*Felis lynx*）血样，用中和试验检测，结果显示这些动物的犬瘟热病毒（CDV）抗体水平均小于 1∶5。用 CD 弱毒疫苗接种以上动物，幼龄动物免疫 14 d 逐步产生抗体；成年动物体内抗体水平在两月内迅速升高，并维持在 1∶64 以上，9～11 个月后逐步下降，加强免疫后抗体又迅速升高至≥1∶112。该疫苗对所有接种的动物均安全可靠。白化的孟加拉虎接种疫苗后不能产生 CDV 中和抗体。

为了查明现用禽流感疫苗对野生动物园珍稀动物的保护效果，探讨合理有效的免疫方案，吴艳云等（2009）应用血凝抑制试验（HI）对河北、北京、上海、河南等动物园中接种禽流感疫苗的野生动物进行禽流感抗体检测。他们发现，在禽流感疫苗免疫后 21 天，隶属于 2 纲 5 目 9 科 20 属 30 种（包括亚种）动物的 121 份血清样品中，63.6%的样品血凝抑制价低于 6log2，表明现有的禽流感疫苗显然不能对野生动物提供有效的保护力。

李兴玉等（2011）为了评估禽流感和新城疫免疫效果，用血凝抑制试验（HI）对动物园圈养的 19 种珍禽的 55 份血清进行了禽流感、新城疫免疫抗体监测。监测结果表明：珍禽禽流感 H5 亚型、H9 亚型免疫合格率分别为 61.82%、66.67%，新城疫免疫合格率为56.36%，均未能达到免疫合格率70%以上的要求；禽流感 H5 亚型、H9 亚型和新城疫平均抗体水平分别为 5log2、4.5log2、5.18log2。因此，他们提出应及时加强禽流感和新城疫的免疫，并加强综合防控措施，以降低珍禽感染发病的风险。

6.5 寄生虫病

动物园饲养动物的寄生虫感染和防治是动物园动物保健的重要内容。动物园动物属于隔离饲养，与野外动物不同的是从饲料中传染疾病与中间寄主接触的机会都比较少。但尽管如此，寄生虫病仍然是动物园动物疾病中发病率较高的一种。由于各种寄生虫广泛寄生于动物体，以多种方式掠夺动物机体营养，损害健康、降低了动物生理机能，并造成饲料的浪费，畜禽数量、质量下降。寄生虫病的防治，必须采取综合性防治措施，贯彻"预防为主，防重于治"的方针。

赵文娟（2010）统计分析了 2006—2010 年太原动物园圈养动物寄生虫普查结果，他发现不同类野生动物所感染的寄生虫种类有明显的特点：灵长目动物多感染毛尾科线虫（鞭虫 *Trichuris trichura*）；食肉目猫科动物多感染蛔虫（*Ascaris lumbricoides*）（狮弓蛔虫

Toxascaris leonina）；食草类动物多感染线虫（钩口科、圆线虫科）；而禽类粪便中常能见到球虫（*Sphaerozoum fuscum*）卵囊、线虫卵[禽毛细线虫、鸡异刺线虫（*Heterakidae gallinae*）、禽类比翼线虫、鸡蛔虫]；外来的水禽多感染吸虫（棘口科吸虫）；鸣禽类发现有螨虫；犀牛体表发现蝇蛆感染；孔雀发现感染组织滴虫。新进园的动物粪便检查虫卵呈阳性较多。粪便虫卵比例高的动物，如骆驼（33%）、斑马（39%）、褐马鸡（*Crossoptilon mantchuricum*）（46%）、白孔雀（46%）、小熊猫（*Ailurus fulgens*）（32%）、黑熊（*Selenarctos thibetanus*）（29%）、棕熊（38%）、非洲狮（62%）、鸵鸟（67%）、鸸鹋（*Casuariiformes novaehollandiae*）（58%）、野牦牛（*Bos grunniens*）（33%）、白犀（23%），与杨明海、龚光建（1998）报道的结果不同。有些在北京动物园感染率低的和检测阴性的动物，在太原动物园是易感的、感染率较高的动物。褐马鸡馆舍阳面的饲养场寄生虫感染率较低，而阴面的寄生虫感染较高，这说明同种动物不同地区、不同的生存环境和不同的投喂方式以及营养水平等条件对寄生虫病的易感群不同，感染率高低也不同。食肉猛兽（狮、虎）寄生虫感染率高，主要感染狮弓蛔虫。近几年该园长期饲养的猛兽蛔虫的感染率呈上升趋势，达80%以上，可能是因为猛兽的粪便未进行无害化处理就排到水沟，污染了周围的环境，喂食的生肉直接放在笼舍地面任动物采食，容易被污染。该园每年于春秋两季对圈养动物进行寄生虫普查驱虫工作，使动物的寄生虫感染程度控制在较低的水平。除了定期驱虫外，还应采取动物粪便的无害化处理、改变饲喂方式、保证肉类质量措施，才能有效地降低感染率。

王强等（2007）调查了成都动物园爬行动物寄生虫感染情况，共检查了成都动物园28种108只爬行动物（包括蛇类、龟类、蜥蜴类和鳄鱼类）的211个粪样，阿米巴原虫（*Amoeba limicola*）的粪样阳性率为26.1%（55/211），线虫卵的粪样阳性率为14.7%（31/211），球虫卵囊的粪样阳性率为2.8%（6/211），而蜱仅在个别动物体表发现。张旭等（2007）检测了北方森林动物园观赏鸟类寄生螨虫。赵波等（2007）调查了成都动物园野生动物原虫和犬恶丝虫（*Dirofilaria immitis*）的感染情况。对该园30种177只野生动物的血样进行了弓形虫（*Toxoplasma gondii*）、犬新孢子虫（*Neosppra canimum*）和犬恶丝虫血清抗体的检测。结果显示，弓形虫抗体阳性率为47.46%（84/17）；犬新孢子虫抗体阳性率为10.74%（19/177）；犬恶丝虫抗体阳性率为2.26%（4/177）。同时，对该动物园30种187只野生动物的血样进行了血液涂片染色镜检，附红细胞体检出率为35.83%（67/187），在血涂片中未查出伊氏锥虫（*Trypanosoma evansi*）。王小龙等（2010）报道了安徽某动物园灵长类和草食类动物隐孢子虫感染情况，对该园44只灵长类动物和41头草食类动物粪样的检查结果表明：饱和蔗糖溶液漂浮法在6只灵长类动物和2头草食类动物的粪样中查到了隐孢子虫卵囊，感染率分别为13.64%和4.88%；改良抗酸染色法在1只灵长类动物和3头草食类动物的粪样中查到了隐孢子虫（*Cryptosporidium parvum*）卵囊，感染率分别为2.27%和7.32%。

张金国（1986）曾对北京动物园野生动物弓形虫病感染进行过调查。张述义等（2001）

用改良凝集试验（MAT）和 SPA-ELISA 对上海动物园珍稀野生动物的血清作了弓形虫抗体的检测。在隶属于 2 纲 10 目 18 科 37 属 52 种（包括亚种）的 117 头动物中，MAT 阳性者 41 头（35%）；ELISA 检测 98 头动物中阳性者 33 头（33.7%），2 种试验的阳性率无显著差异。MAT 的阳性率在鸟类组、灵长类组、肉食类组和草食类组中分别为 11.1%（4/36）、25.0%（4/16）、69.4%（25/36）和 27.6%（8/29）；ELISA 的阳性率分别为 0.0%（0/36）、33.3%（4/ 12）、8 7.1%（27/ 31） 和 10.5%（2/ 19），2 种试验检测不同动物组的阳性率均有非常显著差异。ELISA 未能在鸟类和偶蹄类动物检测到弓形虫抗体。

齐萌等（2009）应用离心沉淀法和饱和蔗糖溶液漂浮法对郑州市动物园 22 种草食动物共 88 份粪便样品进行调查。寄生虫总感染率为 19.31%，球虫、线虫和鞭虫感染率分别为 7.95%、12.50%和 2.27%。数据分析显示，该园寄生虫感染率逐年递减，感染程度也明显减轻。表明该园寄生虫防控措施具有良好效果。

邹希明等（2009）为了解哈尔滨北方森林动物园观赏肉食目动物寄生蠕虫的感染状况，于 2009 年 3～5 月采用饱和盐水漂浮法和水洗沉淀法对该园犬科、猫科、熊科和浣熊科的 67 只观赏肉食目动物粪便进行了蠕虫虫卵检查。结果有 19 只检出虫卵，感染率为 28.4%。其中猫科、熊科、浣熊科、犬科的感染率分别为 63.6%、16.7%、14.3%和 5.0%，在检出的虫卵中，各种蛔虫卵占优势。

王根红等（2002）对合肥野生动物园内的 9 种 44 只食草动物以粪检方法进行体内寄生虫调查，共检出寄生虫 15 种，其中吸虫 2 种，线虫 8 种，球虫 4 种，小袋虫 1 种。所检动物感染率为 45.5%，其中感染较为严重的有 20.4%。

王荣军等（2007）为了解鹤球虫的感染种类和流行情况，对郑州市动物园 5 个品种的圈养成年鹤采集 34 份粪便样品进行检查。结果表明，球虫总感染率为 35.29%，平均感染强度（OPG）为 2.08×10^4。发现有 3 种球虫寄生于鹤，分别为鹤艾美尔球虫（*Eimeria gruis*）、瑞氏艾美尔球虫（*Eimeria r eichenowi*）和拉氏等孢球虫（*Isospora lacazei*）。菅复春等（2008）为了解郑州市动物园草食动物和灵长类动物的寄生虫感染情况和采取有效的寄生虫防治措施，采用饱和糖水或饱和盐水漂浮法，分别于 2003 年、2006 年两次对郑州市动物园草食动物和灵长类动物进行了寄生虫感染情况调查。2003 年郑州市动物园 15 种草食动物寄生虫阳性率高达 52.5%（21/40），但感染强度较低，主要寄生虫为线虫、球虫；金丝猴鞭虫感染严重。2006 年调查的 21 种草食动物和 14 种灵长类动物，寄生虫总阳性率为 32.58%，其中球虫、毛首线虫（*Trichuris trichiura*）、绦虫、蛔虫的感染率分别为 15.66%、13.25%、4.82%、1.2%；用甲苯咪唑、害获灭、地克珠利等药物分别对阳性动物进行驱虫试验。结果表明，除金丝猴毛尾线虫外，药物对其余寄生虫的驱虫效果显著。菅复春等（2007b）还对郑州市动物园狮虎山饲养的 7 只东北虎和 8 只非洲狮感染蛔虫的情况进行了调查，调查结果显示蛔虫总感染率为 86.7%。平均感染强度（EPG）4880，其中 EPG 值最高的达 12 400，采用阿苯达唑按 5～10 mg/kg 体重剂量驱虫 7 d 后，粪中的蛔虫虫卵数显著减少，虫卵的转阴率为 61.5%；10 d 后复查，蛔虫虫卵的转阴率 76.9%。14 d 后，蛔虫虫卵减少率为 100%。粪样中蛔虫虫卵数显著减少，已经不能用麦克马斯特法测其 EPG 值，仅能通过饱和糖水漂浮法检测是否为阳性，说明驱虫效果良好。菅复春等（2007a）还采集了 66 种鸟类的粪样，经饱和糖水漂浮法检验发现 16 种鸟的粪样寄生虫卵/卵囊阳性，其中球虫卵囊较为普遍，感染率为 20.51%（24/117）；少数为线虫。用 0.5%地克珠利溶液或阿苯达唑片对阳性鸟进行驱虫，粪检结果表明取得明显的疗效。陈宁等（2005）报道了郑州市动物园珍禽寄生虫感染情况。

王荣琼和刘永张（2011）采用饱和食盐水漂浮法和沉淀法对昆明圆通山动物园和云南野生动物园的狮进行了蛔虫感染情况的调查，结果表明，在园养情况下狮子感染蛔虫的感染情况与散养情况一样，调查发现了蛔虫幼虫。狮子的饲养环境是蛔虫感染的重要原因之一。郭志宏（1997）通过药物驱除、死亡后剖检等方法对西宁动物园的藏野驴（*Equus kiang*）寄生蠕虫进行了调查。从 3 头藏野驴收集虫体 3 978 条，经鉴定隶属于 2 纲 3 目 4 科 9 属 19 种，另有盅口属一未定种（*Cyathostomum* sp.)检获的虫体中，鼻形杯环线虫（*Cylicocyclus nassatum*）2 118 条，碗状盅口线虫（*Cyathostomum catinatum*）704 条，分别占总虫数的 53.24%和 17.70%，为藏野驴的感染优势虫种。其中鼻形杯环线虫的口囊、雄虫交合伞及伞肋、雌虫尾部等呈多形态变异；普通马圆形线虫（*Strongy lusvulgaris*）的内外叶冠数与文献记载差异较大。李闻等（2000）报道了自 1994 年以来，在西宁动物园和其他野生动物养殖场对藏野驴、岩羊（*Pseudois lervia*）、矮马（*Equus caballus*）、羚牛、蛮羊（*Ammotragus lervia*）、鹅喉羚（*Gazella subgutturosa*）、白唇鹿（*Cervus albirostris*）、野牦牛、原驼（*Lama guanicoe*）等 9 种草食动物和雪豹、猞猁、东北虎、非洲狮、金钱豹、黑熊、北极熊等 7 种动物进行的蠕虫区系调查和防治试验。其中：矮马、羚牛、蛮羊、鹅喉羚、原驼、东北虎、非洲狮、北极熊均在不同时期陆续从外省引进。用活体驱虫法和尸体剖检法检获了 1 000 余条虫体标本，进行了详尽的形态观察和测量，分类鉴定到属和种。共查出了 2 纲 4 目 6 科 11 属 24 种线虫和绦虫。

为了解四川某野生动物园动物肠道寄生虫感染情况，齐萌等（2011）采用离心沉淀法、卢戈氏碘液染色法、饱和蔗糖溶液漂浮法对 40 种野生动物及混居水禽共计 180 份粪便样本进行调查。寄生虫总感染率为 74.4%，共发现 8 种寄生虫，其中球虫、阿米巴原虫、蛔虫、鞭虫、毛细线虫（*Gordiacea von*）、圆线虫、绦虫和吸虫感染率分别为 31.1%、19.4%、15.6%、10.6%、17.2%、20.6%、4.4%和 1.7%。结果表明，野生动物肠寄生虫感染较为普遍，应采取有效的综合防治措施，以保证野生动物的健康。曹杰等（2005）对某野生动物园的 25 种动物进行了寄生虫调查，采用随机抽样的方法检查了近 70 头份样品，发现了 16 种寄生虫，其中危害严重的有片形吸虫（*Fasciola hepatica*）、血矛属线虫、狮弓蛔虫、鞭虫、长角血蜱（*Haemaphysalis longicornis*）等。

赵金凤等（2007）应用饱和盐水漂浮法和麦克马斯特法检查了郑州动物园猞猁等 11 种 48 头肉食动物和杂食动物消化道寄生虫感染情况，发现这些动物消化道寄生虫感染率高达 52%。但除一只雄性猞猁感染强度较大外，绝大多数阳性动物感染强度较小。随后他们用甲苯咪唑按 5 mg/kg 体重的剂量随食物经口一次投服，用药 5 d 后检查粪样，虫卵完全转阴。证明甲苯咪唑对猞猁消化道线虫具有良好的驱除效果。王荣斌等（2006）采用以粪检为主、剖检为辅的方式，调查了昆明动物园孔雀消化道寄生虫。发现其消化道内有 6 种寄生虫，其中原虫 3 种，绦虫 1 种，线虫 2 种。

6.6 环境卫生与环境保护

城市动物园已经成为城市生物多样性热点地区。吴金亮（1998）研究了昆明动物园野生鸟类群落。1989 年 12 月至 1990 年 5 月，他们对昆明圆通山动物园的鸟类先后进行过 16 次调查统计，调查中共记录野生鸟类 46 种，517 只，其中非雀形目鸟类 9 种，雀形目鸟类 37 种。根据优势种及其所处的地位，他将该公园的鸟类群落定为树麻雀（*Passer montanus*）-黄眉柳莺（*Phylloscopus inornatus*）-鹊鸲（*Copsychus saularis*）群落。他还分析了该鸟类群落的结构特征及与环境的关系。他发现这些野鸟有的是肉食性的，有的是植食性的，有的是杂食性的。肉食性鸟类中，吃昆虫的鸟比较多。这些鸟类产生了生态位分化，各自活动和取食的空间部位不一样，所处的地段也不一样。所以它们能够成为一个群落，和睦共存于圆通山这个生态环境之中。

王炜等（2009）1990—1992 年，2006 年 10 月～2008 年 9 月期间，用样线和定点观测调查了昆明动物园野生鸟类多样性。他们共记录到野生鸟类 59 种，隶属于 7 目 21 科，其中留鸟 39 种，冬候鸟 13 种，夏候鸟 7 种。其中，1990—1992 年共记录到 52 种野鸟，2006—2008 年记录了 47 种野鸟。根据两次调查的结果，1990—1992 年在昆明动物园内所发现的鸢（*Milvus lineatus*）、红隼（*Falco tinnunculus*）等猛禽和大嘴乌鸦（*Corvus macrorhynchos*）、小嘴乌鸦（*Corvus corone*）及寿带（*Terpsiphone paradisi*）等，在 2006—2008 年调查期间已不见踪影。期间，增加了灰喜鹊（*Cyanopica cyana*）、红耳鹎（*Pycnonotus jocosus*）、红嘴相思鸟（*Leiothrix lutea*）等外来种和白颊噪鹛（*Garrulax sannio*）、蓝翅希鹛（*Minla cyanouroptera*）、白领凤鹛（*Yuhina diademata*）等画鹛亚科的鸟类，说明在这期间昆明动物园环境条件的改变和人为的干扰，致使野鸟多样性发生变化；灰喜鹊是 1990 年昆明动物园引进试验性释放后发展起来的，红耳鹎可能是笼罩内逃逸出来或因气温变暖南方物种向昆明扩展所致，而红嘴相思鸟则是花鸟市场或笼罩内逃逸出来，偶然在园内发现的。他们提出了昆明圆通山动物园内野生鸟类保护建议：控制园内赤腹松鼠（*Callosciurusery threaeus*）、树鼩（*Tupaia belangeri*）、野猫等对鸟类的危害；进一步加强适于鸟类生活环境的建设在动物园内开展园林设计和景点改造时；重视环境的多样性；尽量不引进噪声大的污染项目入园；为广大观鸟爱好者提供观鸟课堂。

上海的城市绿化建设与国际化大都市接轨，新建了许多绿地和园林工程，由于诸多原因，绿化效果不尽如人意，其中土壤因素也是主要原因之一。周圣生等（1996）测试分析了上海野生动物园内 12 个样区的土壤养分、理化性状，发现上海野生动物园的土壤养分含量少；容重较大，孔隙度和田间持水量小；土壤呈碱性；肥力水平低。该园总体上立地条件差，不能满足苗木正常生长的需要，应采取以提高土壤有机质含量为重点的改良措施。

白鹭是南方动物园常见野鸟　蒋志刚摄

周明华等（2007）以武汉动物园内人工湿地为例，采样测定了塘-湿地组合系统中土壤氮素的时空分布特征。他们发现武汉动物园一阶湿地中土壤全氮随剖面层次向下而降低，碱解氮在 0～40 cm 土层中变化不大，40 cm 土层以下迅速降低；二阶湿地在 0～30 cm 土层中，土壤全氮和碱解氮随剖面深度下降而下降，30 cm 土层以下，变化缓慢。一阶湿地中土壤碱解氮从 2005 年 7 月至 2006 年 4 月的变化为 0～20 cm 土层降低，20～40 cm 土层呈倒 U 型变化，40～60 cm 土层变化缓和；二阶湿地中土壤碱解氮 2005 年 7 月至 2006 年 4 月的变化为 0～10 cm 土层递减，20～30 cm 土层先降低后升高，其他土层先升后降，而 2006 年 1 月至 4 月含量变化不大。湿地土壤的全氮、碱解氮与有机质含量有显著线性相关。该结果为利用塘-湿地组合系统调控城市水体面源污染提供了依据。

李妍等（2005）在武汉动物园 32 个样点分层采集土壤样品 76 个，测定了土壤的基本理化性质及部分样品磷的释放。他们发现土壤有机质含量总体较高，表层土壤容重多在 1.2～1.5 g/cm³ 范围。多数土壤质地黏重、孔隙度较大，毛管持水量不高。土壤 Olsen-P 含量低于 10 mg/kg、10～50 mg/kg 和 90～130 mg/kg 的层次分别有 32 个、40 个和 4 个。土壤磷的溶出受土壤速效磷含量、pH 等的影响。

动物园的湿地景观　蒋志刚摄

2012 年 2 月 16 日，北京动物园水禽岛上全国首个"零碳馆"主体结构完工。"零碳馆"能收集雨水，能保温隔热，且自带天窗，所有能耗均来自太阳能、地热。目前正在建设的北京动物园零碳零能耗水禽馆是北京动物园 2011 年水禽湖景区改造项目中的主题建筑。按照计划，该项目于 2012 年 7 月完成。天鹅、鹈鹕等水禽届时将住进这座零碳馆（张志国，2012）。

李淑军等（2002）在大连森林动物园进行了蝇类防治实验。用加强蝇必净、敌百虫、奋斗呐以毒蝇钵进行灭蝇观察。对比了面积、环境条件相似动物粪便和饲料多，苍蝇密度较高的食草动物区（麋鹿、斑马、长颈鹿等），综合自然保护区（火烈鸟），小动物园区（兔、狗、羊等）为试验区，以苍蝇密度较低的狮虎区作为对照。发现在动物园内使用加强蝇必净毒蝇钵灭蝇，不需诱饵，对动物安全又不污染环境，可在旅游区内推广使用。

为了解动物园动物及其环境中常见病原菌的分布情况，伍清林等（2010）采用菌落计数、细菌分离培养及动物致病性试验等方法，对南京市红山森林动物园的空气、土壤、水样品进行检测。结果表明，各种动物舍内菌落总数均大于舍外菌落总数。从样品中分离到 16 个菌种 127 个菌株，其中葡萄球菌有 69 株，占 54.33%；肠杆菌有 51 株，占 40.16%；链球菌有 7 株，占 5.51%。通过动物试验，他们分析分离的金黄色葡萄球菌、大肠杆菌（*Escherichia coli*）、臭鼻克雷伯氏菌（*Klebsiella pneumoniae* subsp. *ozaenae*）、黏质沙雷氏菌（*Serratia marcescens*）、假结核耶尔森氏菌（*Yersinia pseudotuberculoszs*）、福氏志贺氏菌（*Shigella flexneri*）1-5 型、聚团肠杆菌（*Enterobacter agglomerans*）和血链球菌

（*Streptococcus sanguis*）等 8 种致病性较强，松鼠葡萄球菌（*Staphylococcus sciuri*）、表皮葡萄球菌（*Staphylococcus epidermidis*）、解糖葡萄球菌（*Staphylococcus saccharolylicus*）和变异链球菌（*Streptococcus mutans*）等 4 种致病性较弱，而耳葡萄球菌（*Staphylococcus auricularis*）、头葡萄球菌（*Staphylococcus capitis*）、施莱福葡萄球菌（*Staphylococcus schleiferi*）和唾液链球菌（*Streptococcus salivarius*）等无致病性。动物舍内外环境中葡萄球菌是主要污染菌。

周杰珑等（2012）采集云南野生动物园 3 只亚成年雌性健康大熊猫的昼间新鲜粪便，经稀释、分离、纯化、保存，采用形态学观察、生化试验分析，对粪便可培养微生物进行真菌学鉴定与分析。结果表明，粪样分离得到霉菌和酵母菌 2 类真菌；霉菌分离鉴定有青霉属、木霉属、曲霉属和链格孢属；酵母菌分离得到红酵母菌属和德克酵母属；酵母菌检出率为 83%，优势菌为红酵母菌属，为（5.31±0.62）×10^5 个/g；粪样中酵母菌总数在早、中、晚各时段差异不显著，个体间也不存在显著差异。

动物园环境中有很多致病菌和条件致病菌。张邓华等（2009）采用细菌分离培养、空气中菌落计数及对分离细菌进行药物敏感检测的方法，采取了重庆动物园亚洲象、长颈鹿、犀牛、大熊猫、金丝猴、红毛猩猩、华南虎、长臂猿 8 种动物兽舍环境中的水、空气、土壤样本进行检测，鉴定出的病原菌主要是条件性致病菌。通过查阅重庆市动物园的病历记录，所检测到的病原菌中有多种病原菌曾在重庆市动物园引起动物发病并造成重大损失。他们建议对动物园动物生存环境实施预防保健措施及有效环境消毒措施。

苏云金芽孢杆菌（*Bacillus thuringiensis*，Bt）目前在害虫生物防治、抗虫育种中应用广泛。近年来国内外还对 Bt 在动物疾病防治上的作用进行了探讨。吴昌标等（2008）对福建省福州市动物园和三明市动物园 41 种动物（其中哺乳动物 33 种、禽类 8 种）粪便中苏云金芽孢杆菌（Bt）菌株进行了调查。从 50 个粪便样品中共分离到 253 株芽孢杆菌，其中有 15 株含有晶体蛋白，确定为 Bt。分离率为 30%。在所分离的粪便样品中，采自草食动物粪便的 Bt 分离率最高，达 35.15%；其次是杂食动物粪便的 Bt 分离率为 25%；肉食性动物粪便的 Bt 分离率最低，仅 18.12%。结果表明，食用植物的动物，排出的粪便中的 Bt 含量较高。

近年来，北京市的地表水水质日益恶化。北京动物园的水体出现了严重的富营养化问题，目前改善水质、抑制藻类生长是解决富营养化水体的关键。鱼京善、崔国庆（2004）探讨了北京动物园水体水华发生的生态学机理。肖绍祥等（2008）介绍了北京动物园水体藻华成因及人造生物膜控藻效果。为了净化水环境，陈飞星和朱斌（2002）采用了水生植物净化水体的生态工程方法进行了研究。研究结果表明，利用水生植物不仅能净化北京动物园水体，而且还有利于营造水上园林景观和为水禽创造适宜的生存环境。从单一水生植物的净化作用上看，水葫芦的净化效果最好，次之为睡莲和野生荷花，人工种植的荷花相对较差；多种水生植物的组合更有利于植物在净化作用上的优势互补，从而能始终保持较好的净化效果。王迎春等（2005）试验采用从美国引进的新型生物制剂 E clean 应用于北京动物园富营养化水体，试验结果表明，水体中的 COD_{Mn}、总氮（TN）、总磷（TP）、浊度、叶绿素 a、藻类浓度各项指标均有明显下降，水质明显改善，藻类生长基本得到控制。

为了确定武汉动物园的主要水污染源，赵建伟等（2006）分析了武汉动物园降雨径流污染特征。梅涛（2004），Zhao et al.（2007）对武汉动物园进行了实地调查。确定武汉动物园水污染的主要污染源是：①动物笼舍场馆；②动物园办公大楼、宿舍区；③动物园内游客；④动物园内地面径流；⑤水上世界游乐场。按等标污染负荷分析，每年动物园排入墨水湖的等标污染负荷只占墨水湖每年接纳总量的 0.92%。但是，从等标污染负荷排序看，动物园每年排入墨水湖的主要污染物 COD_{Cr}、BOD_5、NH_3-N、TP 是墨水湖每年接纳的污染物的前 4 位。可见，动物园对墨水湖水质污染有影响。武汉动物园应配合武汉市墨水湖截污工程，对动物园的污染源采取治理措施，以减少对墨水湖水质的污染。

6.7 珍稀濒危物种保育

世界自然保护联盟在《生物多样性公约指南》中指出："野生动物物种主要的迁地保护机构是动物园和水族馆"。野生动物多样性保护有多种形式，人工繁殖濒危物种是其中一种形式，如北京动物园在大熊猫繁殖和珍贵鸟类方面取得了成效（黄世强，1994；李树忠，1994）。"冷冻动物园"也是保存濒危物种种质资源的一个现代化、高容量手段。目前已有多个国家建立了"冷冻动物园"。中国物种资源丰富，有许多特有物种，但很多物种已经濒临灭绝。刘牧和张金国（2011）根据我国动物资源的现状，针对建立"冷冻动物园"所需的技术条件、物质资源等方面进行了分析，提出了建立国家级的"冷冻动物园"的必要性和可行性。

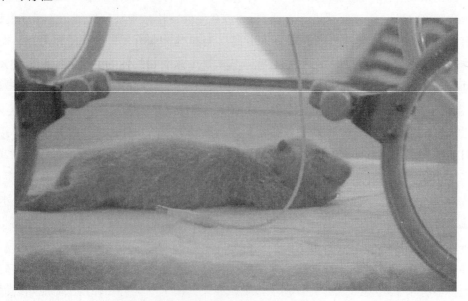

动物园繁殖的大熊猫　蒋志刚摄

在野生动物资源日益匮乏的今天，动物园责无旁贷地开展了繁育珍稀野生动物和建立动物种群的科研工作。例如西宁动物园开展了动物饲养环境的改变对动物的影响、动物血液的遗传管理、引进适应青藏高原环境的珍稀野生动物及动物饲料营养等方面的研究工作，注重动物繁殖前期的各项准备工作和动物育种工作。截至 2007 年，西宁动物园共繁殖成活国家一级保护动物黑颈鹤 13 只、扭角羚 5 头、藏野驴 10 只、白唇鹿 5 只、黑豹 3 只，国家二级保护动物岩羊 28 只、马鹿 10 只、蓝孔雀 47 只、藏马鸡 28 只、蓝马鸡 42 只、非洲狮 2 只，省级重点保护野生动物包括狼 8 只、斑头雁 46 只等 20 余种 310 余头（只）。以上动物的繁殖成活，带来了一定的生态效益、社会效益和经济效益。西宁动物园还开展了野生动物的救护工作。近年来，西宁动物园先后救护雪豹、黄羊、秃鹫、猫头鹰、岩羊等野生动物 20 余种 150 余头（张得良，2007）。

方红霞等（2010）抽样调查了 68 家动物园。抽样动物园饲养了 789 种野生动物，比 20 世纪 90 年代初中国动物园饲养的 600 种野生动物，增加了 180 多种；抽样动物园饲养展出野生动物中有国外野生动物种类 267 种，比 20 世纪 90 年代初中国动物园饲养的 100 种国外野生动物，增加了 160 种。抽样动物园展出的中国哺乳类、鸟类、爬行类和两栖类种类数分别占中国哺乳类（607 种）、鸟类（1 332 种）、爬行类（384 种）和两栖类（302 种）种类总数的 25.0%、28.2%、22.7%、4.0%。这些抽样动物园饲养了 234 种国家重点保护野生动物和 254 种 CITES 附录物种，其中饲养的国家一级和二级重点保护野生动物分别占国家一级和二级重点保护野生动物总数的 70.57% 和 47.09%；饲养的列入 CITES 附录Ⅰ、附录Ⅱ及附录Ⅲ的中国动物分别占列入这些附录的中国动物总数的 64.21%、60.86% 和 50%。中国动物园成功繁殖了大熊猫、金丝猴、雪豹、华南虎和亚洲象等濒危物种，也成功繁殖了从国外引入的猎豹、大猩猩、美洲狮等动物。然而调查发现：① 抽样动物园仅饲养了 1/4 左右的中国哺乳类、鸟类及爬行类动物种类，饲养的两栖类更少；② 抽样动物园饲养种群小，多数物种没有形成可繁殖种群。抽样调查的动物园两栖类、爬行类、鸟类及哺乳类种群大小分别为 5.09（±2.15）只、5.69（±4.28）只、15.00（±6.63）只和 10.08（±2.91）只；③ 一些动物园，特别是小型动物园动物饲养空间小，一些动物表现出刻板行为；④ 中国动物园饲养繁殖的大熊猫、华南虎、鹤类已经建立了谱系，其他一些物种的谱系正在建立之中，然而，多数动物还没有谱系；⑤ 一些小型动物园存在笼舍不清洁，仅饲养了单只动物，展出动物铭牌错误等问题。动物园是人类社会的重要组成部分。应当重视动物园的发展，加强国际交流与合作，为更多动物建立谱系，加大动物园的投入，增加动物种类，增大动物园面积，丰富圈养环境，发挥大型动物园的示范作用，以充分发挥动物园的动物展示、科学普及与物种资源保存功能。

目前，国内野生两栖爬行动物资源已经接近枯竭，多数物种处于濒危状态。张恩权（2006）探讨了动物园作为野生动物异地保护的重要场所，指出饲养繁殖野生动物的最终目的是实现濒危物种的再引入，恢复野外种群数量。出于以上目的，动物园中两栖爬行动物的饲养管理方式有别于爬虫爱好者单纯地满足对宠物的要求和增殖牟利追求。这种区别不仅表现在选择动物种类方面，更多地体现在丰容概念的引入及工作方法的应用：营造合理的饲养环境、饲养环境小气候的周期性变化、设施的丰容、群体的调整、食物及供给方式的变化、对繁殖行为的鼓励等。这些丰容手段对保持两栖爬行动物的自然行为，从而保证动物的野外生存能力具有重要作用。

正在孵化的鸟卵　蒋志刚摄

避役　蒋志刚摄

　　东方白鹳是世界濒危鸟类之一，主要分布于中国和俄罗斯东部边界的黑龙江、乌苏里江一带。目前，全球野生种群东方白鹳有 3 000～4 000 只。日本和朝鲜曾经是东方白鹳繁殖地，日本的繁殖地由于农药污染和偷猎，1971 年宣布已经无野生种群；由于受二战的影响，朝鲜的东方白鹳也已绝迹。东方白鹳主要集中于中国东北的内蒙古自治区、黑龙江、吉林部分地区和俄罗斯阿穆尔州、乌苏里江流域，越冬地主要分布在中国的长江中下游并延伸到香港，由于其生存环境严重破坏，湿地干涸、水质污染，以及越冬地质量下降，鱼类数量不断减少和人为捕杀，使种群数量不断减少。我国自 20 世纪 80 年代初期才开始进行东方白鹳的野外生态研究。马建章等（2006）报道上海动物园于 1984 年首次在笼养繁殖成功东方白鹳，取得了突破性进展。目前世界共有 8 家动物园饲养繁育约 552 只东方白鹳，其中，中国就有 58 家动物园饲养东方白鹳 342 只。我国对东方白鹳的研究偏重于生态、生理、繁殖三方面。吴孔菊等（2005）报道了圈养条件下鸳鸯的自然繁殖。

昝树婷等（2008）选用 EE016 基因和线粒体 DNA 控制区（D- loop）作为分子标记，用于合肥野生笼养东方白鹳的性别鉴定和遗传多样性检测。研究中成功地鉴定了东方白鹳成体和幼体的性别，并且双引物的引入克服了性别鉴定中假阴性。在合肥野生动物园 28 个笼养个体中共检测出 11 种单倍型，其单倍型多样性（h）为 0.8598 ± 0.0419，核苷酸多样性（π）为 0.01035 ± 0.0058，但单倍型在繁殖个体间分布严重失衡，子一代个体的单倍型主要集中在 H1，H2，H3。因此，他们建议在进行圈养东方白鹳的繁殖管理时，注重提升各单倍型的奠基者作用，以保护笼养群体的遗传多样性。

鳄鱼岛　蒋志刚摄

吴海龙等（2003）报道了合肥野生动物园黑麂（*Muntiacus crinifrons*）的繁殖情况。合肥野生动物园自 1978 年开始进行黑麂饲养和繁殖。1989 年，繁殖的第一胎黑麂出生，到 2001 年底累计繁殖黑麂 51 头，繁殖种群正处增长期。13 年的繁殖资料统计结果表明，圈养条件下育龄母麂平均每 12 个月产一胎（多数繁殖间隔在 11～13 个月，少数仅 6～9 个月），孕期 240 d 左右，哺乳期 2～3 个月，少数母麂可产后发情，但极少有两年三次产仔现象。圈养条件下黑麂多在 9—11 月交配，4—7 月产仔（80%）。圈养条件下黑麂幼年的死亡率较低（7%），成年黑麂多死于消化道及呼吸道感染等疾病（56%）。

早在 1985 年南昌动物园就向苏州动物园提供了 3 只种虎。2008 年，南昌动物园成功繁殖了华南虎，科研人员对华南虎交配、分娩及育幼行为进行了系统性的全程跟踪。同年还成功地实施了世界首例华南虎白内障摘除手术，并掌握了华南虎麻醉、血液、呼吸等珍贵的生理参数。目前，南昌动物园有 4 只华南虎。此外，已分别从上海和洛阳两地动物园引入了两对华南虎种。并在南昌动物园新址建设了近 4 hm² 华南虎的仿生态散放区，为繁育和扩大华南虎种群创造了条件（朱渺也和王晓虹，2010b）。

褐马鸡是我国一级重点保护动物，了解在不同生态环境中褐马鸡生理生化指标的变化对它的饲养、繁殖和疾病防治及其保护都具有一定的实际意义。迄今，对其生理生化指标的报道尚少且不系统。唐朝忠等（1998）测定了太原动物园笼养的褐马鸡血液生理生化正常值，提供了褐马鸡的基础生理生化数据。

西霞口野生动物园建于 1997 年 3 月，占地面积 2 500 hm²，投资 7 000 多万元，现有野生动物 200 多种计 3 800 多头。该园重视野生动物的繁殖工作，共繁殖 400 多头。其中一级保护动物 50 多头，二级保护动物 300 多头，成为繁殖野生动物的良好基地。他们的主要经验是把好"五关"（张建辉，2003）：一是把好发情关。他们对园内每只具备生育条件的雌性野生动物，都实行登记造册。划片包干，责任到人，认真观察，严格控制和掌握雌性野生动物的发情期，以便为有针对性地做好繁殖工作打下基础。二是把好选偶关。每逢某种雌性野生动物发情期到来的时候，根据发情动物的年龄、体重和性格选择配偶。三是把好交配关。在野生动物交配期间，饲养员们为野生动物保证营养，提供安静环境，不许任何人打扰。四是把好产仔关。每当一只野生动物生产时，要采取特别的护理措施。五是把好哺育关。在野生动物哺育期间，饲养员对它们非常关心。特别是对那些年纪轻，不会抚养自己后代的父母更想方设法帮助它们。

南昌动物园　蒋志刚摄

白虎与替代妈妈 蒋志刚摄

周伟等（2004）指出动物园是迁地保护的主要方式之一。他们以昆明动物园为例，陈述动物饲养环境、管理和繁育等方面的基本情况；分析动物园在迁地保护过程中的成功与失败。在生境管理方面提出，应研究不同种类的生境需求；通过仿原生境，为动物提供适宜的隐蔽；合理布局，适宜密度，防止疾病传播。动物园的繁殖应考虑单独开辟繁殖区；建立当地特有、珍稀动物繁殖群；关注动物的行为发育机制研究，对笼养条件下动物的摄食、交配、防卫、通信等行为进行训练。

于泽英（2004）探讨了动物园圈养种群的遗传学管理。她指出动物园需要根据不同物种圈养种群的繁殖生物学特性进行遗传学管理。制定一系列种群繁殖计划，其计划目标的确定主要因种群在一定时期内繁殖目的不同而有所偏重，并在动物繁殖中严格实施这些计划。

珍稀动物繁殖能力低，而饲养投入成本高，致使动物园内野生动物呈现"种类多，种内数量少"的状态。显然，这种状态是与快速扩大濒危物种种源，保存物种遗传多样性的要求相矛盾的。必须加强国内外动物园间、动物园与其他野生动物保护区之间的种源交流。在延缓封闭繁育群体内个体间的亲缘程度上升的速率的同时。一方面，努力改善条件，促进动物园濒危稀有物种的繁殖；另一方面有效地控制动物园内数量多的动物群体的繁殖量。李淑玲和焦燕芬（1994）探讨了动物园野生动物繁殖性能的综合评定方法。李淑玲等（1997）讨论了动物园制定交配计划提供的理论依据，介绍了动物园野生动物种群的系谱分析。

美洲狮　蒋志刚摄

　　动物园是饲养和展示野生动物的公共活动场所，是野生动物迁地（易地）保护的方式之一，它面向公众具有传播动物知识的科普教育作用，也为野生动物的科学研究提供一定的平台。动物保护是动物园的主要职责和功能之一，与科研机构、保护区等保护机构相比，动物园在动物保护中具有特殊的作用（张文东，2003）。陈雪（2010）指出：动物园的动物保护功能在很大程度上依靠公众的支持，但目前公众不能完全理解动物园的动物保护工作和意义，动物园动物保护领域的公众支持建立是一项长期而艰巨的任务，需要保护方与支持方的相互沟通和理解。她提出了从公众认识、信息传达、互联网推广等方面提出了动物园争取动物保护的公众支持的途径。房英春等（2008）介绍了沈阳市森林野生动物园的现状及保护对策。范丽琴（2010）调查分析了成都动物园动物保护效益。

　　赵英杰和贾竞波（2009）应用条件价值评估法（CVM），以北京、大连、长春、哈尔滨4个主要城市5个动物园的260名游客为样本，调查分析了中国动物福利个人支付意愿及影响因素。他们发现：中国动物福利的个人支付意愿率为66.15%；年龄、文化程度、经济收入是影响个人支付意愿的主要因素；性别、职业及专业对个人支付意愿影响并不显著（Zhao和Wu，2011）。

　　动物园是环境保护教育的基地。有必要分析中国动物园保护教育现状。田秀华等（2007）采用游客问卷调查法、实地考察法及访问法，调查了我国60家动物园的保护教育情况，对游客受教育途径、效果及意愿等进行调查。结果显示，受教育途径选择通过阅读动物说明牌所占比例最高（34.21%），依次为观察动物（31.54%）、同伴或其他游客（14.43%）、动物园工作人员（5.66%）、科普教育馆（5.26%）及其他途径（9.41%）；游客在游园后认

动物园是认识动物的地方 蒋志刚摄

识更多动物比例最高（34.03%），依次为了解动物行为方式（21.32%）、认识到保护动物的重要性（16.10%）、了解动物生活习性（15.27%）、了解动物生存环境（12.87%）；游客希望配备讲解员占42.93%，希望提高说明牌质量的占22.40%，希望有宣传手册占19.77%。方差分析显示，城市动物园、野生动物园及专业类型野生动物园的游客从动物园工作人员、科普教育馆获得教育的差异性显著；三者在认识更多动物效果上存在极显著差异、了解动物的生存环境存在显著差异。他们针对这些结果提出了长期开展动物园保护教育的建议。

水獭 蒋志刚摄

7 利用气味丰富圈养动物行为

长期生活在刺激贫乏的环境中将对动物的行为产生负面影响：① 可能造成动物某些寻求环境刺激的行为的减少，造成过度不活跃的状态；② 动物试图靠自身创造某些刺激，因而导致欲求行为或社会行为的过分表达（Carlstead，1996）。气味对猫科动物来说十分重要，气味具有多种作用，如个体识别、确定繁殖状态、标记领域及社会地位以及提供一些短期信息（Gittleman，1989）。而猎物及捕食者气味可以帮助猫科动物觅食或躲避危险。

笼舍中的金猫　蒋志刚摄

提供气味刺激已被证明可以使提高某些大型的猫科动物的行为多样性及心理健康。在动物饲养的实践中，已经发现气味对圈养的大型猫科动物行为有很好的效果。Powell（1995）发现提供不同的气味有效地增加了非洲狮的整体活动时间以及行为多样性。当在狮群的笼舍内放置猎物粪便后，狮群的活动时间和社会交流都增加，甚至出现出了猎捕行为的一些表现。同时，在游客视域可见的地方放置气味源增加了狮群的可见时间，可使游客有更多的机会观察狮群的物种特有行为（Baker et al.，1997）。Schuett 和 Frase（2001）使用肉桂、辣椒粉、姜、斑马粪便以及 Pearson（2002）使用植物香草和精油都发现气味对狮子的行为有显著的积极效果。提供同类其他个体的气味也有助于促进个体表达更多样化的行为，如雪豹在嗅到笼舍内其他个体留下的气味后活动和探究行为都明显增加（Stelvig，2002）。引入雄性果蝠（*Rousettus leschenaulti*）的气味可能引起雌性个体动情周期的变化，而提供雄性个体的气味则能增加其他雄性个体的领域和标记行为（Stevens et al.，1996）。但嗅觉上的刺激是否能减少圈养动物的刻板行为还没有确定的结论，至今仅有（Carlstead et al.，1991）通过实验证明提供嗅觉上的刺激可减少熊的刻板行为。

7.1 利用气味丰富东北豹圈养环境的实验

提供多样的环境刺激可激发动物表达某些在单调环境中无法表达的行为。猫科动物的嗅觉灵敏，在其生活环境内放置一些新奇气味往往可以起到提高行为多样性的作用。在国外许多动物园内，为圈养的大型猫科动物提供包括天然的、人工的以及其他动物的气味已经成为丰富其行为提高行为多样性的一种有效手段。"美洲虎存活计划"圈养指南部分也专门介绍了气味丰富化的内容。在美洲虎的动物园管理中很多动物园都已经将气味作为提高动物行为的方法，并对不同气味的效果进行评估，某些气味获得了最高的评分，如猫薄荷、多香果、咖喱粉等的气味，对美洲虎的影响最为明显，而将气味涂抹于其他一些物体一同提供给美洲虎则能获得更好的效果（Guidelines for Captive Management of Jaguars）。那么对于长期生活在空间狭小的笼舍内的东北豹，提供新奇的气味是否能达到提高其行为多样性的作用呢？

我们在北京动物园对东北豹进行了气味丰富圈养环境的实验，拟对环境丰富化中的气味丰富化方法进行评价。由于笼舍空间有限、笼舍空间异质性低，东北豹个体活动较少，且大部分运动都表现为刻板行为。过去，该园为解决圈养东北豹的刻板行为，曾经在一些东北豹的笼舍中建立花池，放置了模拟倒木及树干栏架等。但是，这些丰富化设施似乎没有减少东北豹的刻板行为。结合行为观察拟回答以下问题：北京动物园饲养的东北豹是否存在异常行为？如果存在异常行为，那么提供气味的方法是否能减少东北豹的异常行为并促进圈养东北豹的物种特有行为的表达？不同气味对东北豹的行为影响是否有差别？个体对不同的气味是否存在偏好？哪一种气味对远东豹行为多样性的提高效果最好？提供气味是否能增加个体的活跃时间？

豹属于食肉目（Carnivora）猫科（Felidae）豹属（*Panthera*）。豹有 8 个亚种，其中，东北豹是分化最明显的一个亚种。东北豹又名阿穆尔豹、远东豹、朝鲜豹、满洲豹，分布于俄罗斯、中国和朝鲜，已被列入 IUCN 极度濒危分类单元、CITES 附录 I 以及《国家重点保护野生动物名录》。威胁东北豹生存的因素主要来自人类偷猎和野生动物贸易以及当地猎物种群的自然变化，目前，估计东北豹野外种群约为 50 只（IUCN Cat Specialist Group，2002）。

缺乏刺激时的金钱豹　蒋志刚摄

　　本实验在北京动物园以及北京动物园十三陵繁育基地内进行。北京动物园共饲养六只东北豹（表7.1）。其中，1#、2#、3#和4#东北豹饲养在坐落于北京市区内的北京动物园，而5#和6#饲养在位于昌平的北京动物园十三陵繁育基地。实验分两个阶段，2005年11月—2006年1月为预实验期，以北京动物园内的3只黑豹为实验对象；2006年3—5月以及2006年9—10月在北京动物园内及十三陵繁育中心进行了以东北豹为实验对象的气味丰富化实验。实验在实验对象的非繁殖期进行。

　　研究对象的笼舍分为内舍和外舍两部分，其中外舍为游人可见的运动场，与内舍有铁门相通，当动物进入内舍时观察者无法观察其行为。为了尽量观察动物行为，在观察时段，关闭了1#、2#、3#，4#东北豹内舍与外舍连接的铁门，观察者可以完全记录其行为。而5#、6#东北豹由于其铁门损坏，无法关闭，因此，两只个体有时处于不可见状态。东北豹1#、2#的外舍面积约为9.5 m^2，长方形场地，笼舍内布置有栖板、树干栏架和倒木，2#外舍内有一半径约为1.5 m的花池；东北豹3#的外舍面积约为14.8 m^2，弧形，内有栖板、山石、树干栏架等；东北豹4#的外舍面积约为6.5 m^2，方形场地，笼舍内布置有栖板及树干栏架。位于十三陵繁育基地的两只东北豹笼舍分为外舍与内舍，外舍运动场面积15 m^2，其中布置有栖板，笼舍中间放置有一根倒木。1#与2#相邻，3#与4#相邻，5#与6#相邻，由铁栏杆隔开，2#与3#的笼舍中间间隔约4 m。

　　饲养员每天喂食一次，每周喂食五次，两天绝食，食物为牛肉和羊肉，并适当补充维生素和钙。北京动物园内喂食时间为下午三点半左右。绝食时间为每周四和周日。十三陵繁育基地的喂食时间为下午三点左右，绝食时间为每周一和周四。

表 7.1 北京动物园的东北豹记录

编号	呼名	性别	年龄	备注
1#	91-1	雄	15	朝鲜动物园赠送
2#	91-2	雌	15	朝鲜动物园赠送
3#	00-2	雌	6	1#、2#所生
4#	96-2	雌	10	1#、2#所生
5#	95-2	雌	10	1#、2#所生
6#	95-2	雌	10	1#、2#所生

7.2 实验程序

7.2.1 气味及其制备

本实验使用的气味有肉豆蔻、狍粪便以及东北虎尿液（雄性东北虎尿液）。肉豆蔻在药店购买。每天实验前将 5 颗肉豆蔻敲碎，实验者佩戴一次性手套将肉豆蔻在洁净的毛巾上沿同一方向涂抹 10 次。狍粪便和东北虎尿在实验开始前 24 h 采集，保存在 4℃温度条件下。为方便放入和取出气味，本实验将三种气味涂抹（固体）或喷洒（液体）至一条长宽为 60 cm×27 cm 的未使用过的毛巾上，而后放入动物笼舍内。将狍粪便取 50 g 溶于 500 ml 水中，再用一次性注射器取 15 ml 均匀喷洒至毛巾上。其中，虎尿采集 15 ml，用一次性注射器取后均匀喷洒至毛巾上。然后再将毛巾放入动物笼舍中。整个过程实验者均佩戴一次性手套以防止实验材料被污染。

7.2.2 实验设计

实验采取重复测量设计。连续观察 4 周，第一周为空白对照，即仅提供不带有任何气味的干净毛巾。第二周至第四周按顺序分别提供肉豆蔻、狍粪便和东北虎尿。每周观察 4 天，剩余 3 天不提供任何气味以消除上一种气味对接下来的气味的干扰。实验时在提供肉豆蔻气味阶段，2#由于被怀疑怀孕（2005 年冬季曾经与 1#交配）而饲养于内舍未展出，因此肉豆蔻气味对 2#行为的影响实验在其他个体结束实验后单独进行。

7.2.3 行为观察和记录

首先观察动物一周，采用随意观察法，制定行为谱，并使动物习惯观察者的存在。行为观察在笼舍外的游客观赏区进行，由于长期与人类接触，观察者的观察并不会影响观察对象的行为。行为定义参照滕丽微等（2003）给出的东北虎的行为谱，具体定义见表 7.2。在选择观察时间时，仍然遵循这样的原则：①选择实验对象的刻板行为高峰期以便分析气味引入对刻板行为的影响；②选择实验对象的活动高峰期，这样，个体在活跃的状态下更容易注意到放置于笼舍内的沾有气味的毛巾（Swaisgood et al.，2001）。东北豹的活动在一天中的波动并不明显，没有出现明显的活动高峰，总体活动水平很低，而每日的休息行为居多。刻板行为存在两个明显的高峰，即上午 8:30—10:00 和下午 15:00 左右的喂食前的高峰（翟翎，2006）。为了能更好地评估气味对个体行为的影响，我们将观察时间定为上午 8:00—11:00。提供气味的前半个小时以录像拍摄实验对象的活动，在随后的 150 min 内利用瞬时扫描法每隔 2 min 记录动物行为，计算每种行为出现的次数以估计其占用的时间比例。利用连续记录法记录提供气味后 30 min 内的各种行为的持续时间或频次，包括行为状态（State）如刻板行为、休息、运动行为、修饰行为的持续时间，行为事件（Event）如标记、探究、摩擦的频次。正式观察前，通常利用 5～10 min 时间使动物适应观察者。采用了两种行为记录软件（分别由朱慧，谢本贵编制）分别用瞬时扫描取样法和全事件记录法记录摄像机所拍摄的个体行为。

表 7.2　北京动物园东北豹的行为谱

行为	行为描述
刻板行为	重复性地沿固定路线走动或跑动三次以上； 在固定地点身体直立，两前肢置于墙上，头后仰，随即四肢着地。见于部分个体
睡眠	个体闭眼，不动
卧息	腹部或体侧接触基底休息
坐	两后肢弯曲，以臀部接触基底保持静止不动的状态
站立	四肢接触基底，制成身体保持静止不动的状态
走	通过四肢的活动使身体移动
跑	通过四肢的快速活动使身体跑动
跳跃	从地面跳跃至栖板上，或由栖板跳下
攀爬	个体利用四肢及爪爬上笼舍的栏杆，脱离地面
直立	用后肢支撑身体，前肢搭在笼舍内物体上
打滚	侧卧与基底，随后身体变为仰卧，然后到另一方向的侧卧，再通过上述的过程回到最初的姿势
探究	嗅闻物体，鼻尖距离物体 5 cm 以内
修饰	用舌舔、牙咬或爪搔身体的某些部位
摄食	以各种方式获得食物，并将其进行切割、咀嚼、湿润、吞咽的过程
标记	尾抬起，将尿液喷洒在其他物体上；以脸颊摩擦物体；爪抓物体（由于无法区分某些排遗行为是否具有标记功能，因此在记录时只将喷尿、擦颊记为标记行为）
排遗	包括排尿和排便
不可见	个体进入内舍，无法看到

7.2.4 数据分析

数据利用 SPSS13.0 软件进行分析。对于满足正态分布和方差要求的数据采用 Repeated Measures ANOVA 分析，数据转化后仍不满足正态分布和方差要求条件的采用 Friedman 非参数检验。由于天气原因，饲养于十三陵繁育基地的 5#和 6#个体缺失肉豆蔻气味条件下的第二天的整体观察数据，但前 30 min 内的行为已摄录。

在进行 Repeated Measures ANOVA 分析时，我们将气味条件作为组内因素，选择年龄和笼舍面积作为组间因素。野生东北豹的寿命为 10～15 岁，而圈养东北豹的寿命可达 20 岁（http：//www.amur.org.uk），并且考虑到 3#、4#、5#、6#个体为 1#和 2#个体的后代，我们把 6 只东北豹按年龄分为两组，年长组（15 岁以上，包括 1#和 2#）和年轻组（10 岁以及 10 岁以下，包括 3#、4#、5#、6#），以检验年龄因素是否影响东北豹的行为。同时，空间与动物的行为表达有密切关系（蒋志刚，2004），因此我们也比较了笼舍大小对行为的影响。但由于过去并没有相关研究，因此我们并没有一个明确的标准来分组。我们选择 $10 m^2$ 作为笼舍面积的分组标准，大于 $10 m^2$ 和小于 $10 m^2$。这样分组使每组均有三只个体。

金钱豹　蒋志刚摄

7.3 实验结果

我们用摄像机拍摄了东北豹在提供气味后 30 min 的行为反应，随后在实验室内回放并详细地记录了东北豹各种行为的表现，进行了编码和描述。利用行为软件记录了不同行为在 30 min 内的持续时间以及频次。个体对不同种类气味的偏好不同，因此我们通过比较它们对带有气味的毛巾的反应时间来比较个体对不同气味的喜好。其中，对反应的概念定义为身体直接接触毛巾或距离毛巾 5 cm 以内且表现出嗅闻毛巾或意图接触毛巾的动作。

行为具有三个要素：姿势、动作和环境（蒋志刚，2000）。根据这一理论，我们在此将个体对气味的反应进一步细化为姿势和动作，并将气味条件作为环境因素，以便更详细地对行为进行描述并说明东北豹对不同气味的行为差异。对于个体对不同气味的偏好，我们比较了东北豹对带有气味的毛巾的直接反应时间。

一只虎在虎圈来回踱步，极端的刻板行为在虎圈地面上留下"8"字形步道　蒋志刚摄

7.3.1　东北豹的行为多样性

实验表明，东北豹在发现毛巾上带有的特殊气味后，表现出一系列新行为。在提供毛巾的最初一段时间内，个体对毛巾的兴趣最大。首先会表现探究行为，主要是嗅闻，偶尔用前肢碰触毛巾。随后，可能会进一步表现咬食、玩耍、擦颊等一系列行为。表 7.3～表 7.5 为东北豹对不同气味所表现的行为及 PAE 编码（表 7.6）。

表 7.3　东北豹的姿势代码

姿势	描述	编码
站	动物以四肢着地支撑身体	1
坐	前肢伸直，后肢曲以臀部着地	2
卧	四肢弯曲，腹部着地	3
仰卧	背部着地，腹部朝上，通常是玩耍或打滚中的姿势	4

表 7.4　东北豹的动作代码

动作	描述	编码
头颈部		
昂头	头昂起	1
低头	头向下，朝向地面毛巾方位	2
甩头	嘴里衔毛巾，头左右摆动	3
蹭	头顶部或脸颊部在毛巾上摩擦	4
嘴部		
咬	经常可听见牙齿同毛巾摩擦的声音	5
嚼	将毛巾含在嘴内，牙齿咀嚼	6
舔	舌头舔毛巾	7
卷唇	上唇卷起，嘴轻轻张开，此动作持续几秒	8
扯	由爪拽住毛巾一边，用嘴撕扯	9
叼	用嘴衔住毛巾	10
鼻部		
触	用鼻部接触毛巾	11
嗅	嗅闻	12
四肢		
拨	用前肢的爪拨弄毛巾	13
扯	同上的嘴部该动作	14
持	前肢（一边）提起，毛巾在其上，并持续两秒以上	15
抓	用爪用力地够取毛巾	16
跳	似一种玩耍行为，在处理毛巾时，动物四肢跳起	17

表 7.5　气味环境代码

环境（气味条件）	编码
肉豆蔻	1
狍粪便	2
东北虎尿	3

表 7.6　东北豹在提供三种新气味条件下的行为及 PAE 编码

行为	PAE 编码		
	P 码	A 码	E 码
1. 探究行为			
嗅闻	1，2，3	2，8，11，12	1，2，3
卷唇	1	8	1，3
触摸	1，2	2，13	1，2
2. 运动行为			
行走	1，2，3	2，8，11，12	1，2，3
接近	1	8	1，3

行为	PAE 编码		
	P 码	A 码	E 码
跳	1，2	2，13	1，2
3. 其他行为			
舔	1，2，3	2	1，2
咬	1，2，3	5，6，9，10，14	1，2，3
玩耍	1，2，3，4	9，10，13，14，17，18	1，2
擦颊	1，2，3	2	1，2

7.3.2　个体对不同气味的偏好

东北豹对四种带有气味的毛巾的反应时间具有显著差异（Friedman，$P<0.001$，$n=24$）。东北豹对空白毛巾的反应时间均为 0，即对没有气味的空白毛巾并不感兴趣，而对实验用的带有三种气味的毛巾均产生显著反应。为了进一步比较实验所提供的三种气味之间是否存在差异，我们除去空白条件，对所提供的三种不同气味下的东北豹的反应时间作了比较，发现不同气味对东北豹的吸引力具有显著差异（Friedman，$P=0.019$，$n=24$），其中肉豆蔻对东北豹的吸引力最大，平均反应时间为（72.13±22.910）s；其次是虎尿，平均反应时间为（39.875±15.845）s；反应时间最短的气味是狍粪，平均反应时间为（15.208±5.322）s。图 7.1 显示了东北豹对不同气味条件的反应时间随着实验时间推移的变化。

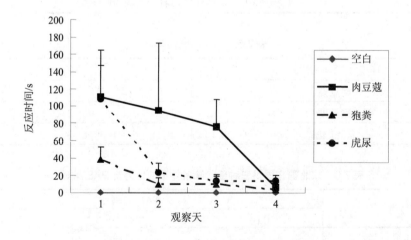

图 7.1　东北豹对四种不同气味平均反应时间

7.3.3　气味对行为的即时影响

以全事件记录法记录了东北豹在提供气味后 30 min 内的探究行为、标记行为、打滚行为的频次以及刻板行为、休息行为和修饰行为的累积时间。东北豹在不同气味条件下的探究行为差异显著性为 0.067（Friedman，*P*=0.067，*n*=24）。标记行为的频次差异显著（Friedman，*P*=0.004，*n*=24），在提供肉豆蔻及狍粪气味时，个体的标记行为增加，但在虎尿条件下标记行为减少（图 7.1）。打滚行为的频次在四种气味条件下并无显著差异（Friedman，*P*=0.539，*n*=24）。重复测量分析显示气味对东北豹的休息行为和修饰行为没有显著影响（*F*[3, 69]=1.566，*P*=0.206；*F*[3, 69]=1.374，*P*=0.258）。

表 7.7　东北豹对四种气味毛巾的行为反应持续时间或频次

	空白对照 （*n*=24）	肉豆蔻 （*n*=24）	狍粪 （*n*=24）	虎尿 （*n*=24）
探究行为频次*/ （次/30 min）	1.04±0.252	3.92±0.969	2.38±0.734	2.92±0.605
标记行为频次/ （次/30 min）	1.31±0.368	5.50±0.010	2.79±0.732	1.21±0.340
打滚行为频次/ （次/30 min）	0.33±0.206	0.79±0.474	0.33±0.253	0.08±0.058
休息行为持续时间/ （次/30 min）	895.50±120.859	647.88±128.087	723.42±132.952	619.83±125.377
修饰行为持续时间/ （次/30 min）	88.375±28.739	93.25±34.461	70.417±24.217	87.625±27.130

*：*P*<0.05。

7.3.4　刻板行为的表现形式

东北豹的刻板行为有两种形式。一种为沿固定路线踱步，多为绕圈或沿笼舍边缘直线走动；另一种为直立后仰，即个体在固定地点直立，两前肢搭于墙上或栏杆上，随后头颈向后仰，两前肢落回地面。该行为通常与踱步结合在一起的。仅在年轻的 3#、4#、5#和6#个体中观察到，个体沿一定的路线踱步，达到某个地点后直立，随后继续踱步。其中 3#个体最为明显，而年长的 1#、2#个体则不表现直立后仰的行为。

7.3.5　不同气味条件下刻板行为频次比较

在提供气味后的最初 30 min 内，四种气味条件下的刻板行为时间没有显著差异（*F*[3, 69]=0.609，*P*=0.612），不同年龄组之间刻板行为没有显著差异（*F*[1, 21]=2.667，*P*=0.117），笼舍面积对刻板行为表达没有影响（*F*[1, 21]=0.073，*P*=0.790）。空白条件下刻板行为持续时间为（383.875±91.119）s，肉豆蔻、狍粪及东北虎尿三种条件下的刻板行为持续时间依次为（438.167±104.780）s，（486.958±93.272）s，（347.500±95.462）s。

对于刻板行为来说，我们更关心气味是否存在持续减少的作用。结果显示，气味对东北豹的刻板行为没有显著持续影响（*F*[3, 57]=1.552，*P*=0.211）。不同年龄组之间刻板行为没有显著差异（*F*[1, 19]=0.082，*P*=0.777），笼舍面积对刻板行为没有影响（*F*[1, 19]=2.293，

P=0.146）。图 7.2 显示了不同气味条件下观察到的刻板行为的平均次数，同空白对照条件相比，三种实验用的气味都降低了刻板行为的出现次数，其中肉豆蔻条件下刻板行为最低，其次是狍粪、虎尿。图 7.3 显示了不同年龄组个体的刻板行为在不同的气味条件如何变化。饲养于不同大小笼舍内的个体其刻板行为受气味条件的影响的变化见图 7.4。

金钱豹　蒋志刚摄

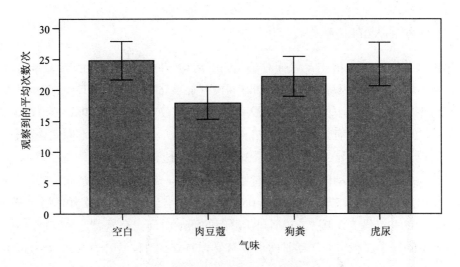

图 7.2 四种气味实验中东北豹的刻板行为次数

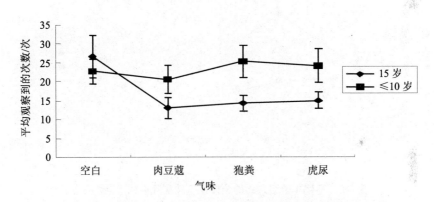

图 7.3 不同年龄组个体在四种气味实验中的刻板行为次数

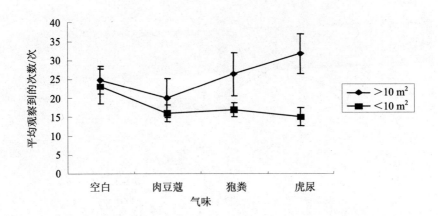

图 7.4 不同大小笼舍中东北豹在四种气味实验中的刻板行为次数

7.3.6 气味对活动的影响

在提供气味后的 30 min 内，气味对东北豹的活动时间有显著影响（$F_{[3,63]}=4.864$，$P=0.004$）。年龄对不同气味条件下的活动时间没有显著影响（$F_{[3,63]}=0.805$，$P=0.496$），笼舍面积对不同气味条件下的活动时间没有显著影响（$F_{[3,63]}=0.508$，$P=0.678$）。不同年龄组的活动时间之间没有显著差异（$F_{[1,21]}=0.684$，$P=0.418$）。不同笼舍面积组的活动时间之间也没有显著差异（$F_{[1,21]}=3.363$，$P=0.081$）。

但气味对东北豹的活动时间无显著持续影响（$F_{[3,57]}=1.979$，$P=0.127$）。气味与年龄间交互作用显著（$F_{[3,57]}=5.068$，$P=0.004$），气味与笼舍面积间交互作用显著（$F_{[3,57]}=3.203$，$P=0.030$）（图 7.5，图 7.6）。不同年龄组的活动时间没有显著差异（$F_{[1,19]}=2.147$，$P=0.159$）。不同笼舍面积组的活动时间也没有显著差异（$F_{[1,19]}=0.165$，$P=0.689$）。

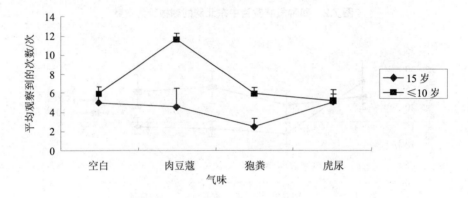

图 7.5　不同年龄组东北豹个体在气味实验中的活动次数

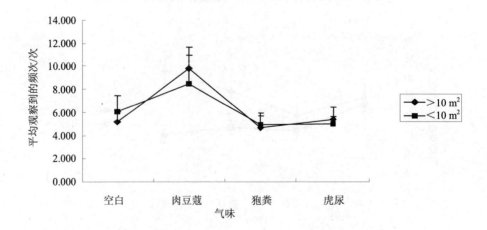

图 7.6　饲养于不同笼舍面积的个体在四种气味条件下的活动次数

表 7.8　不同气味条件下东北豹的活动时间

行为分类	对照（n=24）	肉豆蔻（n=24）	狍子粪便（n=24）	虎尿（n=24）
活动（30 min）** （s/30 min）	196.60±36.174	365.21±45.398	335.46±44.887	377.71±47.890
活动（3 h） （次/3 h）	9.04±1.017	9.41±1.500（n=22）*	8.04±0.837	7.17±0.964

*：由于天气原因，肉豆蔻条件下 5#和 6#第二天的整体行为数据缺失，但半个小时内的行为已记录。
**：$P < 0.05$。

7.3.7　气味丰富化对时间分配的影响

研究表明，改造圈养环境使其更接近自然条件或为动物提供一些丰富圈养环境的装置可以影响圈养动物的时间分配，增加动物的活跃时间，不仅能够解决某些物种的过度肥胖问题，并可提高游客的观赏质量，如在面积较大，环境比较复杂的圈舍内，将丰富化的改造或装置置于游客可观赏区从而吸引动物前往，可以提高动物的可见性；同时由于个体能够表现一些物种所特有的行为，使游客观察到野生动物在野外的行为，提高公众的保护意识，发挥动物园的教育功能。例如，提供塑料的飘浮玩具后，北极熊的活跃时间几乎增加了一倍（Altman，1999）。将长尾叶猴（*Presbytis entellus*）从传统的单一圈舍移入更自然化的圈舍后，个体的静息（Stationary behavior）行为、自修饰（Allogrooming）以及攻击行为减少，而觅食行为和活动都增加（Little 和 Sommer，2002）。对圈养的印度豹（*Panthera pardus*）的研究发现，其活动水平与在笼舍内丰富化的区域所停留的时间成正相关（Mallapur et al.，2002）。给非洲狮提供一系列不同的气味后，个体表现得更加活跃，狮群内社会行为也同时增加（Baker et al.，1997）。

我们将东北豹个体的行为分为活动、休息以及刻板行为三类（表 7.9），并比较这几类行为在不同气味条件下的变化，由于刻板行为在前一章已经介绍，因此这里只分析活动时间以及休息时间。东北豹的活动和休息具有一定的相关性，但由于分类中还包括刻板行为，二者并不一定存在负相关关系，因此在数据满足方差分析的条件下，我们仍采用重复测量的方差分析来对行为数据进行统计分析。

表 7.9　行为分类

行为分类	行为描述
休息	睡眠、卧息
活动	站立、走、跑、攀爬、直立、打滚、标记、探究笼舍或毛巾
刻板行为	见刻板行为定义

数据用利用 SPSS 13.0 GLM Repeated Measures ANOVA 分析，气味作为组内因素，将年龄与笼舍大小作为组间因素。

气味对东北豹的活动时间有显著影响（$F[3, 63]=4.864$，$P=0.004$）。年龄对不同气味条件下的活动时间没有显著影响（$F[1, 21]=0.684$，$P=0.418$）。笼舍面积对不同气味条件下的活动时间没有显著影响（$F[1, 21]=3.363$，$P=0.081$）。

气味对东北豹的休息时间没有显著影响（表 7.9；$F[3, 63]=1.741$，$P=0.168$）。年龄对不同气味条件下的休息时间影响显著（$F[1, 21]=14.831$，$P=0.001$）。笼舍面积对不同气味条件下的休息时间影响接近显著水平（$F[1, 21]=3.868$，$P=0.063$）。

气味对东北豹的活动时间无显著持续影响（表 7.10；$F[3, 57]=1.979$，$P=0.127$）。年龄对不同气味条件下的活动时间没有显著影响（$F[1, 19]=2.147$，$P=0.159$）。笼舍面积对不同气味条件下的活动时间没有显著影响（$F[1, 19]=0.165$，$P=0.689$）。

东北豹在不同的气味条件下的休息时间显著不同（表 7.11；$F[3, 57]=2.958$，$P=0.04$），不同年龄组的个体休息时间显著不同（$F[1, 19]=6.941$，$P=0.016$），而笼舍大小则对休息行为无显著影响（$F[1, 19]=0.019$，$P=0.891$）。

表 7.10　不同气味条件下东北豹的活动时间和休息时间

行为分类	对照（$n=24$）	肉豆蔻（$n=24$）	狍子粪便（$n=24$）	虎尿（$n=24$）
活动（30 min）** （s/30 min）	196.60±36.174	365.21±45.398	335.46±44.887	377.71±47.890
休息（30 min） （s/30 min）	895.50±120.859	647.88±128.087	723.42±132.952	619.83±125.377
活动（3 h） （次/3 h）	9.04±1.017	9.41±1.500 （$n=22$）*	8.04±0.837	7.17±0.964
休息（3 h）** （次/3 h）	34.29±3.928	39.86±4.015 （$n=22$）*	43.38±3.855	43.33±4.152

*：由于天气原因，肉豆蔻条件下 5# 和 6# 第二天的整体行为数据缺失，但半个小时内的行为已记录。
**：$P<0.05$。

表 7.11　不同年龄组的个体休息行为

	大于 15 岁	10 岁或 10 岁以下
30 min 内休息行为时间/s	1248.09±82.432（$n=32$）	458.44±64.194（$n=64$）
3 h 内观察休息行为次数/（次/3 h）	51.47±3.632（$n=32$）	34.31±2.396（$n=62$）

7.4 讨论

7.4.1 行为多样性

同空白对照条件相比，肉豆蔻、狍粪以及东北虎尿均对东北豹的行为产生了显著的影响，个体表现出多种行为，说明丰富圈养环境的气味是有助于促进圈养动物的行为表达，提高其心理健康。其中，肉豆蔻条件下个体表达行为种类最多，为 10 种；其次狍粪，为 8 种；为东北豹提供虎尿时，东北豹表现出 6 种新行为。肉豆蔻在促进行为多样性上效果最明显。但不能以此判断肉豆蔻优于狍粪和虎尿。虎尿较另外两种气味激发的行为种类少，东北豹没有对虎尿的气味表现触、跳、玩耍、舔、擦颊等行为，推测是由于虎尿对东北豹来说是一种威胁性的气味。从观察看，肉豆蔻条件下个体表达的玩耍性行为较多，而对于狍粪和虎尿更多的是探究行为和标记行为。狍粪和虎尿激发了东北豹对猎物和捕食者的反应。从实验结果看，这三种气味可用来作为东北豹行为丰富化的手段。

7.4.2 东北豹对气味的偏好

动物可能对气味存在偏好。对实验人员提供的 8 种猎物气味中，非洲狮仅对多卡瞪羚（*Gazelle dorcas*）、旋角羚（*tragelaphus angasi*）感兴趣，而不碰其他食草动物的粪便（Baker et al.，1997）。因此，在选择气味丰富圈养环境时，应当尽量选择那些动物感兴趣的气味。本实验中，东北豹对不带有气味的空白毛巾的反应时间为 0，而对其他三种气味的毛巾均产生了反应，行为多样性增加，因此本实验中所选择的三种气味对东北豹具有一定的吸引力。然而，这三种气味对东北豹的吸引力不同，从反应时间长短看，东北豹对肉豆蔻更感兴趣，其次是虎尿，平均反应时间最短的是狍的粪便。

在提供的三种气味中，东北豹对肉豆蔻的反应最为强烈，不仅反应的时间最长，而且出现更为多样的玩耍行为，同时在毛巾上的擦颊行为显著增多。这种植物香料让东北豹更为兴奋，增加了东北豹的活动。肉豆蔻别名肉果，是一种名贵的香料植物，从中提炼出的肉豆蔻油和肉豆蔻衣油，主要用于肉类和饮料等食物中，少量用于男用香水、古龙水、香皂和化妆品中（杨进军，2001）。在国外的动物园中，经常使用肉豆蔻作为丰富气味环境的一种方法。另外，人们还给动物提供其他香料，如薰衣草、桂皮、多香果粉等，Klombur（1996）甚至猜测多香果粉具有促进交配行为的功能。

对于虎这种具有威胁性的捕食者来说，其尿液气味对东北豹也有很大的吸引力。然而必须指出，东北豹对虎尿的反应时间虽然比较长，但多是探究行为，即嗅闻和卷唇，而不是一些直接的肢体接触。个体通常会很仔细地嗅闻毛巾上的虎尿气味，但很少去触动毛巾，它们对虎尿存在一种自然的趋避性。Swihart（1991）也发现，在果树上喷洒旱獭的天敌美洲野猫的尿液能有效地减少旱獭对果树的啃食。动物园经常向动物提供带有捕食者信息的物体作为气味丰富化的方法之一并取得了良好的效果。提供蛇蜕下的皮以及活的玉米蛇（*Elaphe guttata*）可丰富旧大陆果蝠的气味环境，激发内在的防御行为（Van Wormer，1999）。很多动物都对蛇的气味感兴趣，如海岛猫鼬（*Suricata suricatta*）、细斑纹斑马（*Equus grevyi*）、虎、山猫、浣熊（*Nasua lotor*）、郊狼（*Canis latrans*）等，其中，猫鼬会表现出攻击行为，而斑马则不敢接近蛇皮（Tresz et al.，1997）。

相比较前两种气味而言，东北豹对狍粪的气味的反应时间最短。我们推测，在食物资源充足的人工饲养环境下，东北豹对环境中存在的猎物物种的信息可能并不十分在意，而对于可能威胁其生存的捕食者的气味信息却可能十分警觉。但是，粪便提供的方式可能影响了东北豹的反应。将粪便用水浸泡后，取浸出液喷洒至毛巾上，可能毛巾上有效成分较少，而导致东北豹对毛巾的兴趣减弱。

空间与个体互作是个体行为正常发育的前提   蒋志刚摄

除了针对带有气味的毛巾的直接反映，个体还会表现出针对环境中其他物体的行为，增加了对周围环境设施的利用。从我们的观察来看，东北豹笼舍内已有的环境丰富化设施并没有得到有效的利用，除了栖板经常被使用外，倒木、树干栏架、花池、岩石等几乎没有被东北豹使用过，并可能妨碍东北豹的运动，如2#的踱步仅局限在笼舍内的一个角落中。提供新奇气味后，东北豹对这些设施的利用增加，东北豹嗅闻所提供的新奇气味后，经常会表现标记行为，包括擦颊、抓及喷尿，摩擦身体其他部分的行为也增加。此时，笼舍内平时不被利用的倒木或仅作为休息的栖板甚至铁栏杆便成为东北豹用来进行标记及摩擦。可以说，提供气味后，东北豹由于表达某些平时很少表达的行为，对笼舍内设施利用频繁。而这些设施本身的存在也促进了东北豹某些行为的表达。栖板、倒木成为某些行为表达的生境元素。因此建议相关部门在已有的设施基础上增加新的丰富化措施，如提供气味，将不同的方法结合利用可以提高已有设施的利用率，并可能取得更好的"丰富动物行为"的效果。同时，我们也认为在进行某些环境丰富化的措施的同时，应该重视笼舍内建设，因为某些行为的表达还需要有适合的生境元素，例如本实验中的倒木和栖板。只有了解动物的行为规律，全面考虑环境丰富化手段所促进的行为种类以及这些行为是否需要特定的条件去表达，才能真正地达到丰富圈养野生动物行为目的。需要指出的是，由于对气味的反应不仅仅是对带有气味的物体的直接反应，因此我们认为利用直接的反应时间来评价气味的效果可能会产生偏差，这就需要我们制定更为全面的评价标准、选取多种指标来判断气味对于提高动物行为健康的价值。

随着实验观察天数增加，东北豹对气味的行为反应时间递减，说明东北豹对气味的反应水平随时间而下降，个体产生了服习（Habituation）。在其他的环境丰富化的研究中，也发现了这一现象，即动物对丰富环境的改造或所提供的物体等的兴趣随时间而减弱，这也是为什么在实际操作中，需要不断更换丰富环境的方法及物体的原因。

7.4.3　气味对探究行为、标记行为等行为的影响

探究行为的表达对于圈养动物的具有重要的意义（Mench，1998），对周围环境或资源的信息的搜寻可以令动物了解或进一步预测潜在的采食地点和资源空间分布的信息。虽然没有达到统计上的显著水平，但从表 7.7 中可以看出，个体的探究行为在提供新奇气味时明显增加，且在肉豆蔻条件下频次为最高，其次是东北虎尿和狍粪。尚不能解释肉豆蔻作为一种植物性香料为什么可以促进探究行为的表达，可能是为了进一步寻找环境中其他地方是否存在肉豆蔻，也可能是肉豆蔻的气味令东北豹更为兴奋，间接地刺激了各种行为的表达，包括探究行为和标记行为等。在自然条件下，狍是东北豹的主要食物之一（http：//www.amurleopard.org/）。狍粪携带有狍的信息，这是对东北豹觅食十分有用的嗅觉信息。因此，当在东北豹的领域内放置带有粪便气味的毛巾后，便会使东北豹表现更多的探究行为，以便获得环境中猎物的信息。但东北豹在狍粪条件下表现出的探究行为低于虎尿条件，说明捕食者或是对东北豹可造成某些威胁的物种的气味信号可以令东北豹更加注意周围环境的变化。这种气味虽然可以引起动物紧张，但在动物园训练以及圈养环境应该尽可能地模拟动物的野外生境状况，包括可能存在的胁迫因素（Castro et al.，1998）。在短期内提供这样的刺激对动物是有利的（Moodie 和 Chamove，1990）。当环境中出现某种嗅觉上的刺激时，能够激发个体对周围环境的探究，对于生活在人工环境中，仅表现几类与生存密切相关的刚性行为的动物来说，提高动物对环境的好奇心，增加其天生所特有的对环境信息进行采集和处理行为的表达，对动物福利的提高是有利的。

提供三种气味明显增加了东北豹的标记行为。其中，提供肉豆蔻气味时，个体表达的标记行为频次最高，说明这种香料的气味促进某些行为作用较其他气味更好，但具体的机理还不清楚。狍粪同样也有效地增加了标记行为，猫科动物在野外通常会标记自己的领域，表明自己的势力范围，在捕获的猎物尸体上面也会标记。而在存在猎物气味的条件下，东北豹的标记行为增加表明圈养的东北豹仍然保存有这一习性，而利用各种猎物的气味是可以促进东北豹标记行为的。对于虎尿，预期在该气味条件下标记行为可能会减少，因为东北豹为了躲避捕食者，可能会尽量减少留下可提供其行踪的信息。但实际上圈养东北豹的标记行为增加，这可能是虎尿对于东北豹虽然具有一定的威胁，但由于所有的实验对象均在动物园出生，没有任何野外经验，因此即使察觉到东北虎气味可能是来自一种可对自身造成威胁的物种，但仍不如野外个体那样敏感，并减少暴露的机会。很多圈养动物在放归

野外时，都会遇到这一类问题，即不懂得隐蔽，增加了被捕食的机会，如圈养与野外捕获的伶鼬之间存在行为上的差异，圈养个体较野生个体较少隐藏，更容易暴露，说明圈养环境下生存的个体缺乏生存的经验（Hellstedt 和 Kallio，2005）。人工孵化的鳕鱼（*Gadus morhua*）也存在类似的行为缺陷（Salvanes 和 Braithwaite，2005）。

东北虎　蒋志刚摄

　　香料植物通常会增加动物的打滚行为，这可能是一种兴奋的表现。打滚能增加动物的运动量，并表明动物本身处于一种较为活跃的心理状态。东北豹在提供肉豆蔻气味时打滚最为频繁，明显高于其他三种气味条件，其次是对照条件和狍粪条件，提供虎尿时，东北豹打滚行为最少。从结果看，狍粪的气味对打滚行为并没有显著影响，而虎尿则减少了打滚行为，原因可能是作为捕食者，东北虎的尿液气味可抑制东北豹的打滚行为。虽然圈养的东北豹没有接触过东北虎，且没有任何直接的经验了解该物种可威胁自己的生存，但在长期进化中形成的本能可能还是会主导行为。虽然统计数据揭示东北豹的休息行为和修饰行为在四种气味条件下并没有显著差异，但从数据上可以看出这两种行为在不同的气味条件下存在一定的趋势变化。对于修饰行为，提供肉豆蔻气味时，东北豹个体的修饰行为持续时间最长。东北豹较喜欢用头颈去蹭带有肉豆蔻气味的毛巾，当这种气味留在自己身体上后，可能会引起东北豹的修饰行为的增加，即舔身体不同部位的行为。

7.4.4　气味丰富化对异常行为的影响

　　根据观察，笼养东北豹最主要的行为问题是运动型刻板行为过多，即沿着固定路线踱步。通常刻板行为表明动物生活在不利的环境内，动物福利受到了损害。人们利用环境丰富化手段来减低圈养动物刻板行为的发生，并且根据 Swaisgood 和 Shepherdson（2005）对该领域研究的总结和分析发现，环境丰富化的方法使圈养动物的刻板行为减少了 53%。环境丰富化在减少异常行为的同时，也可以增加动物的正常活动。将长尾叶猴从传统的单一圈舍移入更自然化的圈舍后，个体的静息（Stationary behavior）行为、自修饰（Allogrooming）以及攻击行为减少，而觅食行为和活动都增加（Little 和 Sommer，2002）。提供塑料的飘浮玩具后，北极熊的活跃时间几乎增加了一倍（Altman，1999）。那么在提供新奇气味后，东北豹的刻板行为是否会减少？而正常的活动时间是否会增加呢？

7.4.5 刻板行为研究方法

在第一周的随意观察中，我们观察了 6 只东北豹的刻板行为，并详细地记录了刻板行为的表现形式及发生地点。从我们对黑豹的预实验结果来看，动物对气味源的直接明显的反应可能并不长，但还无法确定气味是否对动物有较长时段的作用。因此，我们将观察时段分为两种，第一种是录像所摄录的提供气味后的 30 min 内，将此 30 min 内的动物的行为变化作为气味对行为的即时影响；第二种是整个观察时段，为 180 min，将此时间记录的行为变化作为气味对行为的持续影响。在提供气味后的 30 min 内，我们利用全时间记录法记录观察到的刻板行为以及活动类行为的持续时间及频次，在整个观察时段里利用瞬时扫描法每隔 2 min 记录动物行为，利用即时取样法记录在气味实验后 3 h 内刻板行为的发生频次和持续时间。活动类行为指除刻板行为外的正常的活动，包括：站立、走、跑、攀爬、直立、打滚、标记、探究笼舍或毛巾。数据利用 SPSS 13.0 GLM Repeated Measures ANOVA 分析，4 种气味条件作为组内因素，年龄与笼舍大小作为组间因素。

7.4.6 东北豹刻板行为的表现形式

踱步是许多圈养动物的主要刻板行为类型，运动型的刻板行为在圈养的灵长类、熊、虎、狐狸、水貂以及啮齿类中都常见，这也是本次实验所观察到的东北豹的主要刻板行为。Stevenson（1983）发现动物在表现刻板行为时处于一种"恍惚"状态，对外界的刺激无反应。虎的踱步分为两种，活跃型踱步（Pacing excited）和刻板型踱步（Pacing stereotypic）（Harrington，2002）。活跃型的踱步不重复固定路线，个体可能经常停下嗅闻环境，昂头、耳，有注视目标，尾巴抬起或水平；而刻板型的踱步则刚好相反，不断重复踱步路线，耳转向后，垂尾，低头，没有明显的注视目标，很少被环境中的刺激干扰，活跃型踱步发生在喂食前，是期待食物的表现。本实验也发现东北豹的踱步存在两种不同的状态，活跃型的和非活跃型的，但与 Harrington 的观察结果不同的是，本实验观察到的活跃型踱步主要是在附近有其他动物、存在相邻个体刺激或是饲养员以及与之相关的食物刺激后才表现出来。如当东北豹个体发现周围环境中的其他动物，如树上的鸟或在动物园中出现的野猫时，会在笼舍内沿一短直路线焦急地踱步，当东北豹看见或听见送料车到来时，也有类似行为。

这种踱步较刻板型踱步相比持续时间很短，行为在刺激消失后不久即结束，是个体在无法达到探究、捕捉或进食时的一种焦急表现，路线并不固定，可能只是在发现刺激的地点，并非一种固定的习惯。我们观察到的刻板型踱步也并非处于对外界刺激毫无反应的"恍惚"状态。东北豹在踱步过程中，个体仍可对外界的刺激发生反应，经常停止走动观察四周环境，但短暂停留后继续踱步。在踱步过程中，个体仍会进行嗅闻、标记或排遗，说明东北豹在走动过程中仍会对外界的刺激起反应。在本实验内，两种类型的踱步均被记为刻板行为。

此外，实验中还发现存于年轻个体中的一种未见报道的新的刻板行为的表现类型，暂称为直立后仰，即在固定地点直立，随后前肢落下，踱步，然后再次在同一地点直立，这样的行为过程可连续发生几次，有时甚至可达数十次。对黑豹的观察也发现到了同样的行为，但频次较低（未发表资料）。年龄较大的 1#和 2#并未观察到直立后仰，而年龄较小的 3#、4#、5#和 6#均有出现，而 3#频次最高。但目前还不清楚为什么豹会出现这样的行为，但刻板行为可能是由正常行为转化而来（Mason，1991）。豹善攀爬，在野外休息进食经常在树上进行。但在圈养环境下，无法满足豹的这种行为，唯一的较高的可供休息的地点及距地面不足两米的栖板。由于缺乏适当的生境元素，豹的攀爬行为无法正常表达，便可能转变为针对直立墙面表现出攀爬动作，一段时间后就变成固定地点和方式的刻板行为。

Nevison 等（1999）通过巧妙的实验设计发现雄性小鼠啃咬笼杆这一刻板行为具有两种动机，探究笼外环境以及逃出笼子。我们发现 3#个体的直立后仰行为多发生在门和窗户处，推测这也许与它想要离开封闭的笼舍或是想进入内舍的动机有关。但是其他个体的直立后仰行为的地点并没有显示出特殊性，也许是因为 4#、5#和 6#笼舍内无窗的原因，且 5#和 6#内外舍连通的门是敞开的，个体可以随时进出。

1#、4#、5#和 6#个体沿笼舍边缘绕圈踱步，可能是为了获得最大的行走路线。因为笼舍过小，沿笼舍的一边走动需要多次转身。其中，2#个体的踱步行为虽然为绕圈，但并非沿笼舍的四边走动，而是在栖板下的一个角落里绕圈，推测是由于 2#笼舍中的扇形花池阻碍了个体沿笼舍四边踱步，因此，2#个体改为绕小圈走动。另外，3#个体的踱步路线较其他个体多变，并非为沿笼舍四周绕圈，这是因为 3#笼舍面积较大，不需要绕四周行走即可获得较长的路线。除以上两只个体外，其他个体均主要为绕圈，偶见沿直线踱步。沿笼舍一边踱步也可能是由于其他因素造成的个体重复性踱步，如邻笼其他个体或是送料车以及笼舍外出现的其他动物包括鸟类和猫等，通常个体在这类情形下的踱步速度较快，有时表现为小跑，与通常的踱步不同，且周期也较短。对于东北豹踱步的原因，我们将在后面与气味对刻板行为的影响一并讨论。

7.4.7 气味对东北豹刻板行为的影响

即时影响和持续影响的分析结果表明，实验提供的气味并没有影响刻板行为的表达。我们推测可能有以下几个原因：

（1）气味的种类。存在这样的可能性，即实验所选取的气味并不是个体所偏好的，因此尚不能对个体的行为包括异常行为起到任何积极作用。但本实验所选取的三种气味分别为植物性气味、猎物的气味以及捕食者的气味，根据他人的研究结果看对动物的行为影响效果明显（Hare et al.，1996；Klomburg，1996；Tresz et al.，1997；Testa，1997）。但以上研究均非针对气味对刻板行为的影响，因此可能所使用的气味并不适合用作减少刻板行为。

（2）气味浓度。将气味置于毛巾上提供给实验动物，气味浓度会随着时间逐渐降低，这可能会造成气味对动物的吸引力下降，进而降低了其对动物行为的影响。虽然我们尚不能确定到底每种气味的浓度对行为起作用是否需要一个最低限，但我们认为猫科动物的嗅觉比较灵敏，在空间很小的笼舍内，气味的浓度的变化对于个体发现气味源的影响可能是很小的，因此我们并没有严格地保证三种气味物的用量相同。另外，由于我们检验了气味对刻板行为的即时影响（30 min）内以及持续影响（3 h），都没有发现刻板行为的显著变化。因此，我们推测在是否能降低刻板行为的问题上，不会由于气味的浓度而存在即时影响与持续影响的差异。也有可能本实验所选用的气味的种类和用量仅在一个很短的时间内（短于 30 min）对刻板行为有效。

（3）气味的提供方法。利用单一的毛巾作为载体提供气味的方式可能并不好，更自然化的方法可能更有利于发挥气味对动物行为的影响，如在笼舍内挑选若干点喷洒有气味的液体可能会更为有效（Harrington，私人交流）。

（4）刻板行为的动机。不同的气味条件下对刻板行为没有显著影响的另外一个可能性就是提供气味并没有真正地解决刻板行为形成的真正原因。刻板行为的形成机制可能是多方面的，如定时喂食的影响、环境刺激的缺乏、外界胁迫等。因为对于定时喂食所引起的刻板行为已经有很多研究，而本实验所研究的是在喂食时间以外的刻板行为，因此我们假设此类行为的出现可能是环境中缺乏必要的刺激，久而久之个体形成了通过踱步或直立后仰等行为来为自身提供刺激，表达某些行为的习惯（Carlstead，1996）。但实验结果表明，刻板行为并没有因为气味的作用而减少，因此我们推测东北豹上午的刻板行为存在其他动机或至少主要的动机并不是因为缺少嗅觉刺激。Tarou 等（2003）发现，喷洒化学药剂并没有显著降低长颈鹿舔食非食物物体的行为，推测提供动物趋避的刺激可能仍然无法减少刻板行为，因为长颈鹿产生的嘴部刻板行为的原因可能与摄食有关，增加处理食物和进食的时间可能可以更有效地减少刻板性的舔食行为。某些环境因子是否可以满足动物的行为需求还需要进一步讨论。提供可游泳的水池并没有减少水貂的刻板行为，说明可供游泳的场所可能并不是水貂必要的行为需求（Hansen 和 Jeppesen，2001）。

如果缺乏必要的环境中感官刺激并不是东北豹刻板行为的原因，那么就需要进一步寻找到东北豹刻板行为的真正动机或是主要动机才是成为需求减少其刻板行为途径的关键。在前面的部分我们曾讨论过年轻个体中出现的直立后仰的行为可能是由东北豹本身的行为受抑制而逐渐转变而来，且可能与逃跑的动机有关。但对于其他个体，对于除直立后仰以外的踱步行为，其动机到底是什么呢？圈养的野生动物表现的异常行为（例如刻板行为）

的动机基础与物种所特有的行为需求有关，这种需求是动物在适应环境的进化过程中形成的（Swaisgood et al.，2003）。Carlstead 等（1991）的研究表明提供同类个体的气味可以减少熊的刻板行为，实验是在熊发情期进行的，因此，提供同类个体的气味可能有助于减少由于寻找配偶受抑制而引发的踱步行为。Clubb 和 Mason（2003）收集了 35 种食肉动物出现机械性踱步的频次与家域大小、每日行走的距离等信息，经计算发现机械性踱步的频次与家域大小成正相关，因此他们认为，野外活动范围较大的食肉动物在圈养条件下出现的来回踱步是无法满足其大面积活动的需要，而非不能捕食猎物的原因。豹生活在山地林区，常夜间活动，白天在树上或岩洞休息，守卫固定的领域，当食物缺乏时可有当数十公里觅食（汪松，1998）。因为实验并非在喂食前的时间段内进行，因此，东北豹的活动需求可能是其表达刻板行为的一个原因。

一些研究则表明刻板行为具有某些功能。刻板行为可能是在圈养环境下动物对环境发育出来的一种适应性的行为。对食草动物的研究证实，嘴部的刻板行为如舔非营养和可食的物体（Nonnutritive sucking）对消化过程有利（Passile et al.，1993）。表现刻板行为的田鼠（*Chethrionomys glareolus*）可以延缓致命的烦渴（即过度的干渴）的出现，具有适应意义（Schoenecker et al.，2000）。而人们通过对动物激素和行为的研究发现，刻板行为可能有利于降低动物的紧张（Dantzer，1991）。东北豹的刻板行为可能是在圈养环境下维持一定活动量以消耗能量、避免体内积累脂肪的一种方式。从这一角度看，刻板行为对生活在人工小环境中的野生动物来说可能具有重要的功能。

从刻板行为对气味的即时变化看，除虎尿外，肉豆蔻和狍粪与空白对照条件相比都提高了刻板行为的持续时间，而这与刻板行为在整个 180 min 内的观察时间内的变化趋势相反，对照条件下所观察到的刻板行为次数是最多的，其次是虎尿和狍粪实验，肉豆蔻试验中观察到的刻板行为最少。由于两种情况下都不具有显著性差异，因此，推测可能是某些随机因素影响了刻板行为的表达，如饲养员的突然出现可能会导致记录的刻板行为增加。

我们还比较了年龄因素和笼舍面积是否对整个观察时段内的刻板行为有影响。虽然统计分析结果显著不差异，但我们认为这一结果仍具有一定的意义。年龄小的个体刻板行为较年龄大的个体刻板行为高，而生活于大笼舍的个体较生活于笼舍的个体刻板行为高。在观察中发现，年龄较大的个体 1# 和 2# 经常处于休息状态，因此包括刻板行为在内的活动类的行为都很少。年轻个体较为活跃，但其运动行为主要是踱步。因此，将刻板行为作为唯一衡量动物福利水平的指标是不准确的，一些刻板行为少的个体可能也处于不利的心理状态，如本实验中的 1# 和 2#。另外，笼舍大的个体刻板行为表现得更多，这与通常的对笼舍面积与刻板行为的关系的理解相反，通常人们认为大的笼舍更有利于动物的行为健康。我们推测，大笼舍可能提供动物更多的运动空间，但以由于东北豹的主要运动形式为踱步，因此，大空间反而促进了刻板行为的表达，而处于小笼舍的个体由于空间下，因而很少活动。但必须指出，由于本实验个体少，被归于小笼舍面积的 1# 和 2# 同时也属于年龄因素分析中超过 15 岁的个体，因此，年龄和笼舍面积两个因素之间可能会存在一定的相关性。

7.4.8 气味对东北豹活动的影响

气味在短期内可显著地提供动物的活动水平,这与其他研究的结果是一致的,如 Baker 等（1997）为非洲狮提供一系列不同的气味后发现个体表现得更加活跃,狮群内社会行为也同时增加。在实验用的三种气味中,东北虎尿对提高东北豹的活动水平最为有效,其次是肉豆蔻和狍子粪便。说明提供捕食者的气味可以增加动物的活动类行为,使圈养动物更为活跃。但从气味对东北豹的活动类行为的持续影响不明显,除了肉豆蔻以外,狍子粪便和虎尿条件下的活动时间反而略微减少。可能是因为提供气味的最初一段时间里动物的活动水平很高,因此,导致后期的休息行为增加。从本实验的结果看,气味对于提高东北豹的活动时间的作用是有限的,虽然能在短期内增加它们的活动,但这种效果不能维持很长时间。这可能是气味丰富化方法与其他环境丰富化手段相比的一个缺点。

黑豹　蒋志刚摄

一只正在嗅闻地面的金钱豹　蒋志刚摄

统计分析表明年龄和笼舍面积与气味对个体活动时间的影响之间存在显著的交互作用，说明东北豹在不同气味条件下的活动时间可能还受到年龄和笼舍面积两个因素的制约。

　　气味在短期内可显著地提供动物的活动水平，这与其他研究的结果是一致的。东北虎尿对提高东北豹的活动水平最为有效，其次是肉豆蔻和狍子粪便。说明提供捕食者的气味可以增加动物的活动类行为，使圈养动物更为活跃。但从气味对东北豹的活动类行为的持续影响不明显，除了肉豆蔻以外，狍子粪便和虎尿条件下的活动时间反而略微减少。可能是因为提供气味的最初一段时间里动物的活动水平很高，因此，导致后期的休息行为增加。从本实验的结果看，气味对于提高东北豹的活动时间的作用是有限的，虽然能在短期内增加它们的活动，但这种效果不能维持很长时间。这可能是气味丰富化方法与其他环境丰富化手段相比的一个缺点。

　　年龄和笼舍面积对东北豹的活动时间变化没有影响，即不同年龄组和不同面积笼舍内的个体的活动时间并没有差异。说明在提供气味的最初阶段里，个体活动性的改变并不受年龄影响，所有年龄组的个体都因为环境的引入而更为活跃。

　　气味对短期内的休息时间没有影响，但较对照组相比三种气味降低了东北豹的休息时间。但长期影响同短期内的作用相反，推翻了我们的预测，即新奇气味可以减少东北豹的休息时间。三种气味都显著地增加了东北豹的休息时间。狍子粪便和虎尿条件下的休息时间最长，其次是肉豆蔻条件。这与活动时间的变化具有相同的趋势，推测原因是相同的，即在最初阶段活动性显著增加可能导致能量消耗而后期的休息时间增加。

猫科动物的嗅觉发达　蒋志刚摄

　　无论从即时影响还是持续影响的结果看，不同年龄组个体的休息行为显著不同。如表7.11，可以看出，年龄大的 1# 和 2# 的休息行为明显地多于另外四只较年轻个体。从观察中我们也发现，1# 和 2# 大多数时间都是出于休息状态，活跃时间极少，这可能是年龄增长导致活动减少。因此，在实践工作中，对于年龄较大的个体，应该注意增加它们的活动时间；而对于年轻的个体，非活跃时间过多可能不是影响福利的主要问题，其他行为问题如异常行为可能才是亟待解决的，我们的研究结果显示，年轻个体的刻板行为要高于年老个体。对于不同的性别、年龄组甚至是个体，可能都需要采取不同的环境丰富化措施来促进其心理健康以提供动物的福利。

8 动物园动物受欢迎程度调查

　　现代动物园有保护、科研、教育和娱乐四大功能。其中，动物园的娱乐功能是其他功能的基础和前提。游客在观赏娱乐的基础上，可以获得野生动物知识，动物园的动物也能唤起游客对动物和自然环境的保护意识。更进一步说，游客也为动物园提供了一定的经济效益，这些又可以为动物的科研保护提供经济基础，动物园动物的福利也随之提高，动物和展出环境的改善又增加了对游客的吸引力，这就形成了一个良性循环。随着生物多样性保护的深入人心，动物园在野生动物保护教育上的作用更是受人瞩目。尤其在欧美等一些发达国家，动物园经过200多年的发展已经进入了"生境侵入（Habitat immersion）"式展馆阶段，其教育手段和教育设施多种多样，更好地发挥了动物园的观赏及保护教育功能。

　　要实现动物园的教育保护等各项功能，首先就要满足游客的观赏需求，增强动物对游客的吸引度，引发公众对动物的兴趣。因此，对动物园的游客进行调查，了解游客的喜好，分析其观赏需求是必要的。国外早在20世纪20年代就开始在博物馆调查和研究游客。动物园的游客研究在70年代后发展很快，其研究方向包括游客市场、游客看法和行为、动物园教育等很多方面。动物园在展馆建成或宣教项目实施后，可以通过游客研究对动物、展馆和观赏教育效果进行评估，然后进行改进和完善。

法兰克福动物园的鸟类馆　蒋志刚摄

我国的动物园研究主要集中在动物饲养、繁育和疾病等方面，与国外相比，对游客的研究还处于起步阶段。随着世界动物园的设计和教育理念的发展，我国对动物园展馆建设、动物福利以及宣传教育等也开始重视起来。我们调查了北京动物园动物的受欢迎程度、动物和展馆情况对游客感知的影响，能够为动物园提供规划设计和管理上的依据。

8.1 影响动物园动物受欢迎程度的因素

迄今为止，关于动物园动物展馆游客行为的调查研究不多（da Silva & da Silva，2007）。一般认为，游客对动物的喜爱程度或者说动物的受欢迎程度是受许多因素共同作用的。Bitgood et al.（1985，1986，1988）在 13 个动物园做了游客行为及其影响因素的研究，认为影响游客行为的因素主要有动物特性（活跃水平、体型大小、有无幼崽）以及展馆特点（动物的可见度、游客与动物的距离、视觉吸引源的有无等）等。da Silva & da Silva（2007）调查了巴西的累西腓动物园哺乳动物的受欢迎程度与展出方式（展馆中动物的个体数、动物体型大小、年保养费用、展馆参观路线长度、从动物园入口到展馆的距离）之间的相关性，此外还比较了本国和外国动物的受欢迎程度与体型以及饲养管理费用之间的差别。Ridgway（2000）对水下展馆进行了评估，用卡方检验和方差分析估测影响观赏的因素，认为游客的行为受展馆参观路线长度、动物大小、水中活动程度、幼崽共同展出、游客团体类型和拥挤程度等诸因素的影响。Johnston（1998）将观赏时间作为观赏需求的评估指标，建立 OLS 多元回归模型，估计了北极熊（*Ursus maritimus*）馆的展馆设计、环境和游客特征对游客观赏时间的影响。程鲲（2003）调查了影响游客观赏时间的因素，包括：① 展馆特性：展馆大小、视觉障碍的有无、多样性、动物的可见度、游客和动物的距离、距最近的其他展馆距离、与商点的距离、遮荫度、拥挤程度；② 动物特征：动物活跃程度、数量、体型大小、有无幼崽共同展出；③ 游客特征：团体人数、有无孩子、是否阅读说明牌；④ 其他因素：温度、是否周末、观察时间段和动物园的面积。结果表明影响游客观赏时间的因素有三类：第一类是促进因素，其存在可以延长游客的观赏时间，增加观赏效果，如动物的行为、幼崽共同展出等；第二类是限制因素，其存在抑制或妨碍游客的观赏，如视觉障碍和拥挤等；第三类是无作用因素，观赏点的距离就属于这类因素。

8.2 展出动物对游客的影响

Bitgood et al.（1986）认为动物特征，如活跃水平、体型大小、幼崽有无等都能影响游客的行为。Balmford et al.（1996）在伦敦动物园调查游客对不同动物的兴趣，发现并非体形越大的动物就越受欢迎。Ward et al.（1998）调查了瑞士的苏黎世动物园不同展馆动物的受欢迎程度，并与 Balmford et al.（1996）的研究结果相比较，发现动物体型越大游客观看比例越高。Balmford et al.（1996）对 Ward et al.（1998）的这一结果进行了剖析：这两个结果没有可比性，因为 Ward et al.（1998）用的是不同的受欢迎度评估方式（游客在不同展馆观看的平均时间），而且其衡量的指标存在问题，观看时间大于 10 s 的游客比例反映的只是展出的驻留力而不是吸引力。da Silva & da Silva（2007）调查巴西累西腓动物园的哺乳动物结果表明两种最大的动物最受欢迎，但是动物的受欢迎度与体型没有相关性。

展出动物的种类是吸引游客的关键　蒋志刚摄

一般研究都认为动物的活跃度会影响游客的行为（Bitgood et al.，1988；Mitchell et al.，1991）。Bitgood et al.（1985，1988）做了一系列不同物种的研究，来验证动物特性和游客行为之间的关系，他发现在不同的物种中，游客在动物活跃时比不活跃时参观的时间更长，对于活跃的动物（＞80%的时间活跃）和不活跃的动物（＜20%的时间活跃）都相同。Margulis et al.（2003）研究了六种不同猫科动物的受欢迎程度和动物活跃度之间的关系，结果表明活跃的动物能增加游客的兴趣和注意力。同时，他们还发现一些物种，特别是一些大的，容易看到的和熟悉的种类，例如狮和虎不管活跃与否都很吸引游客，而对于小的、不易见和不熟悉的动物，不管是否活跃，都很难引起游客的兴趣，而动物体型的大小和展馆的设计都会影响这个研究结果。他还认为给游客介绍更多的背景知识或增加互动可能会增加游客对这些动物的兴趣。许多人认为具有典型特征的动物自然行为对游客最具吸引力（吴兆铮等，2005）。

动物的特征也能影响其对游客的吸引度。Marcellini & Jenssen（1988）在爬行动物馆的研究显示，游客在新奇和危险的动物前观赏的时间更长。da Silva & da Silva（2007）研究发现外国的动物体型和每年的保养费用要更高，但是却没有比本地物种更受欢迎。

Johnston（1998）认为动物数目多时游客的观赏时间更长，而程鲲（2003）发现二者之间没有显著关系，而有幼崽共同展出时游客的观赏时间更长。Bitgood et al.（1986）对展馆有幼崽时和没有幼崽时进行了先后对照研究，结果是有幼崽时游客的观看时间长，证明游客更喜欢观看幼小动物。

8.3 展馆条件对游客的影响

动物展馆是体现动物保护、公众教育、科学研究和休闲娱乐功能的重要场所，展馆的环境直接影响着动物的健康、游客的观赏和教育等。适宜的观赏环境能够增加游客的停留时间和满意度（许韶娜等，2007）。

林君兰（1993）以游客在展馆的停留时间为指标，衡量不同展出方式（笼舍式、壕沟式、玻璃帷幕式）的展示效果，分析动物种类和环境因子对游客观赏的作用。Finlay et al.（1988）的研究显示游客对生活在不同条件（野生、自然展馆和笼舍式展馆）中的动物有着明显不同的看法。徐国煜（2006）认为铁栅栏和水泥地面式的笼舍展馆给游客的观赏造成了一定的视觉障碍，不能满足游客亲近观赏的需要；而模拟动物野生环境的自然展馆能拉近人与动物的距离，改善游客的观赏角度，能充分满足游客的观赏需要。有研究表明游客在自然展馆中的观赏时间更长（Davey，2006）。吴兆铮（2006）认为提高笼舍丰容可以吸引并教育更多的游客，让游客积极参与、放映互动式录像以及开展竞赛式活动都是吸引游客的好方式。陈澜沧（2003）认为营造出模拟各种动物野生生境的自然展馆可以增加参观者的兴趣，而且能使人们对动物生活环境和生活习性有了直观的了解，促进和丰富了动物的科普教育。

Marcellini & Jenssen（1988）认为拥挤会使游客的停留时间缩短，而林君兰（1993）和 Johnston（1998）认为没有显著影响。各学者的研究结果不尽相同，这与研究地点和游客数量有关。Marcellini & Jenssen（1988）的研究地点是爬行动物馆，动物的展出比较集中，游客数量多。可见在游客数量较多的展馆，拥挤度是观赏时间的影响因素。程鲲（2003）研究发现展馆参观路线会影响游客的观赏，认为拥挤度和展馆参观路线有关，观赏路线过短时，游客由于在展馆拥挤不容易找到好的观赏点，从而减少观赏时间。da Silva & da Silva（2007）认为动物的受欢迎度与展馆的参观路线长度无关，这可能是由于他所调查的动物园参观路线较长或者游客较少，拥挤度并没有成为限制游客观赏的因素。

展馆条件决定游客停留时间长短　蒋志刚摄

　　Bitgood et al.（1985；1988）认为动物的可见度也会影响游客的观赏时间，而可见度与动物本身和展馆因素都相关。有研究表明动物不可见或难见时，游客的观赏时间以及行为都显著比动物易见时减少（Davey，2006）。程鲲（2003）也发现动物的可见度能明显影响游客的观赏时间。

　　Balmford et al.（1996）认为随着展馆到动物园入口的距离变远，动物的受欢迎程度显著降低。da Silva & da Silva（2007）却认为动物的受欢迎度与展馆距门口的距离无关。

8.4　不同游客对动物的喜好

　　Marcellini & Jenssen（1988）分析了游客的性别、年龄、团体类型和游客数量对不同动物种类观看时间长短的影响，了解了游客的游览过程，通过研究就可以更好地了解游客，从而增加游客对展馆的兴趣。Johnston（1998）对多种游客的特征进行分析，认为教师、退休人员等业余时间充裕的人比其他游客的观赏时间长。还有研究表明游客来园频次高时，其每一次观赏的时间会减少（Marcellini & Jenssen，1988）。

　　程鲲（2003）在调查中发现，游客的性别对观赏时间没有显著影响。从游客的团体类型看，带孩子的游客并未比不带孩子的成人游客观赏时间更长。而游客的拍照、投食、召唤动物和其他行为都能使游客的观赏时间增长。此外，同来的游客较多时观赏时间更短，他认为这主要和北京的外地游客的比例较高有关。

8.5 动物福利、展馆环境丰富程度与游客感知

"动物福利"（Animal welfare）这一概念由国外学者 Fraser 提出，并引起了广泛的注意（包军，1997）。动物福利有五个基本要素：一是生理福利，动物无饥渴之忧虑；二是环境福利，动物有适当的居所；三是卫生福利，减少动物的伤病；四是行为福利，保证动物表达天性的自由；五是心理福利，减少动物恐惧和焦虑的心理。提高动物福利，对动物本身的生理和心理健康以及游客观赏都有重要意义。动物园的动物从野外到圈养，生存空间、环境、食物等因素发生了根本变化，动物长期生活在圈养条件下，就不得不面对每天重复、乏味的生活，这些必然会导致其行为发生一系列的变化，其中许多行为是野生状态所不常见的。这些变化会影响动物正常生理和心理功能，甚至使动物出现偏执、狂躁等精神症状，这一点在近代的科学研究中已经获得了证实（崔卫国，2004；崔卫国和包军，2004；田秀华等，2007）。人工限制饲养环境条件下，动物最常表现出的异常状态就是刻板行为。刻板行为的出现标志着动物福利的恶化，它们直接危害了动物的生理心理健康。动物刻板行为可作为评价动物福利状况的指标之一（李华和潘文婧，2005）。

环境丰富化，是指对圈养动物所处的物理环境进行修饰，改善环境质量，提高其生物学功能，如生殖成功率和适应性等，从而提高其福利水平（李华和潘文婧，2005）。国际上，丰富环境这一概念被提出和应用的时间比较早。Robert Yerkes 早在 1925 年就发现，为笼养灵长类动物提供玩耍设施可以改善其饲养状况（田秀华等，2007）。从那时起人们已经开始认识到环境丰容对圈养动物的重要性，许多设计都有意地允许或鼓励动物能够展示野生条件下的生活状态（Mellen & MacPhee，2001）。

现代动物园的可透视操作间　蒋志刚摄

提高笼舍的环境丰容是改善动物福利的基本途径，主要基于食物、器械和同伴，在环境、行为、社会性三个方面得以实现（吴兆铮等，2005）。实验证明环境丰富度的增加会减少笼养动物的异常行为，群体的活跃度也会增加。灵长类动物需要定期增加新奇的事物以防止它们厌倦并表现出一些异常的行为。能够提高灵长动物感知刺激的设施的不断丰富不仅能够提高动物福利，也可能间接影响繁殖的成功率（Mellen & MacPhee，2001；李华和潘文婧，2005）。黄志宏等对广州动物园科研中心的 2 只单独圈养的黑猩猩进行了环境丰容（黄志宏等，2007）。结果表明，环境丰容对 2 只单独圈养黑猩猩的行为有显著影响，雌性黑猩猩积极行为显著增加，刻板行为和一般行为显著降低，而雄性黑猩猩的探究和进食行为明显提高。

  笼舍环境的丰富多样以及动物积极行为的增加、刻板行为的减少对游客更具吸引力。它使游客在与动物接触过程中，认识到动物和环境之间的依赖性，从而唤起人们保护环境、保护动物的意识，充分体现动物园教育公众的功能。提高动物园动物的福利，丰富动物的生存环境，不仅可以保证人工圈养条件下的动物身体和精神的健康，使动物表现出正常的行为和生活习性，更可以吸引并教育更多的游客。丰富、变化、具有典型特征的动物自然行为都对游客有更强的吸引力（吴兆铮等，2005）。陈金洪（2007）研究了丰富赤猴（*Erythrocebus patas*）的行为表现及生活空间对提高动物观赏性意义。他认为提供足够的空间，模拟自然环境，丰富笼舍内容，有利于激发赤猴的行为表现，也有利于其身心健康，从而提高观赏效果。陈澜沧（2003）认为自然生态的展览方式，不但增加了参观者的兴趣，使人们对动物生长地及其生态习性有了直观的了解，也促进和丰富了动物的科普教育，同时动物生活在其中很易适应这一人工营造的生态环境。为野生动物的饲养、驯化和繁殖提供了良好的环境条件，动物的成活率和繁殖率都得到提高。

有无动物是游客决定是否停留的关键因素　蒋志刚摄

8.6 动物受欢迎程度的评估方法

Ward et al.（1998）用游客在不同展馆观看的平均时间来评估动物的受欢迎度，许韶娜等（2007）在研究展馆对游客感知时也用停留时间来表示展馆对游客的吸引力，认为停留时间长短反映了游客对展馆的喜好和满意度。也有些研究将参观人数（观看特定展馆的人数与所有游客的比例）作为动物受欢迎度的指数，（Ward et al.，1998；da Silva & da Silva，2007）认为这一方法是反映游客在各展馆停留时间的一个指标（Balmford，2000）。Margulis et al.（2003）在研究猫科动物对游客吸引度和动物活跃度之间的关系时，测量了游客兴趣的两个指标。第一，在扫描开始时游客的数目，游客是那些确实在观看展馆的人，仅是经过而没有观看的游客不计在内。第二，游客的观赏时间和对动物的回应也是衡量游客兴趣的指标。此外，游客对动物行为（通常是口头上的）明显的回应也是游客感兴趣的一个指标。Davey（2006）将游客的观赏时间和游客观察动物时的一些行为作为游客兴趣的一个指标。

8.7 游客调查方法

Bitgood 在"动物园、博物馆和其他展出中心的环境心理学"一文中综述了游客研究的方法，包括观察法（Observational methods）、游客自我陈述法（Self-report methods）和自动记录法（Automatic recording）（Bitgood，2000）。观察法按观察的方式又可分为：① 跟随法（Tracking studies）：是选定某一个游客或游客团体，观察他们游览的全过程，记录游客停留位置、所用时间和行为，能够比较出游客在多个展馆间游览和观赏的差异，适用于评价游客的不同游览类型和了解游客的注意力分配情况。② 时间取样（Time sampling）：是在选定的时间段内，记录游客在特定区域展馆中的行为。由于在多个展馆进行取样，并记录每个展馆中所有游客的行为，该法也能评价出游客在不同展馆之间的注意力分配情况。③ 定点观察法（Focused observations）：是在某一特定展馆处定点观察游客，可以针对某展馆进行集中评价，在只研究单一展馆时，是一种有效、省力的方法。游客自我陈述法主要用于测度游客的看法，包括游客问卷调查、访谈法和集中座谈法（Focus groups），其中集中座谈法尤其适用于调查有关游客市场的信息。观察法能显示游客的真实行为，而自我陈述法的结果体现了游客的想法、感受和态度，因此将两种方法结合起来使用效果更好。自动记录法是使用声音或影像记录装置记录展馆中游客的话语或行为，还可使用自动记录游客数量的设备，记录游客在不同游览路线上的分布。

Churchman（1987）和 Churchman & Bossler（1990）结合使用问卷法和非相互作用的方法（non-reactive research methods）研究了游客的时空格局、停留和观赏时间。Marcellini & Jenssen（1988）在爬行动物馆用跟踪观察法调查游客的观看时间，分析游客在不同动物展馆中的停留时间。Margulis et al.（2003）调查了猫科动物的活跃度对游客兴趣的影响，采取的方法是在所有展馆中用样本扫描的方法来调查，即在各个展馆以固定的路线每隔十分钟观察一分钟，记录动物的活跃程度和游客数目以及停留时间等。程鲲（2003）采用观察法来测度游客的观赏时间和行为：在固定的时间段于各展馆定点观察记录游客的驻足观看时间，以及游客观赏时距动物的距离、动物的行为、可否见到动物、展馆中游客的数量、游客的团体人数、团体类型和行为等。如果游客没有驻足观看，则不做记录，再选择下一个最先来到展馆的游客。李华和潘文婧（2005）在研究环境丰富程度对动物园圈养黑猩猩行为的影响时，采取了持续观察的方法，并且结合了录音设备记录行为的变化和持续时间。

8.7.1　影响游客观赏时间的因素

参考相关研究结果和对动物园的实地调查，确定了影响游客观赏时间的因素，包括：① 动物特征：动物活跃程度、数量、来源、稀有程度（平常/罕见）、体型大小等。② 展馆特性：展馆大小、展馆环境（环境丰富程度、卫生条件等）、动物的可见度等。③ 游客特征：团体人数、有无小孩、游客的活跃度等。④ 其他因素：展馆位置、有无幼崽共同展出、视觉吸引源、展馆花费等。

由于时间和条件所限，本次研究没有对上述第4条中的各项因素进行详细的调查研究。主要分析了前三条各项因素对游客观赏时间的影响，表 8.1 为对这些因素的定义和量化。

表 8.1　影响因素的量化定义

因素	定义方法
动物特征	
动物数量	展馆中动物的个体数（只/头）
动物大小	用展馆中所有动物的平均体重（kg）来表示
动物活跃程度	1～4 的等级变量，按活跃程度将对动物行为分成等级，1 代表坐、卧等不动行为；2 代表站立、警戒等不常动行为；3 代表常走动、飞翔、跳跃、取食、动物间玩耍等相互行为；4 代表接受投食等回应游客的行为。按照此种动物最经常处于的状态评级
动物稀有程度	平常：游客常见的、熟悉的动物；罕见：大多数游客没有见过、不熟悉的或外形奇特的动物
动物来源	在本国分布的动物（国内国外都有分布的物种记为本国的动物）；来源于外国的动物
展馆特征	
展馆大小	展馆中观赏路线的长度（m）
动物可见度	展馆中动物观赏的难易程度，在观赏过程中可以无阻碍地见到动物定义为 1，否则为 0
游客特征	
团体人数	同来动物园的一组游客的人数（个）
有无小孩	团体中有小孩记为 1，没有为 0
游客的活跃度	游客的行为包括对动物进行照相、投食、召唤等行为，调查数据中发生上述行为的游客数目和所有游客的比值即为游客活跃度

8.7.2 抽样方法

自 2008 年 4 月 1 日至 4 月 30 日于北京动物园的各个动物展馆进行抽样调查。

动物展馆的选择依照以下原则：涉及各种类型的动物，如活跃/不活跃、平常/罕见、来源本国/外国、体型大/小；不同的展馆类型都要包含：如单一动物/混养、自然展馆/笼养展馆、不同条件的展馆等；展出动物种类较多的展馆，选择其中典型的数种动物进行调查；同一种动物在展馆中分多个展区，只选择其中一个；在调查时游客的视野中只能看到本展馆的动物，不会同时看到其他展馆中的动物。

根据以上原则和动物园的实际情况，在北京动物园选择 22 个展馆 46 种动物进行调查，详见表 8.2。

表 8.2　调查的动物情况

展馆名称	动物名称	学名	数目/只	动物来源	体重/kg	稀有程度	活跃度
两栖爬行馆	大鲵	*Andrias davidianus*	1	中国	3	罕见	1
	非洲爪蟾	*Xenopus laevis*	15	外国	0.1	常见	2
	扬子鳄	*Alligator sinensis*	8	中国	25	常见	1
	黄金蟒	*Python molurus*	1	中国	20	罕见	2
	美洲鬣蜥	*Iguana iguana*	10	外国	6.5	罕见	2
企鹅馆	秘鲁企鹅	*Humboldt Penguin*	10	外国	8	常见	3
澳洲动物区	鸸鹋	*Dromaius novachollandeae*	6	外国	55	常见	4
	双垂鹤驼	*Casuarius casuarius*	1	外国	50	罕见	2
雉鸡苑	环颈雉	*Phasianus colchicus*	7	中国	3.5	罕见	3
	白冠长尾雉	*Syrmaticus reevesii*					
	波斑鸨	*Otis undulate*					
	大鸨	*Otis tarda*					
	孔雀	*Tagetes patula*	2	中国	5.5	常见	4
鹦鹉馆	巨嘴鸟	*Ramphastos toco*	1	外国	0.3	罕见	2
	紫蓝金刚鹦鹉	*Anodorhynchus hyacinthinus*	1	外国	1	罕见	2
火烈鸟馆	火烈鸟	*Phoenicopterus minor*	66	外国	4	罕见	3
非洲鹳类	非洲秃鹳	*Leptoptilos crumeniferus*	19	外国	8	罕见	3
	黄嘴鹮鹳	*Mycleria ibis*					
	鞍嘴鹳	*Ephippiorhynchus senegalensis*					
袋鼠混养区	大灰袋鼠	*Macropus shawr*	13	外国	50	常见	2
	大赤袋鼠	*Macropus rufus*					
	尤氏袋鼠	*Macropus eugenii*					
	鸸鹋	*Dromaius novachollandeae*					
鹿苑	梅花鹿	*Cervus nippon*	5	中国	100	常见	4
	黇鹿	*Dama mesopotamica*	15	外国	45	常见	4

展馆名称	动物名称	学名	数目/只	动物来源	体重/kg	稀有程度	活跃度
貘科动物	马来貘	*Tapirus indicus*	4	外国	250	罕见	1
犀牛河马馆	河马	*Hipoppotomas amphibius*	2	外国	2 000	常见	1
	白犀	*Ceratotherium simum*	2	外国	3 000	常见	2
长颈鹿馆	长颈鹿	*Giraffa camelopardalis*	6	外国	900	常见	3
象馆	亚洲象	*Elephas maximus*	3	中国	4 500	常见	3
非洲獴	非洲獴	*Suricata suricatta*	9	外国	3	罕见	3
南浣熊	南浣熊	*Nasua nasua Linnaeus*	3	外国	5	罕见	3
小型哺乳动物	浣熊	*Procyonidae raccoons*	8	外国	5	常见	3
夜行动物馆	蜜熊	*Potos flavus*	3	外国	3	罕见	1
	耳廓狐	*Vulpes zerda*	2	外国	4	罕见	1
小型哺乳动物	银狐	*Vulpes logpus*	2	外国	8	常见	2
	白狐	*Alopex lagopus*	2	外国	8	常见	2
熊山	黑熊	*Ursus thibetanus*	2	中国	250	常见	4
	东北棕熊	*Ursus arctos*	3	中国	450	常见	4
狮虎山	白虎	*Panthera tigris sumatrae*	2	中国	200	罕见	1
熊猫馆	大熊猫	*Ailuropoda melanoleuca*	1	中国	80	常见	1
热带小猴馆	棉头胥	*Saguinus oedipus*	2	外国	0.4	罕见	2
	毛狨	*Callithrix jacchus*	4	外国	0.5	罕见	2
长臂猿馆	白颊长臂猿	*Hylobates leucogenys*	6	中国	6	罕见	3
金丝猴馆	滇金丝猴	*Pygathrix bieti*	3	中国	15	罕见	3
猩猩馆	黑猩猩	*Pan troglodytes*	2	外国	60	常见	2
	大猩猩	*Gorilla gorilla*	2	外国	80	常见	1

8.7.3 游客的信息、行为及观赏时间的调查方法

　　每天分上午（10:00—12:30）和下午（13:30—16:00）两个时间段分别调查两种动物，记录来参观该动物展馆的各组游客的观赏时间。具体的记录步骤依照 Bitgood et al.（1985）的方法：在展馆中首先选择第一个来到展馆的游客，当游客驻足观看动物，按秒表开始计时，如游客观看后行走，则暂停计时（去除游客在展馆中移动而没有观看动物的时间）。当游客离开展馆或停止观看时即停止计时，此刻记下游客的观赏时间。如果游客没有驻足观看，则不做记录，再选择下一个最先来到展馆的游客。一个记录完成后，依次类推记录下一个游客，这样可以保证选择调查对象的随机性。在记录游客参观时间的同时，记录游客的相关信息（人数、有无小孩等）及拍照、投食等行为。

8.7.4 游客数目的调查方法

　　在调查游客观赏时间的同时，每隔半小时记录 10 min 内来参观该种动物的全部游客数目，即于上午的 10:00—10:10；10:30—10:40；11:00—11:10；11:30—11:40；12:00—12:10

五个时间段和下午的 13:30—13:40；14:00—14:10；14:30—14:40；15:00—15:10；15:30—15:40
五个时间段分别统计来参观该动物的所有游客数目，仅路过而没有驻足观看的游客不予记
录。

8.8 数据分析

影响游客观赏时间的因素分为两类：一类是这些因素本身的性质能够影响游客的观赏
时间；另一类因素含有两种不同的类别，而这两个类别对游客的观赏时间的影响有差异。
本次研究对这两类因素分别进行相关性分析和差异的显著性检验。前一类因素包括展馆的
大小、条件，动物的体型、数目和活跃程度，以及游客团体的人数和行为，各展馆参观的
游客数目等，对这类因素采用非参数 Spearman 相关性分析。由于不同展馆动物的可见度
（易见/难见）、来源（中国/外国）、外形特征（常见/奇特）以及游客类群（有/无小孩）的
游客参观时间都不满足正态分布，所以采用 Mann-Whitney U test 检验这些因素两个类别影
响游客参观时间的差异。所有数据均采用 SPSS13.0 和 Excel 2003 进行处理分析。

8.9 研究结果

8.9.1 各展馆游客的人数、活跃度及观赏时间

表 8.3 展示了各展馆游客的人数、活跃度和停留时间，其中所有展馆调查的 1 600 组
游客的平均观赏时间是（59.5±46.5）s，从中也可以看出游客的观赏时间在展馆之间差异
很大，耳廓狐、蜜熊、毛猁以及巨嘴鸟等动物的观赏时间较短，分别为（16.2±11.0）s、
（16.5±11.7）s、（20.8±11.0）s、（20.9±9.8）s，秘鲁企鹅、棕熊、大熊猫、大猩猩等的
观赏时间较长，分别为（276.8±126.0）s、（127.9±93.5）s、（105.4±77.5）s、（104.7±
64.7）s。

游客在不同展馆中的数目差异也很大，人数最多的是长颈鹿，平均每 10 分钟的游客数
目是（154.2±19.3）个，人数最少的是南浣熊（36.8±14.4）个以及企鹅（23.2±6.3）个。

游客在企鹅馆和大熊猫馆最活跃，活跃度分别为 0.78 和 0.65；在夜行动物馆（耳廓狐
和蜜熊，活跃度分别为 0.077 和 0.049）最不活跃。

表 8.3　展馆情况及游客人数、活跃度和停留时间

动物名称	展馆大小/m	动物可见度	展馆条件	平均参观时间/s	平均人数/个	游客的活跃度
大鲵	1	0	1	21.2±11.0	102.6±14.9	0.1
非洲爪蟾	1	1	1	24.4±9.30	105.2±16.4	0.11
扬子鳄	24	1	3	29.1±13.3	105.4±11.1	0.38
黄金蟒	5	1	3	57.7±42.0	102.6±5.9	0.18

动物名称	展馆大小/m	动物可见度	展馆条件	平均参观时间/s	平均人数/个	游客的活跃度
美洲鬣蜥	5	1	2	32.6±25.8	94.8±14.5	0.15
秘鲁企鹅	100	1	4	276.8±126	23.2±6.30	0.70
鸸鹋	45	1	2	48.3±46.6	66.0±9.60	0.56
双垂鹤鸵	45	1	2	45.7±34.2	51.2±17.2	0.41
雉鸡	72	1	3	61.7±35.5	43.8±8.0	0.26
孔雀	30	1	2	102.2±79.3	128.8±9.3	0.55
巨嘴鸟	25	1	2	20.9±9.80	47.6±9.60	0.15
紫蓝金刚鹦鹉	9	1	1	21.7±8.90	49.2±8.80	0.18
火烈鸟	200	1	4	74.4±45.8	55.4±11.1	0.42
非洲鹳类	200	1	4	99.2±36.3	68.2±29.2	0.56
袋鼠混养区	1 800	1	4	87.7±45.0	95.6±8.3	0.47
梅花鹿	140	1	1	21.0±9.9	40.6±7.4	0.18
黇鹿	150	1	1	24.9±18.0	39.4±8.2	0.15
马来貘	150	1	1	47.3±22.7	52.6±4.0	0.35
河马	40	1	2	51.2±28.5	107±18.3	0.22
长颈鹿	3 300	1	4	81.8±52.9	154.2±19.3	0.53
白犀	80	1	1	45.8±30.4	87±27.1	0.43
亚洲象	70	1	1	85.4±69.9	122.4±31.7	0.53
非洲獴	120	1	3	62.5±38.9	49.8±11.9	0.29
南浣熊	120	0	2	37.8±14.4	37.8±32.4	0.12
浣熊	25	1	2	46.4±53.7	88.2±29.1	0.23
蜜熊	6	0	1	16.5±11.7	68.2±11.9	0.05
耳廓狐	6	0	1	16.2±11.0	57.4±10.2	0.08
银狐	30	1	2	28.4±33.0	102.4±11.2	0.21
白狐	30	1	2	32.0±25.5	104.8±15.6	0.14
黑熊	300	1	3	95.0±64.5	130.2±26.1	0.32
东北棕熊	500	1	3	127.9±93.5	124.6±27.2	0.36
白虎	300	1	4	90.2±52.3	123.4±18.0	0.47
大熊猫	40	1	4	105.4±77.5	152.8±25.2	0.65
棉头绢	12	1	2	33.7±26.6	92.0±15.9	0.21
毛猴	12	0	2	20.8±11	103.4±15.3	0.16
白颊长臂猿	80	1	2	66.8±59.4	89±34.1	0.41
滇金丝猴	60	1	3	58.2±38.2	114.2±10.1	0.23
黑猩猩	25	0	2	21.0±15.6	82.6±14.9	0.22
大猩猩	25	1	2	104.7±64.7	97.6±14.7	0.4

8.9.2 各因素与游客观赏时间的相关性

对展馆的大小、条件，动物的体型、数目、种类和活跃程度，以及游客数目和行为等变量与游客观赏时间之间的相关性进行非参数 Spearman 相关性分析。

由表 8.4 可以看出展馆大小和条件都与游客的参观时间显著相关。

表 8.4　各因素与游客观赏时间的 Spearman 相关性检验结果

变量	相关系数（r）	P 值
展馆大小	0.604	<0.01
展馆环境	0.676	<0.01
动物体型	0.461	0.003
动物数目	0.161	0.327
动物活跃度	0.322	0.045
游客团体人数（$\leqslant 6$）	0.990	<0.01
（>6）	0.223	0.12
游客活跃度	0.815	<0.01
参观人数	0.351	0.028

动物的体型和活跃度都与游客参观时间显著，而游客参观时间不会随动物数目的增多而增加。团体人数在六人以下时人数和游客观赏时间显著相关（$P<0.001$），而大于六人时二者没有显著关系（$P>0.05$），见图 8.1。游客的活跃程度也与其参观时间相关关系显著（$P<0.01$）。此外，展馆的参观人数与游客参观时间也存在相关性（$P<0.05$）。

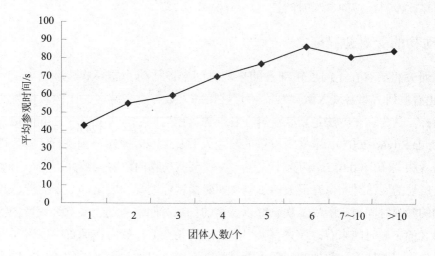

图 8.1　不同人数的游客团体的平均参观时间

8.9.3 对影响游客观赏时间因素差异的显著性

对不同展馆动物的可见度（易见/难见）、来源（中国/外国）、外形特征（常见/奇特）以及游客类群（有/无小孩）这些因素对游客观赏时间的影响差异采用 Mann-Whitney U 检验。

表 8.5 各因素的两个变量对游客观赏时间影响差异的 Mann-Whitney U 检验结果

因素	类别	平均时间/s	标准差（SD）	U 检验	P 值
可见度	易见	62.24	54.26	$Z=-10.51$	<0.001
	难见	30.5	27.27		
来源	中国	69.22	60.13	$Z=-9.648$	<0.001
	外国	45.57	42.12		
外形特征	常见	63.21	57.56	$Z=-7.944$	<0.001
	奇特	43.33	38.3		
游客类群	有小孩	62.67	64.24	$Z=-2.776$	0.006
	无小孩	54.99	57.7		

如表 8.5 所示，动物容易看到时游客的平均观赏时间为（62.24±54.26）s，不易看到时游客观赏时间为（30.5±27.27）s，两者差异显著（$P<0.001$）。游客观赏中国和外国动物平均时间的差距达到了显著水平（$P<0.001$），对常见和外形奇特的动物的观赏时间分别为（63.21±57.56）s，（43.33±38.3）s，两者的差异也极显著（$P<0.001$）。有小孩的游客团体要明显比没有小孩的参观时间长（$P<0.01$）。

8.9.4 动物的受欢迎程度

有些研究将游客在不同展馆观看的平均时间来评估动物的受欢迎度（Ward et al.，1998）。也有些研究将参观人数（观看特定展馆的人数与所有游客的比例）作为动物受欢迎度的指标，认为这一方法是反映游客在各展馆停留时间的一个指标（Balmford，2000；da Silva & da Silva，2007）。本次对展馆的参观人数和参观时间都分别进行了对比研究，结果发现两者相关（$P<0.05$）。调查中发现，参观某些动物的游客人数并不完全由动物本身决定，其所处的展馆对此也有很大的影响。如两栖爬行馆等大展馆，参观的游客数目多而单种动物的参观时间短。所以本次研究以游客的参观时间作为动物受欢迎程度的标准。

从游客的参观时间来看，最具有吸引度的动物是企鹅。然而在调查中发现，由于企鹅馆是需另外收费的展馆，额外的花费可能是游客在馆内停留时间增长的原因。除企鹅外，最受欢迎的动物是东北棕熊、大熊猫以及大猩猩；对游客最不具吸引力的是两种夜行动物（耳廓狐和蜜熊），其次是毛狨以及巨嘴鸟。

不同类群的动物对游客的吸引力差距很大。由图 8.2 可以看出，鸟类和哺乳类动物最受游客欢迎，两栖类对游客的吸引力最小。灵长类动物的受欢迎程度差距最大，从 20.8 s 到 104.7 s[（50.9±32.5）s]。

8.10 讨论

8.10.1 游客的观赏时间

本次研究调查了北京动物园 22 个展馆 1 600 组游客，游客平均观赏时间是（59.5 ± 46.5）s，Churchman（1987）在新加坡动物园对 18 个展馆 1 556 个游客的调查显示，每个展馆的平均观赏时间是 60 s，本次调查结果与其相近，但是短于程鲲（2003）调查北京、哈尔滨、广州三个动物园 1 500 组游客的平均观赏时间（119 s±7 s）。这种差异可能与调查动物种类的数目有关，本次调查与 Churchman（1987）调查的动物种类数目相近，其中包括对游客吸引程度不同的动物，而程鲲（2003）只调查了五种动物，而且这些动物都是相对受欢迎的动物，所以游客的观赏时间相对长。

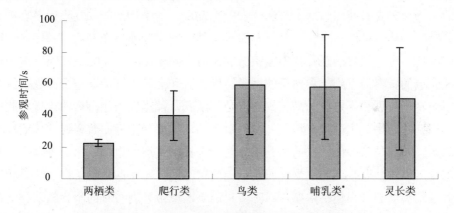

图 8.2　游客在不同类群动物展馆的参观时间

* 哺乳类动物中不包括灵长类动物

Bitgood et al.（1988）调查了 13 个动物园多种动物展馆的游客行为。其中，游客的平均观赏时间是东北虎馆 31.7～74.4 s，灰熊馆 56.4～95.2 s，河马馆 44.6～95.6 s，亚洲象 53.9～165.0 s，灵长类中观赏时间最长的是大猩猩馆，为 201.6 s。与之相比，本次调查中的河马（51.2 s±28.5 s）和亚洲象（85.4 s±69.9 s）的结果与其相似。而白虎（90.2 s±52.3 s）和东北棕熊（127.9 s±93.5 s）的观赏时间较长，可能是因为北京动物园的狮虎山及熊山的展馆环境好（展馆面积大、多样性高、参观路线长等），另外，东北棕熊活跃，会接受游客投食，并向游客表演以索要食物，这就使游客的停留时间增长。

8.10.2 动物特征对游客观赏时间的影响

动物特征对游客观赏时间均有显著影响，包括动物的大小、数量、来源、活跃程度等。许多研究都认为动物的欢迎度与体型没有相关性（Balmford，1996，2000；da Silva & da Silva，2007）。但本次研究表明，动物的体型越大游客的参观时间越长。一方面的原因是大体型的动物所处的展馆面积大、参观的路线长，从而游客的拥挤度降低，观赏时间久。另一方面，Balmford（1996）采用的是以展馆中的游客平均百分比来表示动物的受欢迎度，而本次研究采用与 Ward et al.（1998）相同的方法，即以游客的观赏时间作为动物受欢迎程度的标准，所以结果有所不同。

本次研究结果表明与外国的动物相比，游客更喜欢本国的动物（$Z=-9.648$，$P<0.001$）。可能是因为游客对本国的动物比较熟悉，尤其是像大熊猫、金丝猴等我国特有物种，不仅在中国家喻户晓，在国外也有很高的知名度，对游客有很强的吸引力。而一些外国动物人们并不熟悉，加之动物园缺乏对这类动物知识的宣传，所以游客对其兴趣不大。

一般研究都认为游客对活跃的动物更感兴趣（Bitgood et al.，1985），我们也发现游客在活跃的动物前参观时间明显地更长。调查中也发现一些不活跃的动物也受游客欢迎，如虎和大熊猫等动物，虽然不活跃，但是人们对这类动物比较熟悉和喜欢；另一些动物如非洲爪蟾和巨嘴鸟等，虽然活跃却并不吸引游客。Margulis et al.（2003）发现有些物种（特别是一些大型的、容易看到的和熟悉的种类，例如狮和虎）不管活跃与否都吸引游客，而对于小型的、不易见和不熟悉的动物，不管是否活跃，都难以引起游客的兴趣。此次研究也发现，常见的动物要比形状奇特、人们不熟悉的动物更受欢迎。游客通常喜欢观看自己熟悉的动物，尤其带小孩同来的家庭团体，会选择平常通过电视、图书等媒介了解到的动物来观看，以对其有直观的感受，而对于一些罕见的、奇特的动物，由于缺乏相应的了解，游客对此类动物的兴趣不浓厚。同时，我们还发现游客观看时间不会随动物的数目的增多而增加。

8.10.3 展馆特征对游客观赏时间的影响

本次研究中展馆路线的长度从 1 m 到 164 m（20.3 m±29.4 m），与游客的观赏时间显著相关。而有研究认为动物的受欢迎度与展馆参观路线长度无关（da Silva & da Silva，2007），这可能与研究地点和游客数量有关。也有研究发现展馆参观路线会影响游客的观赏，而拥挤度和展馆参观路线有关，观赏路线过短时，游客由于在展馆拥挤不容易找到好的观赏点，从而减少观赏时间（程鲲，2003）。本次研究展馆中的游客数量都比较多，从而拥挤度就成为一个限制因素。

多样性是衡量展馆自然程度的因素，可见度是观赏容易的程度。Johnston（1998）认为展馆自然程度高将导致动物的可见度降低，二者是一对相互矛盾的因素。但本次调查的展馆中，动物的可见度低是由于动物进入展馆内舍，使游客无法看到或不能完全看到而造成的，和植物等自然因素无关。

动物的可见度是限制游客观看的一个重要因素，游客可以无障碍地看到动物的观看时间明显比难以看到动物的观看时间长。一般的展馆有室内和室外两部分，动物有时会在室内而导致游客不能或很难见到动物，游客以为该展馆没有动物而放弃观看或者因为动物难以看到而观看时间很短。

有研究表明，游客倾向于参观自然展馆（徐国煜，2006）。环境多样性高且干净整洁的展馆更吸引游客。本次研究发现，环境差会导致一些动物展馆的观赏时间低于平均水平。展馆条件越好的展馆游客观赏时间就越长。展馆丰富程度低且环境差的展馆难以引起游客的兴趣。夜行动物馆由于灯光很暗游客难以见到动物，而且每种动物的展馆面积小，多样性低，所以游客驻足观看时间短。亚洲象虽然游客观看时间长，但是调查中也发现由于象馆中有异味而导致游客对此不满，也会降低观赏兴趣。

8.10.4　游客特征对游客观赏时间的影响

由图 8.2 可以看出，团体人数在 6 人以下时和游客观赏时间成正比，而大于 6 人时二者不相关。

研究结果显示游客团体中有无孩子对观赏时间有明显的影响（$Z=-2.776$，$P<0.01$）。有小孩的游客团体参观时间明显要比没有小孩的团体长。这可能是因为小孩的好奇心强，对动物的兴趣浓厚，而且带小孩的游客团体参观动物园的主要目的之一就是带孩子观看动物，并向其介绍动物知识，这样就使停留时间增长。游客在展馆中的行为，如拍照、召唤动物、投食等都会增加游客的停留时间。参观展馆的游客数目与游客参观时间相关（$r=0.351$，$P<0.05$），除去大熊猫和企鹅这两个另外收费的展馆后，相关性更显著（$r=0.418$，$P<0.01$）。同时在调查中也发现，许多展出多种动物的大型展馆，如两栖爬行动物馆、夜行动物馆、鹦鹉馆、热带小猴馆以及夜行动物馆等，由于动物种类多，各种动物展馆面积小，导致游客拥挤度和流动性大，所以游客停留时间较短。

雪地里的小熊猫　李春林摄

8.10.5　其他因素对游客观赏的影响

曾有人对展馆有幼崽时和没有幼崽时进行了先后对照研究，结果是有幼崽时的观看时间更长，证明游客更喜欢观看幼小动物（Bitgood et al.，1986）。此次调查中，仅金丝猴和亚洲象展馆中有幼崽，调查过程中发现，游客对幼崽的关注度更高。

本次调查中也发现，若是一个展馆附近存在更活跃的动物，尤其是这个展馆本身的动物不吸引人（不活跃或者不易见），游客就很容易被活跃的动物所吸引。Bitgood et al.（1985）认为吸引游客注意力的其他事物是一种视觉竞争（Visually competing），视觉吸引源的存在缩短了游客的观赏时间。

一些展馆地处偏僻，也是影响游客观赏的一个重要因素。如鹿苑和食草动物区等，就是由于位于园内靠里且比较隐蔽的地方，所以游客很少。但是一些人们很熟悉的展馆如大象、犀牛和熊等，虽然在动物园靠里的位置，游客参观的游客仍然很多。

天气也是影响游客观赏的一个潜在因素。而由于本次研究时间选在北京动物园的旅游旺季，且气候开始转暖，所以出游的游客数量多，天气没有明显游客观赏。

此外，展馆的额外花费也是影响游客观赏和驻留时间的一个重要因素。如本次调查的北京动物园中，企鹅馆以及大熊猫馆是需额外收费的展馆，这样许多游客就会因此而放弃参观或者会延长参观时间。

8.10.6　动物的福利

动物是游客观赏的对象，动物自身的活泼、自然、清洁和健康程度是影响游客观赏需求的关键因素。提高动物福利，改善笼养动物生存条件已是动物园的一个重要课题。

环境丰富程度是提高动物福利的一个基本途径，主要通过对营造栖息地、食物类型及供给方式、刺激物（气味）、玩具、社会性等方面进行改善而实现。为动物提供好的生活条件可以保证动物身体和心理健康的同时，不仅对游客的观赏很重要，也能让游客在观赏中受到教育。本次调查显示并不是动物数目越多就越受欢迎，所以动物园饲养动物时不能一味求多，这样既会使动物福利受损，又不会提高动物的观赏性。

此外，虽然北京动物园的各个展馆中都有标牌明确标明禁止投食，并在一些展板上以实例说明禁止投食的原因以及投食对动物的危害。但游客仍然存在投食的现象。针对这一问题提出以下建议：加大宣传力度，使游客意识到投食对动物的危害；需要保持动物园环境清洁；合理动物的食谱，适当增加一些动物喜爱的食物等，降低其对游客投喂食物的兴趣；部分展馆可以适当在喂食的时间对游人开放，使游客参与到喂养动物中来；此外还有必要加强展馆巡视制度，及时制止游客的投食行为。

8.10.7　展馆布局和设计

从理论上讲，适合观赏的展馆应该是动物行为自然、丰富，自然程度高，没有视觉障碍，容易见到动物而且舒适。分析表明对观赏有影响的因素是综合起作用的，而每个展馆都有不同的因素组合，当限制因素的作用超过促进因素时，就会导致游客的观赏时间缩短，因此在展馆设计中应尽量消除限制因素，发挥促进因素的作用。

拥挤度是限制游客观赏的一个重要因素。本次调查中，孔雀、爬行动物等较受欢迎的动物就因为展馆的参观路线过短且与其他动物展馆相邻近，导致游客因为拥挤度大而不能舒适方便地看到动物。对这类展馆应采取间隔的布局方式，并且增加展馆面积，延长观赏路线的长度，以保证游客在游览过程中移动通畅，不会因为拥挤而降低观赏效果。

展馆中对游客观赏不利的因素之一是视觉障碍，因为园内仍有许多笼舍式展馆，如狮虎山的部分动物和食草动物等，笼舍面积小且年久老化，直接影响动物的行为和游客的观感。此外，展馆的卫生条件也非常重要，尤其是室内展馆，一些异味很大的动物应加强通风。

展馆之间的距离不宜过近，一般的设计原则是游客不能同时看到两个展馆的动物，游客参观那些不易见或者不活跃的动物时，容易被邻近的活跃或易见的动物所吸引。对此动物园可以采用自然屏障，如植物和山石来阻挡游客的视线。

有研究表明，按动物的生境类型来设计展馆比较合适，即将野生条件下同一生境内的动物置于同一展馆中展出。自然生境展馆更加能体现动物的特性，展馆中生境因素的加入对动物园的展出非常必要，也是从根本上提高观赏效果的最好方式，还便于为游客提供有关动物和生境的知识讲解和教育。

黑熊　蒋晰摄

8.10.8 游客的感知和学习

动物保护方面的知识越来越受到游客的关注，因此这方面是我国动物园教育发展的重点。就目前我国动物园教育的主要内容来看，仍以动物的分类、生物学知识为主，应该增加濒危物种的知识，如分布状况、濒危原因以及如何挽救等，以提高游客的动物保护意识。

观赏方式的多样化对提高观赏效果也很重要。动物的观赏不能仅局限于看到动物，而应该多方面、全方位地提供动物的信息。例如在展馆中采用播放录像、动物叫声等多媒体手段介绍动物野生的相关信息，尤其是对于一些不活跃或游客不熟悉的动物来说，介绍动物的知识不仅可以提高游客的兴趣，同时也能使游客获取更多知识。

9 中国动物园物种编目与易地保护

中国动物园与世界发达国家相比，现有水平有待提高。我们目前对中国动物园的圈养物种种类、数量、遗传资源和濒危物种易地保护能力尚不清楚。这种状况不利于我国的生物多样性保护与遗传资源的宏观管理。因此，需要开展一次全国性的中国动物园物种编目和遗传资源研究。促进珍稀、濒危野生动物的易地保护和繁育，为保护和合理利用动物资源、促进物质和精神文明建设作贡献。我们在 2007—2008 年在国家环境保护总局（现环境保护部）生物多样性办公室的领导下，组织开展了一次"中国动物园物种编目与易地保护研究"，有关调查研究结果报告如下。

松鼠　蒋志刚摄

9.1 技术路线与方法

在本研究中，我们采取直接抽样实地调查、问卷通信调查与收集现存资料、统计资料分析相结合的编目方法，全面评估中国动物园的物种编目和易地保护能力。本项目组分解为东北片、西北片、华中片、华南片和西南片，在项目实施前，举办了培训班，统一了调查方法。在国家环保部和相关单位的领导和协调下，开展了全国性的动物园物种编目调查，建立了中国动物园物种编目数据库和中国动物园物种编目地理信息系统。

白头叶猴　蒋志刚、唐继荣摄

在第一期实地考察中，我们抽样访问了动物园，调查动物园中现有与历史上曾经饲养过的物种、个体数量以及来源，掌握第一手资料，注意抽样的代表性。同时，注意收集有关机构的统计资料和数据，在第二期调研中，选择了有关动物园进行通信函调。回收数据后，将所有数据综合建立中国动物园物种编目数据库。

白鹭　蒋志刚摄

9.2 考察过的动物园

原计划考察 60 家动物园，到项目结束时，已经访问和函调了 65 家动物园（附录 1、附录 2）。项目中期考核之后，又安排调查了西藏罗布林卡、贵州黔灵动物园、长春动物园、云南昆明动物园、昆明野生动物园。对沈阳动物园、银川动物园、上海动物园、福州动物园、广州动物园、北京动物园、昆明动物园、兰州动物园、武汉动物园、杭州动物园等 10 个大中型动物园进行了通信调查。本次调查的动物园基本涵盖了中国现有的动物园类型：

既有大中型动物园、野生动物园，也有小型动物园、公园的动物展区和自然保护区的动物展区；既有中国历史最悠久的动物园，也有在中国改革开放后新建的动物园（表9.1）。

蟒蛇　唐继荣摄

考察地点覆盖了中国大陆 31 个省份中除浙江省、湖北省以外的省份和直辖市，调查动物园范围涵盖了除武汉动物园、杭州动物园以外的 26 个规模动物园：北京动物园、天津动物园、太原动物园、石家庄动物园、呼和浩特动物园、哈尔滨动物园、长春动物园、沈阳动物园、大连动物园、西安动物园、兰州动物园、银川动物园、乌鲁木齐动物园、上海动物园、南京动物园、济南动物园、合肥动物园、福州动物园、南昌动物园、广州动物园、长沙动物园、南宁动物园、郑州动物园、成都动物园、昆明动物园和重庆动物园。

表 9.1　中国主要动物园的面积、饲养动物种类和个体数以及建成年代

名称	面积/hm^2	种数	个体数	建成年份
北京动物园	86	490	5 000	1906
天津动物园	54	200	3 000	1975
太原动物园	51	165	2 000	2004
石家庄动物园	36	250	3 000	2006
呼和浩特动物园	820	100	2 000	2007
哈尔滨动物园	37	200	2 000	1957
长春动物园（长春动、植物公园）	74	167	1 400	1938
沈阳动物园	62	126	1 500	1979
大连动物园	720	130	1 000	1998
西安动物园	27	153	1 600	1954
西安秦岭野生动物园	133	300	10 000	2004
兰州动物园	7	110	1 000	1957
银川动物园		79	400	1930

名称	面积/hm²	种数	个体数	建成年份
乌鲁木齐动物园	32	170	3 000	1979
上海动物园	74	330	4 400	1954
南京动物园	68	400	4 000	1998
济南动物园	75	216	3 000	1959
杭州动物园	19	150	1 500	1958
合肥动物园	2	100	1 000	1954
合肥野生动物园	90	100	2 000	2004
福州动物园	54	150	1 000	2008
南昌动物园	8	107	1 000	1959
广州动物园	43	400	5 000	1958
长沙动物园	3	70	500	1956
长沙生态动物园	60	300	2 000	2008
南宁动物园	39	250	2 500	1973
武汉动物园	42	200	2 000	1978
郑州动物园	25		1 000	1985
成都动物园	17	300	30 000	1953
昆明动物园	26	140	1 000	1953
重庆动物园	4	150	1 200	1955
洛阳市王城动物园	6.5	100	1 000	1955

9.2.1 中国典型动物园概况

从西藏到新疆，黑龙江到海南，中国已经建设了一个由不同类型动物园、公园的动物展区以及野生动物园组成的动物园体系。这些动物园的设计、动物收藏、动物展出各具特色，其中的大中型动物园以及分建的濒危动物繁育中心是濒危动物的繁育基地。

翘鼻麻鸭（*Tadorna tadorna*）（左）、凤头潜鸭（*Aythya fuligula*）（右）　唐继荣摄

9.2.2　北京动物园

北京动物园占地面积约 86 hm^2，水面 8.6 hm^2。饲养展览动物 490 余种，近 5 000 头只；海洋鱼类 500 余种，10 000 多尾。每年接待中外游客 600 多万人次，是中国最大的动物园之一。1956 年 4 月，北京动物园即成立了科学研究工作组，以珍稀动物大熊猫、金丝猴、黑天鹅、丹顶鹤等动物的繁殖为重点研究课题。1951 年 3 月间建立了兽医院，现有高级兽医师 7 名、中级兽医师 3 名、初级兽医师 4 名。有 ELISA、PCR、生化、细菌、病理等 5 个实验室，有全自动血常规分析仪、全自动血液生化仪、尿液分析仪、X 光机、B 超等仪器，还有手术室和独立病房。为我国野生动物疾病防治事业作出了贡献。北京动物园的动物繁育饲养研究独具特色，建有大熊猫繁殖兽舍、小熊猫繁殖兽舍、鹤类繁殖笼舍、大熊猫馆繁殖兽舍、黑颈鹤（*Grus nigricollis*）繁殖笼舍、小熊猫繁殖兽舍等繁殖兽舍。其中大熊猫、朱鹮等珍稀动物的人工繁育技术处于国际领先地位。北京动物园有一支较强的动物繁育技术力量，是最具繁育濒危物种潜力的动物园之一。

大熊猫　蒋志刚摄

9.2.3　上海动物园

上海动物园建于 1954 年，面积 74 hm^2，展出动物 330 种，4 400 多只，对本区系的鸟类展出较突出。每年约接待参观者 400 多万人次。展区按脊椎动物进化系统的顺序并结合自然生态环境排列，布置园林绿化，体现中国江南园林风格。上海动物园 1965 年首次成功繁殖了大熊猫。1972—1976 年，在园外建设了独立的动物繁殖场。1977 年，成功繁殖了云豹（*Neofelis nebulosa*）、加州海狮（*Arctocephalus townsendi*）、白唇鹿等动物。1978 年首次成功繁殖亚洲象、大赤袋鼠（*Macropus rufus*）。1978 年 8 月 23 日，大熊猫"白梅"产仔 1 只，大熊猫首次繁殖成功。1984 年 5 月，首次人工繁殖成功东方白鹳。1985 年在国内首次成功繁殖了南美貘（*Tapirus terrestris*）、赤斑羚（*Nemorhaedus cranbrooki*）和白鹮（*Threskiornis aethiopicus*）。1988 年 10 月，首次成功繁殖了南美野牛（*Bison bison*）。2000年 5 月，首次繁殖成功了美洲豹（*Panthera once*），一胎产下 3 只美洲豹幼仔。上海动物园以前的名称是西郊公园。建园后建成的第一座大型动物建筑是 "象宫"。1959 年，为迎接建国十周年，又动工兴建了"天鹅湖"、"狮虎山"、"熊猫岭"、"鹿苑"、"百花厅"等六大建筑，使当时的西郊动物园初其规模，成为全国著名的动物园（顾金根，1994）。可是从那以后到 1990 年之前，上海动物园的动物种类始终徘徊在 300 余种，笼舍不足且陈旧，发展停滞。随着上海经济的振兴和发展，这一情况得到了市建委领导的重视，决心拨专款改建。上海动物园先后建造了具现代规模式样新颖，占地 3 000 m² 的大型两栖爬行馆，可展出蛇、龟、蜥蜴、鳄鱼及部分鱼类。戎鸟园丁让参观者入园身临自然景观与鸟共乐，是国际流行的一种新的展览形式；食草动物区地域开阔，跳出了用笼栅展示的旧格调。动物与人仅一沟之隔，与人更亲近；灵长动物区设有热带猴馆、低等猴类馆、常温猴类和原有的程猩馆连成一片构成了国内灵长动物最丰富、最集中的一个展区，可展出的猿猴类动物，有类人猿、大猩猩、黑猩猩、长臂猿以及最近从荷兰鹿特丹市送来的世界珍稀动物大猩猩，微型猴类侏儒绒（*Daubentonia madagascariensis*）仅拳头大小，动作滑稽，是小朋友们喜爱的动物；新建的海兽馆，专设了表演池和看台，能使游人在参观动物之际，观看到精彩的海狮和海豹表演；新建的科普教育馆将以形象生动声光电结合新颖的展示形式，突出动物知识的科普教育。今天的上海动物园已达到了现代大型动物园的要求，并成长为国内外闻名的一个动物园，是集野生动物科学研究与科普教育保护和发展野生动物资源以及文化憩息的游览胜地（顾金根，1994）。

赤斑羚　蒋志刚摄

9.2.4 天津动物园

天津动物园始建于 1975 年，1980 年 1 月 1 日建成开放。占地面积 53.77 hm^2，其中水面 10.68 hm^2。现饲养动物 200 余种，3 000 余只，其中有国家一级保护动物大熊猫、东北虎、金丝猴、亚洲象、扭角羚、丹顶鹤等，国家二级保护动物小熊猫、大天鹅（*Cygnus cygnus*）、猞猁等，以及国外引入的美洲虎、非洲狮、长颈鹿、犀牛、河马、北极熊、黑猩猩和金刚鹦鹉等。天津动物园有高级畜牧师、兽医师 9 人，中级初级畜牧师、兽医师 10 人，高级饲养工 29 人、中级饲养工 14 人，占饲养人员 50%。天津动物园成功建立了金丝猴、东北虎、丹顶鹤、白鹳（*Ciconia ciconia*）、戴冕鹤（*Balearica pavonina*）繁殖种群，完成科研成果 8 项，获得科技进步奖 4 项。

9.2.5 重庆动物园

重庆动物园始建于 1955 年，占地 45 hm^2，是国内中型规模的动物园，展出动物 200 余种，2 000 余只（头），其中珍稀动物有大熊猫、小熊猫、金丝猴、白头叶猴（*Trachypithecus leucocephalus*）、扭角羚、角马和食火鸡（*Meleagris gallapavo*）等。年接待中外游客 100 万人次。重庆动物园建有大熊猫、小熊猫、华南虎等濒危动物的保护、繁殖基地。公园还是国家华南虎繁殖中心种群基地。近几年，先后新建了羚羊馆、大象馆、长颈鹿馆、熊猫馆、猩猩馆和涉禽馆，为了进一步繁殖濒危动物，新建了南坪濒危动物繁殖基地。重庆动物园与日本广岛安值动物园、美国西雅图森林公园和动物园、加拿大多伦多动物园、印度尼西亚野生动物园等保持了的合作关系，由上述动物园赠送的长颈鹿、狮尾狒（*Macaca silenus*）、斑马、火烈鸟、山魈、绿狒狒、大羚羊、猩猩等珍稀动物均已在重庆动物园繁衍。

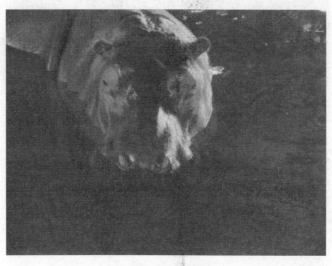

犀牛　蒋志刚摄

波斑鸨（*Otis undulata*）（左）、大鸨（*Otis tarda*）（右）　唐继荣摄

9.2.6 广州动物园

　　广州动物园建于 1958 年，面积 44 hm²。展出动物 310 多种，2 000 多只，每年接待参观者 450 多万人次。园内动物以南方动物为多。共有哺乳类、爬行类、鸟类和鱼类等动物450 余种，4 500 多头（只），属于国家一级重点保护动物有大熊猫、金丝猴、黑颈鹤等 35种，属于国家二级重点保护动物的有小熊猫、白枕鹤等 32 种。大象、黑猩猩、长颈鹿、斑马、袋鼠、东北虎、华南虎、黑天鹅（*Cygnus atratus*）、鸸鹋、河马、丹顶鹤、白头鹤（*Grus monacha*）等已在园内成功繁殖，白头鹤人工繁殖成功以及丹顶鹤一年孵两窝，创下了我国白头鹤及丹顶鹤繁殖的新纪录。每年参观人数近 400 万人。

环尾狐猴　蒋志刚摄

丹顶鹤　唐继荣摄

9.2.7 成都动物园

成都动物园建于 1953 年，1975 年迁到现址。占地约 4 万 m²。园内展出金丝猴、亚洲象、黑颈鹤、长颈鹿、北极熊、山魈等兽类 180 余种，鸟类 570 多种，其中国内外珍稀动物 200 多种。建有金鱼廊、走禽房、猛禽笼、海兽池、大象馆、河马馆、猩猩馆等各类动物生活栖息场 20 余处。成都动物园内的人工繁殖大熊猫技术已经达到了国际先进水平。成功繁殖了大熊猫、小熊猫、亚洲象、东北虎、非洲狮、金丝猴、麋鹿等国家一级保护动物。目前，成都动物园已形成了国内最大的大熊猫、金钱豹、阿拉伯狒狒（*Papio hamadryas*）、山魈人工种群。

山魈　蒋志刚摄

9.2.8 成都大熊猫繁育基地

1987 年 3 月开始兴建，现已完成占地 36.5 hm^2 的第一、二期工程。建成了研究中心、现代化产房和兽医院，模拟大熊猫野外生态环境，建成了大熊猫成体、亚成体及幼体饲养区、大熊猫博物馆及服务接待中心等配套设施。多年来在有关大熊猫等珍稀濒危动物的基础研究和应用研究领域，取得了多项突破性进展。1980 年在世界上首次采用冷冻精液繁殖成活大熊猫。以 6 只大熊猫为基础繁殖群，成都大熊猫繁育研究基地和成都动物园共繁殖成活大熊猫 36 胎，产 56 仔，成活半岁以上的达 32 仔，现存 28 仔。人工饲养条件下的第三代大熊猫目前也已在基地繁育成活。目前，建成了"成都濒危野生动物繁殖与遗传开放实验室"，与国际、国内科研单位及大专院校合作开展繁殖生物学和保护遗传学研究。该基地饲养有大熊猫、小熊猫、黑颈鹤、白鹳、白天鹅、黑天鹅、鸿雁（*Anser cygnoides*）、鸳鸯（*Aix galericulata*）及蓝孔雀（*Pave cristatus*）等动物。基地的人工生态植被内栖息着 29 科 90 多种野生鸟类。

9.2.9 苏州市动物园

苏州市动物园建立于 1954 年，面积约 2 hm^2。饲养着欧洲、非洲、亚洲、澳洲、美洲和我国鱼类、两栖类、爬行类、鸟类和哺乳类动物 120～140 种，动物总数 1 200～1 600 只。苏州动物园还先后建立了一些野生动物繁殖种群，如华南虎和东北虎种群。苏州动物园现有世界上已知 3 只活体斑鳖（*Rafetus swinhoei*）中的一对（其中母鳖来自长沙动物园）。

亚洲象　蒋志刚摄

9.2.10 南宁动物园

南宁地处亚热带，气候温和，年均温度 21.6℃，雨量充沛，年降雨量 1 300 mm；日光充足，年均日照 1 834.5 h，日照百分率 41.5%；湿热季节同期，十分有利于植物的生长，植物资源十分丰富，热带、亚热带植物种类繁多，植被茂盛，四季花果，此落彼起，加上周边地区复杂的地形，为野生动物的生存提供了优越的自然环境。南宁市动物园始建于 1973 年，1975 年 5 月正式对游人开放。全园面积约 40 hm²，其中水面积 8 hm²，是广西唯一的一个专业性动物公园。目前建有动物馆舍 32 个，饲养和展出各种野生动物 180 多种 2 000 多头，其中珍贵动物种群 8 个 236 头。有海豚（*Delphinus delphis*）、海狮、亚洲象、非洲象、长颈鹿、白虎、非洲狮、袋鼠、红毛猩猩、长臂猿、河马、斑马、企鹅、扬子鳄（*Alligator sinensis*）、蟒蛇（*Boa constrictor*）和花冠皱盔犀鸟等珍贵物种。同时，园内有国内最大的长臂猿、海豚、犀鸟、河马人工驯养种群；黑叶猴种群、亚洲象种群、海狮种群、鳄鱼种群也是全国较大的繁殖种群。南宁动物园还饲养了被重新发现的曾经被认为灭绝的我国特有濒危鸟类—— 海南虎斑鳽（*Gorsachius magnificus*）。南宁动物园每年接待国内外游客 100 多万人。现有在职职工 258 人，其中从事动物饲养管理人员 120 多人，专业技术干部 40 多人。近年来动物的饲养管理、繁殖研究、防病治病等水平不断提高，黑叶猴、白头叶猴、长臂猿等珍稀动物的繁殖研究取得了突破，获得了成功，填补了国内该领域的空白。

灰鹤（*Grus grus*）（左）、蓑羽鹤（*Anthropoides virgo*）（右）　唐继荣摄

红毛猩猩　罗振华摄

普氏野马（*Equus przewalskii*）　蒋志刚摄

9.2.11　衡阳动物园

衡阳动物园占地 3.92 hm²，始建于 1951 年。最初该园面积为 1 hm²，1976 年，由国家投资 60 余万元，用 3 年时间，建成了一座设施较配套、功能比较齐全的中南地区中型动物园。该园原为人民公园的动物展区（园中园），1985 年单独成立衡阳市动物园。现展出50 多种动物，一级保护动物有孟加拉虎（*Panthera tigris*）、云豹、梅花鹿、扬子鳄、巨蜥（*Varanus exanthematicus*）、蟒蛇、绿孔雀（*Pavo muticus*）等 9 种。衡阳动物园是湖南省除省会长沙以外最大的动物园。

9.2.12　罗布林卡动物园

罗布林卡动物园的前身为始建于七世达赖喇嘛执政七年（1768 年）的动物饲养场，以七世达赖喇嘛个人爱好饲养动物为主。后来改为罗布林卡动物园，占地面积 4 000 m²。饲养着 14 种 130 头动物，其中有青藏高原珍贵的野生动物，如国家二级保护动物马熊（*Urus pruinosus*）、梅花鹿、白唇鹿、斑头雁（*Anser indicus*）等。严格地说，罗布林卡动物园是罗布林卡的一部分，是一个公园的动物展区。同时，罗布林卡动物园也是西藏高原生物研究所珍稀野生动物研究与保护基地。

白唇鹿 李春林摄

9.2.13 香江野生动物世界

香江野生动物世界地处广州市市郊。自 1997 年开园以来，香江野生动物世界在野生动易地保护、驯养繁殖方面取得了令人瞩目的成绩。香江野生动物世界现饲养有动物 400 余种。其中，国家一级保护野生动物及 CITES 附录 I 物种种类 57 种，876 只，包括国家一级保护野生动物及 CITES 附录 I 兽类 37 种 591 只，鸟类 14 种 140 只。香江野生动物世界生活着大熊猫、树袋熊、食蚁兽（*Tamandua tetradactyla*）、侏儒河马（*Hippopotamus minor*）、马来貘、黑犀牛等珍稀动物。香江野生动物世界还拥有着世界最大的白虎种群，目前存栏白虎 100 多头。2006 年 4 月 27 日，香江野生动物世界首次从澳大利亚引进树袋熊，并成功繁殖了七只小树熊。香江野生动物世界已经成为中国南方重要的野生动物繁育保护基地。

树袋熊 蒋志刚摄

9.2.14 新疆天山野生动物园

新疆天山野生动物园于 2005 年 9 月 20 日正式开园，位于天山博格达峰南麓的达坂城区，在原天山牧场包图尔沟地址上建成。天山野生动物园距离乌鲁木齐市中心 40 km，占地 75 km²，是国内最大的野生动物园。园中动物主要来自乌鲁木齐动物园，是一个以观赏新疆特有野生动物、国内外珍稀野生动物和天山自然景观为主的野生动物园。

鸡尾鹦鹉（*Nymphicus hollandicus*）（左），大紫胸鹦鹉（*Psittacula derbiana*）（右）
唐继荣摄

9.2.15 合肥野生动物园

合肥野生动物园于 1995 年 8 月 8 日破土动工，到 1997 年 4 月一期工程完成，并对外开放。合肥野生动物园位于合肥市西郊风景秀丽的大蜀山西南麓，东以环山路为界，西与蜀山森林公园接壤，距市中心 15 km，占地 1 530 亩，海拔 50～90 m。园内山势蜿蜒起伏，曲径通幽；草木茂盛，绿树参天；空气清新，水质洁净。合肥野生动物园建园思想为"地球——人类与动物共享的空间"，以"自然朴实、原野情趣、山林韵味"为设计风格，园内的建筑小品采用自然或仿自然的材料，根据不同动物对不同环境的需求，人工模拟该动物在野外的生存环境，将动物的展馆巧妙地与自然环境结合在一起。动物园内现展出的动物有 100 多种 2 000 余头（只），已建成孔雀园、大小草食动物区、澳洲动物区、水禽湖、走禽区、猴苑、百鸟园、猛兽放养区等。其中的百鸟园为目前国内最大的可入式百鸟园，占地面积 3 km²，由天鹅湖、沼泽地、山林等构成。百鸟园内放养着国家一、二级保护鸟类丹顶鹤、东方白鹳、白天鹅、黑天鹅等 200 多只，另外还有各种游禽和艳丽的观赏鸟 800 多只。

9.2.16 北京八达岭野生动物世界

北京八达岭野生动物世界是中国最大的山地野生动物园，位于举世闻名的八达岭长城脚下。北京八达岭野生动物世界占地近 6 000 余亩，拥有百余种近万头（只）野生动物，是集动物观赏、救助繁育、休闲度假、科普教育、公益环保为一体的生态旅游公园。院内包括野生动物游览区、山林观光区、生态保护区、古文化区、休闲区五大功能区，沿着蜿蜒起伏的游览线路，融入山林的海洋，能看到汇聚世界各地极具代表性的动物。

非洲野狗 蒋志刚摄

北京八达岭野生动物世界有中国最大的非洲狮群和来自美洲的白虎种群，动物园内饲养着东北虎、棕熊、马来熊、大熊猫、金丝猴、朱鹮、扭角羚、云豹、金钱豹、狼、猕猴、长颈鹿、角马、南非长角羚、白面牛羚（*Damaliscus pygargus*）、袋鼠、蓝白孔雀、黑天鹅、丹顶鹤、金刚鹦鹉等多种野生动物。

9.2.17 北京野生动物园

北京野生动物园位于大兴区榆垡镇，是集动物保护、野生动物驯养繁殖及科普教育为一体的大型自然生态公园。园区占地 3 600 亩，饲养了世界各地珍稀野生动物 200 多种10 000 余头，其中国家一级保护种类 54 种，二级保护种类 62 种，国外引进动物 42 种。北京野生动物园以"保护动物，保护森林"为宗旨，突出了"动物与人、动物与森林"的回归自然主题，着力渲染"人、动物、森林"的氛围，拉近人与动物的距离，增加人与动物的接触，以现代的无屏障全方位立体观赏取代了传统笼舍观赏方式。以散养、混养方式展示野生动物，设散放观赏区、步行观赏区、动物表演娱乐区、科普教育区和儿童动物园等，建有主题动物场、馆 32 个，被北京市科学技术普及工作办公室正式命名为"北京市科普教育基地"。饲养的动物包括：长颈鹿、东北虎、狼、鬼狒狒、孔雀、鸿雁、狮子、斑马、大象、天鹅、黑猩猩、丹顶鹤、野猪、鹿、鸸鹋、鹿、狍、袋鼠、棕尾虹雉（*Lophophorus impejanus*）、白尾梢虹雉（*Lophophorus sclateri*）、绿尾虹雉（*Lophophorus lhuysii*）等，拥有世界最大的川金丝猴人工种群。在动物散放区，成群的狼和牛、狮子和狒狒共同生活在一个区域，可以通过数量的控制使其在力量上达到一种动态的平衡，产生一种势均力敌的对峙效果和强烈的视觉冲击力，仿佛置身于森林动物环境之中，达到与自然的最佳融合。

9.2.18　甘肃兰州动物园

兰州市动物园地处风景秀丽的五泉山公园内西部，占地面积 100 亩，在野生动物易地保护、科普宣传、濒危动物救护以及人工繁育等方面作出了突出贡献。1972 年后，兰州动物园进行了全面改造，先后新建了熊猫馆、猩猩馆、熊池、鹿苑和狮、虎、豹笼舍，引进 800 多头（只）动物，使动物发展到 80 多种 1 286 头（只）。展出大熊猫、金丝猴、扭角羚、蒙古野驴（*Equus hemionus*）、普氏野马、野牦牛、马鹿（*Cervus elaphus*）、白唇鹿、岩羊、猞猁、兔狲（*Felis manul*）、蓝马鸡、红腹锦鸡（*Chrysolophus pictus*）等动物。还有长颈鹿、亚洲象、东北虎、非洲狮、金钱豹、雪豹、斑马、丹顶鹤、黑豹等珍稀野生动物 110 余种 1 000 多头只。

兰州动物园国际交流频繁，先后赠送日本秋田市骆驼一对，日本静冈市秃鹫一对和蓝马鸡一对，美国俄克拉沙马州小熊猫一对；同时，接受国外赠送黑猩猩一对，旋角大羚羊一对。兰州动物园与国内 40 多家动物园有引进交换业务往来，保持着友好关系，先后从北京、上海、天津、沈阳、大连、昆明、秦皇岛、南宁、西安、广州、重庆、成都等地的动物园引进斑马、黄狒、海豹、非洲狮、大象、长颈鹿、黑豹等动物 100 多头只；赠送国内其他动物园金丝猴、扭角羚、小熊猫、非洲狮、猞猁、狼、红腹鸡、兰马鸡、黑熊、野驴等动物 150 多头只。

近年来，兰州市动物园重视动物种群的繁育，重视科学饲养和管理技术，先后完成了猕猴、扭角羚、蓝马鸡和红腹锦鸡等的饲养与繁育研究，并成功与成都动物园合作繁殖大熊猫，与乌鲁木齐动物园合作繁殖孟加拉虎，与西宁的动物园合作繁殖金钱豹，取得了良好的成果。

黑熊　蒋志刚摄

9.2.19 哈尔滨动物园

原哈尔滨动物园位于黑龙江省哈尔滨市南岗区，是全国八大综合动物园之一，占地面积 37.25 hm²，园内有猛兽、灵长类动物区和食草动物区，饲养展出动物 200 余种、2 000余只（头），珍稀动物有东北虎、金丝猴、亚洲象、河马、丹顶鹤、梅花鹿等，是野生动物展览、物种保护、科学研究、科普宣传的重要基地。

2004 年哈尔滨动物园搬迁至阿城鸽子洞地区，建立了"哈尔滨北方森林动物园"。动物园占地面积 558 hm²，是国内占地面积最大的森林动物园，园区森林覆盖率达 95.8%。北方森林动物园饲养着东北虎、白虎、白狮、长颈鹿、亚洲象、白犀牛、河马、悬猴、狐猴、松鼠猴、狒狒、黑猩猩、狼、熊、野猪、火烈鸟等 150 余种 1 500 余只（头）动物。其中，园内的东北虎包括动物园自己成功繁殖的个体，也有西伯利亚引进的个体，以增加东北虎种群的基因交流和遗传多样性。

9.2.20 海口金牛岭动物园

金牛岭动物园位于海口市的金牛岭公园内，占地 7.1 hm²，建设具有欧亚园林风格。动物园于 1998 年建成开放，是全国首家企业经营的城市动物园，是海口市目前规模最大、档次最高、品种多的综合性动物园。动物园内有猴山、象馆、熊馆、猛兽区、熊猫馆、斑马馆、骆驼馆、长颈鹿馆、鹿馆、小型动物馆、爬行动物馆、世界名犬区、水禽区、百鸟园、蝴蝶花园等，饲养了包括大熊猫、亚洲象、长臂猿、长颈鹿、巨蜥、坡鹿（*Cervus eldi*）、梅花鹿、白颈长尾雉（*Symaticus ellioti*）等在内的珍稀动物 9 大类，350 多种，共 3 000 多头（只）。

孔雀　蒋志刚摄

9.2.21　海南热带野生动植物园

海南热带野生动植物园坐落在风景秀丽的东山湖畔，距海口市区仅有 27 km，是中国首家以热带野生动植物博览、科普为主题的公园，是全国科普教育基地。园区占地 2 000余亩，其中动物观赏区面积达 1 300 亩，内有各种珍禽异兽 200 种，4 000 余只（条）；珍稀植物有 280 科，700 多品种。海南热带野生动植物园是中国唯一一家全景式展现岛屿热带雨林野生态系统，它是浓缩了海南岛动植物精华的天然博物馆，森林覆盖率高达 99%。

景区特色景观有：狮虎兽——快乐营、亚洲第一大狮谷、亚洲第一大猴山、鳄鱼潭、黑熊寨、欢乐大象岛、海南坡鹿场、河马池、声乐世界——百鸟苑、和谐东山湖、热带果蔬圃、绿色雨林走廊、植物大观园、橡胶文化园等。

9.2.22　海南三亚爱心大世界

三亚爱心大世界游乐园位于海南省三亚市天涯海角游览区以东至大兵河、南端点火台以南至海边，占地面积近 500 亩。海南三亚爱心大世界通过展示动物与动物、动物与人同处共乐的情景，增进人们对野生动植物的了解和提高人们对野生动植物的保护意识。乐园内设有数个专区，包括动物区和植物生态区，有大象表演馆、智猪表演馆、鳄鱼表演馆、老虎表演馆，主要宣传各种濒危野生动物知识，进行环境教育，加强生态保护意识。

9.2.23　郑州动物园

郑州动物园位于郑州市金水区，占地面积 380 亩，是河南省唯一一座专业动物园，建成于 1985 年。郑州市动物园为让游客在中原能观赏到一些珍稀动物，除努力做好动物的繁殖工作外，还结合本地气候特点积极引进珍稀野生动物。园内饲养了 100 多种野生动物近 1 000 只，包括东北虎、金钱豹、熊类、双峰骆驼、梅花鹿、河马、狒狒、鹤类、马鸡、非洲象、亚洲象、大猩猩、黑猩猩、白鹳、冠冕鹤、豚尾猴、食蟹猴（*Macaca fuscicularis*）、短尾猴和多种水禽等。郑州动物园具有较好的驯养，人工繁殖技术较成熟，不断扩大饲养规模，与国内外其他动物园保持良好的交流合作。从 20 世纪 80 年代开始，郑州动物园逐步修建了熊猫馆、河马馆、猩猩馆、象房等专业场馆。

9.2.24　长沙动物园

长沙动物园位于长沙市区东北部，创建于 1956 年，占地面积近 78 亩（2010 年）。长沙动物园饲养着来自赤道、高山、大海、沙漠、草原、森林、江湖的野生动物共 200 多种，2 000 余头（只）。其中，大型猛兽及食肉动物 15 种 50 只，鸟类 52 种 800 多只，龟、蛇、蛙等两栖爬行动物 46 种 350 条，热带海洋类动物 22 种 150 条。动物园共有笼舍馆室 17个。动物园内饲养的动物包括：大熊猫、丹顶鹤、毛冠鹿（*Elaphodus cephalophus*）、骆驼、梅花鹿、蟒、狐狸、猕猴、孔雀、天鹅、鸳鸯、褐马鸡、红腹锦鸡、鹦鹉、海豹、河马、亚洲象、长颈鹿、白虎、白狮等珍稀野生动物，还有世界上仅存已知存活的 3 只斑鳖中的一只。

胡狼 蒋志刚摄

9.2.25 长春动植物园

　　长春动植物公园位于长春市东南部，占地面积 74 hm²，湖面面积 8.8 hm²。公园始建于 1938 年，称为"新京动植物园"，当时以其面积之大，展出的动植物品种之多，而号称"亚洲第一"，兴盛一时。目前的长春动植物园与 1984 年开始开发建设，于 1987 年 9 月 15日开园。

　　人工湖将长春动植物园分成三个自然部分：东区为珍禽异兽馆，汇集北方动植物 243种，以"动物展区"为主，饲养有东北虎、猞猁、大鸨、丹顶鹤、金丝猴、长颈鹿、犀牛、亚洲象、猕猴等国内外的珍禽异兽；西区以人工土山模拟植物垂直分布点，建有"长白原野"微缩景区；北部是热带植物园。

9.2.26 南昌动物园

　　南昌动物园位于市中心，始建于 1959 年，原为南昌人民公园的动物展区；现南昌动物园建成于 1987 年 2 月，占地面积 8.24 hm²，其中水面 0.67 hm²。近几年，园内还建成了爬行馆、孔雀馆、水生动物馆等动物场馆。动物笼舍总面积 6053m²，共有动物 107 种，其中一级保护动物 20 种 87 只，如云豹、亚洲象、华南虎、东北虎、金钱豹、马来熊等；国家二级保护动物 24 种 250 只，如金猫、黑鹿、猕猴、小天鹅、小熊猫等，进口动物 9 种

14 只，如狒狒、河马等；另外，还饲养了一定数量的水禽和涉禽，包括小天鹅（*Cygnus columbianus*）、黑天鹅、丹顶鹤、白鹳等。

9.2.27 昆明动物园

昆明动物园又名圆通山动物园，位于昆明市区东北青年路北段的圆通山，建立于 1953 年，1954 年正式对外开放。现展出 200 多种云南特产动物及国内外珍稀动物，是全国十佳动物园之一。动物园东西长而南北窄，总面积约 26 hm²。昆明动物园的动物展区在 1953 年建园时，展出的动物仅有 6 种共 7 只；1999 年增至 228 种，2 634 只。动物区分大型、小型、鸣禽、飞禽、水禽等动物区。其中不仅饲养着国产（特别是云南产）的珍禽异兽，如亚洲象、野牛、棕颈犀鸟、孟加拉虎、蟒、小熊猫、滇金丝猴、长臂猿、金钱豹、叶猴、孔雀等金丝猴、东北虎、金雕（*Aquila chrysaetos*）等，更有产于国外的袋鼠、食火鸡、美洲狮、非洲斑马、长颈鹿。大型动物区位于螺峰山东面和北面，主要大型动物包括野牛、亚洲象、孟加拉虎、白虎、金钱豹、云豹、东北虎、华南虎、美洲狮、非洲狮、非洲斑马、角马、黑猩猩、骆驼、长颈鹿、梅花鹿、黑鹿、斑羚、黑熊、马熊、大熊猫等；小型动物区位于园东南面，主要饲养黑叶猴、黑长臂猿、小熊猫、熊猴、豚尾猴、猕猴、滇金丝猴（*Rhinopithecus bieti*）、袋鼠、白眉长臂猿（*Hylobates hoolock*）、白颊长臂猿（*Hylobates leucogenys*）等；鸣禽动物区位于在大型动物区西面，主要饲养了多种鸣禽和飞禽，包括孔雀、原鸡、食火鸡、鹦鹉、虎皮鹦鹉、画眉（*Garrulax canorus*）、八哥（*Acridotheres cristatellus*）、鹩哥（*Gracula religiosa*）、黄莺、棕颈犀鸟、秃鹳（*Leptoptilos javanicus*）、火烈鸟等；水禽动物区位于小型动物区东面，就山势岩景开辟自然水面，主要饲养了丹顶鹤、鸳鸯、绿头鸭、黑天鹅、白天鹅、疣鼻天鹅（*Cygnus olor*）等；两栖爬行动物馆位于水禽区东面，主要饲养的物种包括黑尾蟒（*Python molurus*）、扬子鳄（*Alligator sinensis*）等；另外，院内还有水族馆和孔雀园。

9.2.28 云南野生动物园

云南野生动物园距昆明市中心 7 km，建设面积约 200 hm²，是云南第一个以野生动物养殖、观赏、展示为主体的新型野生动物园，是全国最大的野生动物保护科研基地之一。该动物园饲养了野生动物 200 余种 10 000 多头（只），动物展示以云南及西南地区物种为主体，突出云南的特有动物，饲养有滇金丝猴、亚洲象、小熊猫、绿孔雀的较大种群，以散放式饲养方式为主；也饲养了长颈鹿、大袋鼠、火烈鸟等国外物种。野生动物或者散放或者分居山头，宽阔的活动场地和良好的生活环境使动物们展示出野性的风采。

整个园区群山起伏、林木青翠，展现出一片自然、原始、野趣和纯朴的风貌，"七分自然、三分人工"。野生动物园设置了内容丰富、结构独特的 10 多个动物观赏展示区，是青少年科普教育和公众保护意识教育的重要基地，也是野生动物园迁地保护的重要基地。

9.2.29 大连森林动物园

大连森林动物园地处大连市区东南，占地 7.2 km²，规划面积 80 hm²，1997 年 5 月 24 日正式开园。动物园分为一期圈养区和二期散养区（野生放养园）两部分，分别建成于 1997 年和 2000 年。目前，该动物园共饲养了野生动物 200 余种 4 000 多头（只），其中有多种国家级的保护动物，也有许多从国外引进的珍稀动物品种。

动物园分为圈养区、放养区、热带雨林馆、人与自然区、沙漠区、动物标本馆、小动物村、澳洲园、热带鸟馆等场馆。其中，圈养区饲养了动物 60 余种、2 000 多只，建有百鸟园、恐龙园、虎山、熊狮山、综合动物展区、灵长类展区、草食动物区等多个动物展区；散养区分为非洲区、高山区、猎狗区、亚洲区和猛兽区，有 130 余种 2 000 多只动物放养于此。

9.2.30 青藏高原野生动物园

青藏高原野生动物园于 2009 年开园，位于西宁市城西区西山林场境内，占地面积 900 hm²。动物园展出野生动物 200 余种 3 000 只，以展出具有青藏高原特色的野生动物为主。其中国家一级保护动物有雪豹、大熊猫、藏野驴、白唇鹿、野牦牛、黑颈鹤、胡兀鹫（*Gypaetus barbatus*）、金雕等；国家二级保护动物有猞猁、荒漠猫（*Felis bieti*）、岩羊、血雉（*Ithaginis cruentus*）、藏马鸡（*Crossoptilon harmani*）等；还有高原精灵之称的藏羚羊（*Pantholops hodgsoni*）、普氏原羚（*Procapra przewalskii*），还有国内其他地区和国外的珍稀动物东北虎、金钱豹、黑豹、非洲狮、原驼、阿拉伯狒狒、白眉长臂猿、松鼠猴、河马等。

北山羊　蒋志刚摄

青藏高原野生动物园内设动物散养区、动物圈养区、动物表演区、动物救护检疫区、科普教育区等六个区共 24 个参观场馆。

9.2.31 济南动物园

济南动物园位于济南市北部，原名金牛公园，后称金牛动物园，始建于 1959 年 10 月，1960 年 5 月 1 日开放，1989 年 9 月 8 日改称济南动物园。济南动物园现饲养了野生动物 260 多种，3 000 余只，是我国大型动物园之一，1995 年被国家建设部命名为"全国十佳动物园"。目前，济南动物园建成了孔雀散养区，草食动物之"走近自然生态展区"，"小小动物园"。展出的国产珍贵动物有：大熊猫、金丝猴、亚洲象、羚牛、藏野驴、白唇鹿、白眉长臂猿、黑叶猴、小熊猫、丹顶鹤、白鹳、黑鹳（*Ciconia nigra*）等；展出的进口珍稀动物有：非洲象、大猩猩、猩猩（*Pongo pygmaeus*）、黑猩猩、白虎、长颈鹿、斑马等及各种热带猴类。

济南动物园成功地繁殖了亚洲象、金丝猴、长臂猿、黑叶猴、羚牛、黑鹳、白鹳、东北虎、灰大袋鼠（*Macropus giganteus*）、白唇鹿、长颈鹿、海豹等多种珍贵野生动物，其中斑海豹（*Phoca largha*）、孟加拉虎、黑鹳、川金丝猴的淡水饲养繁殖达到了国内领先水平。

9.2.32 太原动物园

太原动物园位于太原市东北隅的卧虎山上，距市中心 6 km，占地面积 80 hm²，其中水面 260 亩，是山西省唯一的专业性动物园。太原动物园分为三大观区：大型食草、食肉兽类观区；禽鸟、中小型食肉、杂食兽类观区；中小型食草兽类观区；各观区又按动物的科目分类组成展馆。园内的动物观赏区分为：百花苑景区、鸟语蓝山景区（水禽湖、百鸟苑、雉鸡馆、鸣禽馆、孔雀苑、小花园）、草原风情区（食草区、长颈鹿馆、斑马馆）、自然森林景区（狮馆、虎园、豹馆、熊山、小兽馆、犀牛馆、猛禽馆、小小动物村）等。

太原动物园饲养了野生动物 165 种，2 000 余头（只），其中有白犀牛、亚洲象、长颈鹿、狒狒、斑马、羚牛、野驴、美洲虎、非洲狮、金钱豹、黑熊、棕熊、褐马鸡、丹顶鹤、白鹳、黑鹳、大鸨、天鹅、金刚鹦鹉等珍稀物种；还饲养有国家重点保护动物大熊猫、金丝猴、东北虎、丹顶鹤等；褐马鸡、金钱豹、长颈鹿等动物的繁育水平在国内处于领先地位。

9.2.33 西安秦岭野生动物园

西安秦岭野生动物园，位于秦岭北麓浅山地带，距西安市区 28 km，占地 2 000 余亩，2004 年 5 月 1 日搬迁至秦岭脚下并对外开放，为西北首家野生动物园。动物园共展养动物 300 余种 10 000 多头（只），饲养的动物包括白虎、白蟒、十大毒蛇、羚牛、金丝猴、熊猫、朱鹮等。园区分四个区域，即步行游览区、草食区、猛兽区和鸟语林。其中，步行游览区的动物馆舍包括大熊猫馆、小熊猫池、灵长馆、金丝猴馆、猴苑、火烈鸟馆、河马馆、袋鼠馆、大象馆、鹦鹉廊、白虎馆、海洋表演馆、两栖爬行馆，及鸳鸯池、雁鸭湖、水禽湿地，共展出动物 260 种 8 000 余头（只），包括大熊猫、金丝猴，有海狮、海豹、亚洲象、原驼、驼羊（*Vicugna pacos*）、大赤袋鼠、大灰袋鼠、食火鸡、河马、孟加拉虎、火烈鸟和雁鸭类；食草动物区分为东、西两部分，东半部展示产于非洲的食草动物，由长颈鹿馆、斑马馆、角马馆、羚羊馆组成，饲养了长颈鹿、斑马、非洲鸵鸟等，西半部展示产于我国的食草动物，包括我国特有的白唇鹿、双峰驼（*Camelus ferus*）、野牦牛、塔尔羊（*Hemitragus jemlahicus*）等；食肉动物位于动物园的南部，由东向西依次是虎、猎豹、非洲猎犬、非洲狮、熊、狼展区。

西安秦岭野生动物园先后攻克了东北虎、野驴、黑颈天鹅、小熊猫、斑羚、羚牛、河马、亚洲象等珍稀动物的繁殖难关，黑豹的繁殖技术在全国处于领先地位，拥有全国最大的人工饲养黑豹种群。

9.2.34 乌鲁木齐动物园

乌鲁木齐动物园坐落在乌鲁木齐市南缘，2005 年搬迁至距市区 25 km 的达坂城区天山野生动物园。乌鲁木齐市动物园是新疆唯一一所专业性动物园，占地面积 31.6 hm^2，园内具有较大面积的动物展区，绿化覆盖率达 80%。动物展区分为传统的笼舍展区和动物散放展区。动物饲养和展示馆舍具有 20 多种不同建筑风格，共饲养 170 种近 3 000 多头（只）野生动物。

野马 蒋志刚摄

乌鲁木齐市动物园在动物饲养、繁殖、管理、保护、展览、疾病防治、科研、科普宣传、环境建设和观赏游览等方面都具有一定的水平，已被国家列入大中型动物园之列，现为乌鲁木齐市青少年科普教育基地。自 2002 年以来，先后建成了猴岛、草食动物散放园、小动物园等场馆。

狼　蒋志刚摄

9.2.35 贵阳黔灵山动物园

贵阳黔灵山动物园坐落于贵阳黔灵公园群山峻岭之中，位于杖钵锋山坳台地上，是一座繁育和研究野生动物重要基地。黔灵山动物园始建于 1958 年，占地面积 7.55 hm²。黔灵山动物园内各种笼舍和饲养场依山顺谷修建，笼舍面积 3 300 m²，建有黑叶猴馆、熊猫标本陈列室、狮虎馆、熊池、鹿园等，展出野生动物 40 余种 200 多只（头），饲养的动物种类包括白虎、东北虎、非洲狮、金钱豹、孔雀、鸵鸟、鸸鹋、大天鹅、羚牛等，还有特有动物黑叶猴、长尾雉、红腹锦鸡、白鹇等。

犀牛　蒋志刚摄

在饲养和繁殖野生动物方面，黔灵山动物园对黑叶猴的饲养管理技术和繁殖习性研究达到了国内先进水平。华南虎的饲养和繁殖成效显著，1963 年至 1979 年共繁殖 24 胎 61 只，活 30 多只，并与北京、上海、重庆、合肥、郑州、哈尔滨、苏州、宁波、洛阳、宜昌、佳木斯、鞍山、大连、遵义等 14 个省市及朝鲜、苏丹等国动物园交流合作，促进了华南虎的种群和基因交流。

9.2.36 南京红山森林动物园

南京红山森林动物园位于南京城北中央门外的红山，1998 年建成开放，占地 68 hm²，饲养野生动物 300 种 4 000 余头（只）。南京红山森林动物公园现已建成小红山鸟类区、大红山猛兽区、放牛山食草动物和灵长动物区 3 大展区，39 个动物场馆，包括狮虎馆，猩猩、狒狒馆，熊山，大象馆，大、小熊猫、松鼠猴、火烈鸟热带雨林馆，科普馆，两栖馆，水禽馆等。饲养的动物包括：从德国引进的白虎、从加拿大引进的环尾狐猴、从日本引进的山魈、从南非引进的黑猩猩、从南美引进的变色蟒、从南极引进的企鹅等；国家保护动物有：大熊猫、金丝猴、黑叶猴、丹顶鹤、东北虎、小熊猫、河麂（*Hydropotes inermis*）、绿孔雀、扬子鳄等。

近年来，东北虎、小熊猫、袋鼠、河麂、绿孔雀等物种的繁殖很成功，种群迅速增长，许多珍稀物种如红猩猩、白虎、长颈鹿、环尾狐猴、山魈、猴子、长臂猿等也得到了成功繁殖；鸟类是红山森林动物园内最早放养的野生动物，主要品种有灰喜鹊、红嘴蓝鹊（*Urocissa erythrorhyncha*）、山斑鸠（*Streptopelia orientalis*）、灰斑鸠（*Streptopelia decaocto*）、白头鹎（*Pycnonotus sinensis*）、鹦鹉等 20 多种。

9.2.37 徐州动物园

徐州动物园位于徐州市彭祖园的南部，曾经是江苏省第二大动物园，区占地 110 亩，有动物笼舍 30 余组，共饲养野生动物 81 种 800 余只（头）。

徐州动物园饲养展出的国家保护动物有：东北虎、金钱豹、棕熊、黑熊、麋鹿、小熊猫、猕猴、蜂猴、梅花鹿、马鹿、牦牛、丹顶鹤（*Grus japonensis*）、白枕鹤（*Grus vipio*）、蓑羽鹤、白鹤（*Grus leucogeranus*）、灰鹤（*Grus grus*）、红腹锦鸡、红腹角雉、白鹇、蟒等；饲养展出的国外野生动物有非洲狮、斑马、鸵鸟、鸸鹋等；曾经租借展出过大熊猫、亚洲象、袋鼠、猩猩、黑猩猩、犀牛、北极熊、长颈鹿、河马、企鹅、白虎、雪虎、黑美洲虎、海狮、骆驼、狼、豹猫（*Felis bengalensis*）、豪猪（*Hystrix hodgsoni*）、貉（*Nyctereutes procyonoides*）、食蟹猴、白狐、印度蟒、巨蜥、鳄龟（*Macrochelys temmincki*）、黄金蟒、泰国鳄（*Crocodylus siamensis*）、欧洲盘羊（*Ovis ammon*）、广西矮马（*Equus caballus*）等。

海豹　蒋志刚摄

徐州动物园的主要展区包括：猛兽区、食草动物区、鸟禽区、天鹅湖区、爬行馆、动物表演馆六大分区以及童趣园、猴山二个专类园。在人工繁殖和育幼东北虎、非洲狮的技术上，徐州动物园居省内领先水平。

9.2.38 荣城神雕山野生动物园

荣城神雕山野生动物园位于胶东半岛最东端，属成山山脉，因相传秦始皇东巡时曾在此射神雕而得名。神雕山野生动物园绕神雕山而建，于1997年建成，全区占地面积3 800亩。动物园内有猛兽区、草食动物区、海洋动物区、熊乐园、百鸟园、猛禽园、猩猩园、豹狼山、猴山、金丝猴馆等。猛兽区内栖有非洲狮、东北虎、金钱豹、白虎等大型珍稀肉食型动物；草食动物区内栖有袋鼠、骆驼、麋鹿、矮马、梅花鹿、狍子等食草动物及水獭（*Lutra lutra*）、旱獭、鳄鱼等杂食动物；海洋动物区内栖有海狮、海豹、海狗、海豚等海洋动物；熊乐园内栖有黑熊和马来熊；猛禽园和百鸟园内分别栖有金雕、猫头鹰、鹳和大天鹅、黑天鹅、丹顶鹤、鹈鹕、红腹锦鸡、绿孔雀、各类鹦鹉、野鸭等珍稀鸟类；金丝猴馆、猩猩园、猴山栖有珍稀的金丝猴、大猩猩、狒狒及10多种不同猿猴种类。动物园内饲养着国家一级、二级保护动物100多种。

雪豹　蒋志刚摄

9.3 中国动物园易地保护能力评估

9.3.1 中国动物园饲养展出的动物种类

据不完全统计，已考察的 65 家动物园饲养了 789 种（包括虎、金钱豹的亚种，下同）动物，动物园物种编目信息见附录 1、附录 2。目前中国动物园饲养的中国野生动物比 20 世纪 90 年代初的 600 余种增加了 180 多种。20 世纪 90 年代初，中国动物园饲养了 100 余种国外引入的动物，现在中国动物园饲养的国外动物种类比 20 世纪 90 年代初增加了 160 余种（表 9.2）。在中国动物园，人们现在可以见到中国现生动物的代表种类。抽样调查的动物园展示了中国哺乳动物种类 25.0% 的种类，中国鸟类种类 28.2% 的种类，中国爬行动物种类 22.7% 的种类，但只展示了中国两栖动物种类 4.0% 的种类。

表 9.2　抽样调查的中国动物园饲养的动物种类

	两栖类	爬行类	鸟类	兽类	共计
动物园饲养总种类数	23	147	420	233	789
动物园饲养的中国物种种数	12	87	376	152	522
中国的种数	302	384	1 332	607	2 625
动物园饲养的中国物种比例/%	4.0	22.7	28.2	25.0	19.9
动物园饲养的外来物种	11	60	44	81	267

蓝喉太阳鸟（*Aethopyga gouldiae*）（左）、太平鸟（*Bombycilla garrulus*）（右）

唐继荣摄

9.3.2 动物园兽类动物类群分析

中国动物园只饲养了中国哺乳类、鸟类和爬行类动物种类的 1/4 左右。那么，中国动物园饲养的中国动物种类有哪些空缺种类呢？中国动物园中海兽和水生哺乳动物少。没有海牛目、白鱀豚科、灰鲸科、剑吻鲸科、露脊鲸科、抹香鲸科、鼠海豚科、鳁鲸科动物。啮齿动物也缺少不少种类，如林跳鼠科、睡鼠科、跳鼠科、鼯鼠科、竹鼠科，而竹鼠是动物地理区系东洋界的代表性种类。抽样的动物园还没有麝科和鼷鹿科动物，而麝科和鼷鹿科是主要分布在中国的主要鹿类动物。中国有 65 种鼩鼱，而抽样调查的动物园中连一只鼩鼱都没有饲养。同样，中国有 19 种食虫目鼹科动物，抽样动物园中也没有饲养一只鼹科动物。抽样动物园中还没有饲养树鼩。中国有 24 种鼠兔科动物，抽样动物园中也没有饲养一只鼠兔。中国 135 种翼手目动物中，抽样动物园中只饲养了两种狐蝠（表 9.3）。

表 9.3　抽样调查的动物园饲养的中国兽类动物类群分析

目名	目的中国物种数量	动物园饲养的中国物种数量	科名	科的中国物种数量	动物园饲养的中国物种数量
长鼻目	1	1	象科	1	1
海牛目	1	0	儒艮科	1	0
鲸目	35	2	白鱀豚科	1	0
			海豚科	18	2
			灰鲸科	1	0
			剑吻鲸科	4	0
			露脊鲸科	1	0
			抹香鲸科	3	0
			鼠海豚科	1	0

目名	目的中国物种数量	动物园饲养的中国物种数量	科名	科的中国物种数量	动物园饲养的中国物种数量
			鳁鲸科	6	0
鳞甲目	2	1	鲮鲤科	2	1
灵长目	52	49	长臂猿科	6	5
			猴科	36	34
			狐猴科	1	1
			卷尾猴科	7	7
			懒猴科	2	2
啮齿目	242	16	仓鼠科	85	1
			海狸鼠科	1	1
			豪猪科	4	2
			河狸科	2	2
			林跳鼠科	3	0
			鼠科	63	1
			睡鼠科	2	0
			松鼠科	40	7
			跳鼠科	17	0
			豚鼠科	2	2
			鼹鼠科	17	0
			猪尾鼠科	2	0
			竹鼠科	4	0
偶蹄目	84	62	河马科	2	2
			鹿科	24	15
			骆驼科	1	1
			牛科	52	42
			麝科	2	0
			鼷鹿科	1	0
			猪科	2	2
奇蹄目	13	12	马科	9	9
			犀科	4	3
食虫目	93	1	鼩鼱科	65	0
			猬科	9	1
			鼹科	19	0
食肉目	101	72	大熊猫科	1	1
			海豹科	3	1

目名	目的中国物种数量	动物园饲养的中国物种数量	科名	科的中国物种数量	动物园饲养的中国物种数量
			海狮科	5	4
			浣熊科	4	4
			灵猫科	12	5
			猫科	30	26
			獴科	2	2
			犬科	16	16
			熊科	4	4
			鼬科	24	9
树鼩目	1	0	树鼩科	1	0
兔形目	37	3	鼠兔科	24	0
			兔科	13	3
翼手目	135	2	蝙蝠科	88	0
			狐蝠科	11	2
			假吸血蝠科	1	0
			菊头蝠科	26	0
			鞘尾蝠科	2	0
			犬吻蝠科	3	0
			蹄蝠科	4	0

高山兀鹫（*Gyps himalayensis*）（左）、秃鹫（*Aegypius monachus*）（右）

唐继荣摄

红腹锦鸡 蒋志刚摄

穿山甲 唐继荣摄

9.3.3 动物园鸟类动物类群分析

抽样动物园饲养的中国鸟类的空缺也很多。例如，中国有 11 种翠鸟，抽样动物园中没有饲养翠鸟，抽样动物园也没有饲养蜂虎科和佛法僧科鸟类。中国有 3 种沙鸡，是荒漠地区特有动物，抽样动物园中没有饲养沙鸡，即使是位于西部干旱区的动物园也没有饲养。抽样动物园没有展出三趾鹑科、瓣蹼鹬科、反嘴鹬科、鸻科、石鸻科、燕鸻科等涉禽，仅展出了一种鹱科鸟类。抽样动物园也没有展出海雀科、潜鸟科、八色鸫科、戴菊科、河乌科、黄鹂科、阔嘴鸟科、鸭科、岩鹨科、燕䴕科、燕科、鲣鸟科、军舰鸟科、蟆口鸱科、夜鹰科鸟类和凤头雨燕（*Hemiprocne longipennis*）（表 9.4）。当然，这其中有些动物种类可能受到动物园饲养环境条件的限制。

黑鹳　蒋志刚摄

表 9.4　抽样调查的动物园饲养的中国鸟类动物类群分析

目名	目的物种数量	动物园饲养的物种数量	科名	科的物种数量	动物园饲养的物种数量
佛法僧目	37	15	翠鸟科	11	0
			戴胜科	1	1
			蜂虎科	6	0
			佛法僧科	3	0
			巨嘴鸟科	3	3
			犀鸟科	13	11
鸽形目	37	9	鸠鸽科	34	9
			沙鸡科	3	0
鹳形目	38	19	鹳科	9	7
			鹮科	8	6
			鹭科	21	6
鹤形目	39	15	鸨科	3	2
			鹤科	13	11
			三趾鹑科	3	0
			秧鸡科	20	2
鸻形目	75	10	瓣蹼鹬科	2	0
			彩鹬科	1	1
			反嘴鹬科	3	0
			鸻科	16	0
			蛎鹬科	1	1
			石鸻科	2	0
			燕鸻科	3	0
			鹬科	45	7

目名	目的物种数量	动物园饲养的物种数量	科名	科的物种数量	动物园饲养的物种数量
			雉鸻科	2	1
鹱形目	15	1	海燕科	2	0
			鹱科	8	1
			鹲科	3	0
			信天翁科	2	0
鸡形目	65	37	松鸡科	8	1
			雉科	57	36
鹃形目	17	2	杜鹃科	17	2
䴕形目	42	6	须䴕科	9	2
			啄木鸟科	33	4
鸥形目	43	9	海雀科	4	0
			鸥科	35	8
			贼鸥科	4	1
鹲鹬目	5	1	鹲鹬科	5	1
潜鸟目	4	0	潜鸟科	4	0
雀形目	721	155	八色鸫科	8	0
			百灵科	14	2
			鹎科	21	9
			伯劳科	10	1
			戴菊科	2	0
			鹟科	88	11
			和平鸟科	6	1
			河乌科	2	0
			画眉科	141	36
			黄鹂科	5	0
			鹡鸰科	18	1
			鹪鹩科	1	0
			卷尾科	7	0
			阔嘴鸟科	2	0
			椋鸟科	20	10
			攀雀科	2	1
			雀科	13	3
			山椒鸟科	11	5
			山雀科	21	8
			扇尾莺科	9	1
			鸤鸟科	11	0
			太平鸟科	2	1
			太阳鸟科	12	2
			文鸟科	9	7
			鹟科	40	8

目名	目的物种数量	动物园饲养的物种数量	科名	科的物种数量	动物园饲养的物种数量
			鸫科	27	3
			绣眼鸟科	3	2
			旋木雀科	4	1
			鸦科	32	8
			岩鹨科	9	0
			燕鵙科	1	0
			燕科	12	0
			燕雀科	61	22
			莺科	88	8
			织雀科	3	3
			啄花鸟科	6	1
隼形目	65	27	隼科	13	4
			鹰科	52	23
鹈形目	14	6	鲣鸟科	2	0
			军舰鸟科	3	0
			鸬鹚科	5	2
			鹈鹕科	4	4
鸮形目	29	9	草鸮科	3	2
			鸱鸮科	26	7
雁形目	53	41	鸭科	53	41
咬鹃目	3	1	咬鹃科	3	1
夜鹰目	8	0	蟆口鸱科	1	0
			夜鹰科	7	0
鹦形目	56	47	鹦鹉科	56	47
雨燕目	10	1	凤头雨燕	1	0
			雨燕科	9	1

凤头潜鸭　吴秀山摄

9.3.4 动物园饲养的爬行类动物类群分析

尽管抽样动物园饲养了中国爬行动物 22.7% 的种类，但是，抽样动物园没有饲养棱皮龟（*Dermochelys coriacea*），没有海蛇科、瘰鳞蛇科、盲蛇科和闪鳞蛇科动物，也没有蜥蜴目的蛇蜥科和双足蜥科动物（表 9.5）。

扬子鳄　蒋志刚摄

表 9.5　抽样调查的动物园饲养的中国爬行类动物类群分析

目名	目的中国物种数量	动物园的中国物种数量	科名	科的中国物种数量	动物园的中国物种数量
鳄目	6	6	鳄科	4	4
			鼍科	2	2
龟鳖目	55	43	鳖科	5	3
			鳄龟科	1	1
			龟科	34	25
			海龟科	1	1
			棱皮龟科	1	0
			两爪鳖科	1	1
			陆龟科	11	11
			平胸龟科	1	1
蛇目	220	53	海蛇科	16	0
			蝰科	21	10
			瘰鳞蛇科	1	0
			盲蛇科	4	0
			蟒科	10	8
			闪鳞蛇科	2	0
			眼镜蛇科	10	5
			游蛇科	156	30
蜥蜴目	175	30	壁虎科	35	4

目名	目的中国物种数量	动物园的中国物种数量	科名	科的中国物种数量	动物园的中国物种数量
			避役科	2	2
			鳄蜥科	1	1
			巨蜥科	3	3
			鬣蜥科	65	13
			蛇蜥科	4	0
			石龙子科	40	5
			双足蜥科	2	0
			蜥蜴科	23	2

凹甲陆龟（*Manouria impressa*）　唐继荣摄

9.3.5 动物园饲养的两栖类动物类群分析

　　抽样动物园饲养两栖动物种类很少。抽样动物园没有饲养鱼螈科、小鲵科和蝾螈科动物。中国有 112 种蛙，抽样动物园只饲养了两种蛙（表 9.6）。

表 9.6　抽样调查的中国动物园饲养的两栖类动物类群分析

目名	目的中国物种数量	动物园饲养的中国物种数量	科名	科的中国物种数量	动物园饲养的中国物种数量
蚓螈目	2	0	鱼螈科	2	0
有尾目	41	4	钝口螈科	1	1
			蝾螈科	20	2
			小鲵科	19	0
			隐鳃鲵科	1	1
无尾目	285	21	蟾蜍科	20	4
			锄足蟾科	68	2
			负子蟾科	1	1
			姬蛙科	17	3
			金背蟾蜍	1	1

目名	目的中国物种数量	动物园饲养的中国物种数量	科名	科的中国物种数量	动物园饲养的中国物种数量
			盘舌蟾科	5	1
			蝾螈科	1	0
			树蛙科	48	4
			蛙科	112	2
			细趾蟾科	1	1
			雨蛙科	10	1
			爪蟾科	1	1

东方蝾螈（*Cynops orientalis*）　唐继荣摄

有些濒危动物种类，目前只能在动物园繁殖，例如雪豹、华南虎（表9.7）。中国动物园在濒危动物繁殖配对、饲养方面进行了大量的研究。在一些极度濒危的动物，如华南虎的繁育方面开展了全国性的技术协作。

黄额闭壳龟（*Cuora galbinifrons*）　唐继荣摄

表9.7　抽样调查的中国动物园成功繁殖的动物

动物名称	学名	动物园
雪豹	*Panthera uncia*	西宁动物园
华南虎	*Panthera tigris*	苏州动物园、贵阳动物园、重庆动物园、洛阳王城动物园
扭角羚	*Budorcas taxicolor*	成都动物园、北京动物园、上海动物园、沈阳动物园、重庆动物园、西宁动物园
蒙古野驴	*Equus hemionus*	天津动物园、乌鲁木齐动物园
河麂	*Hydropotes inermis*	南京动物园
黑麂	*Muntiacus crinifrons*	合肥动物园
藏野驴	*Equus hemionus*	西宁动物园
苏门羚	*Capricornis sumatraensis*	杭州动物园
岩羊	*Pseudois nayaur*	沈阳动物园
金钱豹	*Panthera pardus*	成都动物园、贵州黔灵动物园、洛阳王城动物园、兰州动物园、西安动物园
云豹	*Neofelis nebulosa*	安庆菱湖公园动物园
大灵猫	*Viverra zibetha*	杭州动物园
豺	*Cuon alpinus*	齐齐哈尔动物园、南昌动物园
扬子鳄	*Alligator sinensis*	上海动物园
黑叶猴	*Presbytis francoisi*	梧州动物园、南宁动物园、贵阳动物园
白头叶猴	*Trachypithecus leucocephalus*	南宁动物园
白眉长臂猿	*Hylobates hoolock*	南宁动物园、昆明动物园
白颊长臂猿	*Hylobates leucogenys*	南宁动物园
猕猴	*Macaca mulatta*	几乎所有动物园
狒狒	*Papio hamadryas*	南宁动物园、成都动物园、重庆动物园
金丝猴	*Rhinopithecus roxellanae*	西安动物园、上海动物园、兰州动物园
大熊猫	*Ailuropoda melanoleuca*	北京动物园、成都动物园、福州动物园
小熊猫	*Ailurus fulgens*	成都动物园
滇金丝猴	*Rhinopithecus bieti*	昆明动物园
东北虎	*Panthera tigris*	哈尔滨动物园、大连动物园、徐州彭园动物园、南京动物园
孟加拉虎	*Panthera tigris*	香江野生动物世界
小熊猫	*Ailurus fulgens*	大连动物园、杭州动物园
河马	*Hippopotamus amphibius*	南宁动物园
云豹	*Neofelis nebulosa*	上海动物园
长颈鹿	*Giraffa camelopardalis*	重庆动物园
狮尾狒	*Macaca silenus*	重庆动物园
斑马	*Equus burchelli*	重庆动物园

动物名称	学名	动物园
山魈	*Mandrillus sphinx*	重庆动物园
绿狒狒	*Papio anubis*	重庆动物园
大羚羊	*Damaliscus lunatus*	重庆动物园
猩猩	*Pongo pygmaeus*	重庆动物园
长臂猿	*Hylobates concolor*	南宁动物园
树袋熊	*Phascolarctos cinereus*	香江野生动物世界
海狮	*Otaria flavescens*	南宁动物园
加州海狮	*Arctocephalus townsendi*	上海动物园
白唇鹿	*Cervus albirostris*	上海动物园
亚洲象	*Elephas maximus*	上海动物园、南昌动物园、昆明动物园
丹顶鹤	*Grus japonensis*	沈阳动物园、大连动物园、天津动物园
戴冕鹤	*Balearica pavonina*	天津动物园
蓑羽鹤	*Anthropoides virgo*	沈阳动物园
白枕鹤	*Grus vipio*	沈阳动物园
朱鹮	*Nipponia nippon*	北京动物园
白鹳	*Ciconia ciconia*	哈尔滨动物园、合肥动物园
红腹锦鸡	*Chrysolophus pictus*	兰州动物园、洛阳王城动物园
黑颈鹤	*Grus nigricollis*	西宁动物园
黄腹角雉	*Tragopan caboti*	桂林动物园
褐马鸡	*Crossoptilon mantchuricum*	洛阳王城动物园
蓝马鸡	*Crossoptilon auritum*	宁夏银川动物园
火烈鸟	*Phoenicopterus rubber*	重庆动物园
犀鸟	*Aceros nipalensis*	南宁动物园

鞭笞巨嘴鸟（*Ramphastos toco*）（巨嘴鸟） 蒋志刚摄

9.4 中国动物园成功繁育的濒危动物

中国动物园成功繁殖了许多濒危物种。一些国外引入的动物也在中国动物园中繁殖。这些成功繁殖的动物主要是哺乳动物和涉禽。其中，不少动物的人工繁殖工作是世界领先的。

东方白鹳

鸟类笼养繁殖是易地保护濒危物种及其后代的重要途径，特别是当就地保护无效时，笼养繁殖就成为恢复自然种群的最后手段。自 1984 年上海野生动物园攻克东方白鹳笼养繁殖难关以来，合肥野生动物园、哈尔滨动物园、成都动物园、济南动物园等以及先后成功地进行了东方白鹳的笼养繁殖。目前饲养种群的数量迅速增长，据 2004 年统计，世界上 88 家动物园人工饲养繁殖的东方白鹳约 552 只，其中，中国 342 只，日本 153 只，韩国 20 只，欧洲 34 只，美国 3 只。对于濒危物种的保护，不仅要增加笼养种群的数量，当笼养种群达到一定数量时，可通过再引入和野外放飞计划，将这些濒危动物引入它们早已经灭绝的地方或壮大其现有的野生群体。日本在当地的东方白鹳种群灭绝后，从中国和俄罗斯再引入东方白鹳成功地进行了笼养繁殖，并将笼养东方白鹳进行野外放归，希望在东方白鹳曾经繁殖的地区重新建立野生繁殖群体。

东方白鹳　唐继荣摄

黑鹳

已被列为国家一级重点保护动物。《濒危动植物国际贸易公约》1995 年将其列入附录 Ⅱ。1986 年，上海动物园和齐齐哈尔龙沙公园人工孵化黑鹳并育雏成功。1991 年齐齐哈尔龙沙公园自然孵化黑鹳，育雏成活 4 只。目前，在北京、哈尔滨、天津、济南、西宁、银川、兰州、合肥、杭州等动物园均有饲养，总数为 20～30 只。

黑鹳　吴秀山摄

朱鹮

朱鹮一度在野外消失。自 20 世纪 70 年代在陕西洋县重新被发现后，目前，朱鹮的野外种群数量已由当时的 7 只发展到 1 000 余只，其中野生种群 500 只左右；建立发展人工种群五处，数量达 580 只，其中洋县周家坎朱鹮救护中心饲养了 160 只，野外放归 23 只，楼观台野生动物救护中心饲养了 226 只，宁陕县饲养了 40 只，北京动物园饲养了 34 只，日本饲养了 100 只。

朱鹮　蒋志刚摄

羚牛

羚牛分为四川和秦岭两个亚种，其中分布于秦岭一带的羚牛因其毛色为金黄色且略带光泽，又称为金毛羚牛。羚牛是我国的一级保护动物，是世界珍稀动物之一。2006 年，宁波雅戈尔动物园成功繁殖金毛羚牛。2007 年 6 月 2 日，苏州动物园一头雌性羚牛生产了一头幼仔，这是苏州动物园首次繁殖成功羚牛。截至 2008 年 9 月，陕西省珍稀野生动物抢救饲养研究中心的羚牛种群共繁殖成活羚牛 6 只，取得了优异的成绩。该中心的羚牛种群是世界最大羚牛人工饲养种群。该雌性羚牛是该园 2007 年从上海动物园引进的，属秦岭亚种。2009 年，上海动物园的羚牛产下了两只雄性羚牛。

羚牛　蒋志刚摄

黑犀

北京动物园于 1957 年首次饲养展出黑犀，并于 1965 年首次繁殖成活。由于无法引入个体调整血缘，1997 年最后一只黑犀牛死亡。2006 年年底，南非 Manfunyane 饲养场向北京动物园和天津动物园各提供一只黑犀。北京动物园安排黑犀饲养在河马馆。

孟加拉虎

香江野生动物世界于 1997 年、1998 年从荷兰、意大利、德国、瑞典引进了 22 只孟加拉虎（含白化品种）饲养。采取自然的开放式饲养管理模式，应用水沟式和玻璃隔离的展览环境，展区内有自然的草地、树木、水池。同时装备了监视、环境控制设施。经过严格的隔离检疫和精心的饲养管理，引进的孟加拉虎适应了广州的气候环境，于 1998 年 4 月 10 日繁殖成功。截至 2007 年 10 月，该野生动物世界存栏孟加拉虎 251 只（含白化品种 115 只），繁殖孟加拉虎超过 200 只（表 9.8）。香江野生动物世界的"白虎的饲养与繁殖技术的研究"项目获 1999 年广州市科技进步一等奖。

表9.8　香江野生动物世界的存栏孟加拉虎（含白化品种）

年份	总数	雌	雄	孟加拉虎		
				总数	雌	雄
2006	230	115	115	226	113	113
2005	159	80	79	159	80	79
2004	139	70	69	139	70	69
2003	124	62	62	123	62	61
2002	97	49	48	95	48	47
2001	92	47	45	89	45	44
2000	59	30	29	55	28	27
1999	46	27	19	41	25	16
1998	33	18	15	27	16	11
1997	21	10	11	14	7	7

孟加拉虎（白化）　唐继荣摄

　　成年孟加拉虎的体毛棕黄底，黑色条纹。白底黑纹的白色孟加拉虎称为白虎，是孟加拉虎的一种变异。白虎在自然界极为罕见，目前只能在动物园中见到。白虎的眼睛为蓝色，有时也发现个别有其他颜色的条纹和眼睛的白虎个体。白虎不是独立的虎亚种，也不是得了白化病的虎（白化病个体的眼睛为粉红色），而是由于体内一个控制体色的基因由黑色的显性等位基因突变为栗色（chinchilla）的隐性等位基因。1951年，第一只白色变异的孟加拉虎——莫汗，在印度中部丛林中发现，是一只雄性虎仔。栗色突变基因是隐性基因，只有当孟加拉虎雌雄双方都携带栗色突变基因时，它们的幼仔才会成为白虎。目前，白虎在香江野生动物世界形成了白虎品系，这些白虎都是莫汗的后代。

表 9.9   2008 年香江野生动物世界交换给斯里兰卡动物园的孟加拉虎谱系

编号	性别	出生日期	产地	父母	编号	出生日期	产地	祖父母	年龄	产地
H260	雄性	2006-11-21	香江动物园	父	MJLH115	2002-7-15	香江动物园	外祖父	13	荷兰
								外祖母	12	荷兰
				母	MJLH106	2001-1-10	香江动物园	外祖父	14	意大利
								外祖母	13	意大利
MJLH265	雌性	2006-12-11	香江动物园	父	MJLH129	2003-1-8	香江动物园	外祖父	13	意大利
								外祖母	11	意大利
				母	MJLH117	2002-7-16	香江动物园	外祖父	10	意大利
								外祖母	11	意大利
MJLH263	雌性	2006-12-3	香江动物园	父	MJLH121	2002-7-25	香江动物园	外祖父	12	荷兰
								外祖母	12	荷兰
				母	MJLH107	2001-1-8	香江动物园	外祖父	13	荷兰
								外祖母	13	荷兰

大熊猫

目前，中国有 1 590 只野生大熊猫，分布在岷山、大小邛崃山、秦岭的群山峻岭之中。中国还圈养了 268 只大熊猫。17 年前，全球大熊猫只有不到 1 000 只。自 20 世纪 90 年代以来，大熊猫种群数量趋于稳定恢复。2008 年，人工圈养大熊猫共繁育 23 胎 35 只，成活 31 只，其中成都大熊猫研究基地繁殖 11 胎 17 只，成活 16 只；四川卧龙中国保护大熊猫研究中心繁殖了 10 胎 15 只，成活 13 只；陕西珍稀野生动物抢救饲养研究中心繁殖 2 胎 3 只，成活 2 只。比 2007 年底增加了 29 只。目前，香江野生动物世界中华国宝皇家园林内有 10 只大熊猫。北京动物园有 13 只大熊猫，其中 8 只为借展的"奥运大熊猫"。福州动物园熊猫世界有 9 只大熊猫。海外拥有大熊猫最多的动物园——日本和歌山白浜野生动物园，目前有 8 只大熊猫：梅梅、永明、良浜、爱浜、幸浜、明浜和良浜以及明浜和良浜 2008 年产下的双胞胎共 8 只大熊猫。

成都大熊猫繁育研究基地和卧龙大熊猫保护中心人工圈养熊猫平均寿命已经超过野

生种群，一般可达 20 岁左右，最长的达 38 岁。人工繁殖的雌性或雄性大熊猫，均具有生育能力，在人工授精环境下，还常常获得双胞胎，甚至 3 胞胎。成都大熊猫繁育研究基地的大熊猫美美，存活了 21 岁，产 9 胎 11 仔，成活 7 只；其女儿已产 8 胎 12 仔，幼体全部成活，成都大熊猫繁育研究基地人工繁殖大熊猫的成活率达到 90% 的水平。

大熊猫　蒋志刚摄

4 000 多年前，人们就已经开始圈养大熊猫，导致大熊猫濒危的各种因素中，除了食物缺乏，其繁殖能力和育幼行为高度特化是重要内因。统计表明，在自然状态下，78% 的雌性大熊猫不孕，90% 的雄性不育。1963 年北京动物园大熊猫"莉莉"和"森森"自然交配成功产一仔，是人工饲养大熊猫繁殖成功的首例。1978 年，北京动物园用人工授精又成功繁殖了大熊猫。1980 年成都动物园用冷冻精液进行人工授精，亦获得成功。在人工饲养条件下，大熊猫雌雄本交的可能性极小，往往采用人工授精。由于大熊猫发情期长而且表现各异，但排卵期却只有 1～3 天，目前，人工测定其排卵期并重复人工授精，以保证较高的受孕率。国外首次繁殖成功的是日本上野动物园，他们于 1979 年繁殖成功了一只大熊猫。近年来在大熊猫育幼方面有很大的突破，成都动物园于 1990 年首次在人工辅助下，哺育成活一对双胞胎；1992 年北京动物园攻克了未吃初乳幼仔人工哺育成活的难关；同年，成都动物园再次育活双胞胎并代哺一只，人工辅助下一母育三仔成活。通过人工繁育扩大大熊猫移地种群数量后，野化训练，最终将人工饲养的大熊猫放归大自然，以扩大和复壮野生大熊猫种群，维持和提高该物种的遗传多样性，从而达到延续该物种，让其与人类共存之目的。

沈富军等应用 Sparks Ver1.4 软件结合手工算法对现有的圈养大熊猫系谱进行了遗传分析。结果表明，圈养大熊猫群体规模小，漂变是导致遗传多样性丢失的主要因素。由于分散管理，现有群体正面临着近亲交配、种源枯竭的危险。因此，有关动物园与繁育中心应统一遗传管理，加强各繁殖系之间的基因交流，使圈养大熊猫的遗传多样性能够保持在较高的水平之上。

金丝猴

金丝猴是我国特有动物，属国家一级保护动物。1956 年，北京动物园首次展出金丝猴，同时，北京动物园开始金丝猴的人工繁殖。北京动物园在 1964 年首次成功繁殖金丝猴。上海动物园建园不久就开始饲养金丝猴，逐步解决了金丝猴的饲养、饲料、营养配制、笼舍环境，在 1965 年成功人工繁殖金丝猴。1959 年，西安动物园也成功繁殖了金丝猴。20 世纪 90 年代，天津动物园、南宁动物园、沈阳动物园等先后繁殖了金丝猴。20 世纪 90 年代，兰州动物园、杭州动物园、昆明动物园、济南动物园、哈尔滨市动物园、番禺野生动物世界、北京濒危动物繁育中心也先后成功繁殖了金丝猴。

目前，金丝猴在人工饲养条件下已顺利地繁殖了仔三代，北京野生动物园、上海动物园的金丝猴种群成为全国圈养繁殖的主要种群之一。上海动物园、北京濒危动物繁育中心（北京野生动物园的前身）的金丝猴多次外借到国外展出。

川金丝猴　蒋志刚摄

华南虎

1954 年，苏州市动物园与私人"同发"动物游展团合并时引进一头幼龄雌性华南虎，1958 年该虎患锥虫病经抢救无效而死亡。

从 1955 年起，有关部门从野外共捕获 6 雄 12 雌 18 只华南虎，有繁殖记录的有 6 只，分养于上海动物园和贵阳黔灵动物园。

华南虎　蒋志刚摄

　　1983 年 9 月，苏州市动物园从南昌市动物园引进一对当年 4 月 24 日出生的幼龄华南虎，同年 11 月 14 日其中的雄性幼虎死亡。1987 年 2 月，苏州市动物园又从南昌市动物园引进一头 1984 年 3 月 19 日出生的雄性华南虎。1987 年 2 月完成种虎配对工作后，通过驯养，当年 4 月母虎发情后就开始合笼交配，直至 1988 年 1 月才交配成功。从 1988 年至 1996 年，一对种虎生殖 10 胎，共 35 头幼虎。在 1992 年一年时间里生殖九头幼虎，成活 7 头，然而，圈养华南虎均来自于同一亲虎所繁衍的后代。11 头幼虎分别送到国内其他动物园。苏州动物园产仔母虎年龄已超过 15 岁，超过华南虎通常的绝育年龄 14 岁。苏州市动物园内现有华南虎 18 只，占全球华南虎总数的 35.2%，是世界上饲养和繁殖华南虎种群最大的动物园。苏州市动物园于 1999 年在石湖风景区的蠡岛建立了"华南虎培育研究中心"。洛阳市王城公园先后成功与苏州动物园、上海动物园联合繁殖华南虎 15 只，该园现有华南虎 5 只。

　　经过多年野外考察，中国自 1956 年后再未捕获到野生华南虎。1979 年，华南虎被列为国家一级保护动物。1980 年在江西省和 1981 年在浙江省曾分别报道击毙 1 头。目前，没有再发现过野生华南虎。华南虎被列为世界最濒危和亟需保护的物种。

　　2008 年年底，华南虎分布在中国 12 个动物园，加上南非老虎谷 9 只华南虎，总计 81 只华南虎（表 9.10），中国圈养华南虎种群呈稳定增长态势，从 1985 年中国动物园饲养的 47 头增加到 2009 年的 91 头；华南虎性比，从 1995 年的 27∶20 上升到 2009 年的 45∶46，趋于性比平衡。2010 年，中国华南虎的数目增加到 101 只。由于华南虎的种群数量太少，近亲繁殖现象严重，不少华南虎体质较弱，影响了华南虎的生存和发展。如何降低圈养华南虎的近亲系数，增强华南虎体质是一大难题。

表 9.10　2008 年年底中国动物园中饲养的华南虎

饲养单位	总数	雄虎	雌虎
上海动物园	24	10	14
梅花山中华虎园	13	6	7
苏州华南虎繁育中心	13	6	7
洛阳动物园	5	3	2
南非老虎谷	9	6	3
南昌动物园	4	2	2
广州动物园	3	2	1
福州动物园	1	1	
重庆动物园	3	2	1
深圳野生动物园	2	1	1
武汉动物园	1	1	0
长沙动物园	2	1	1
南平动物园	1	1	0
总计	81	42	39

9.5 中国动物园保育的濒危动物数目

中国动物园已经成为濒危物种繁育的基地。抽样调查的中国动物园饲养了 234 种国家一级与二级保护动物；饲养了 254 种 CITES 附录物种（表 9.11）。这些 CITES 附录物种许多是世界著名的动物如非洲象、犀牛、狒狒、山魈、黑猩猩、大猩猩等。

穿山甲　唐继荣摄

表 9.11　抽样动物园饲养的国家保护动物物种与 CITES 附录物种

		国家一级保护动物	国家二级保护动物	国家级保护动物小计	CITES*			CITES 附录动物小计
					附录 I	附录 II	附录III	
所有类群	种数	102	344	446	95	304	16	415
	动物园种数	72	162	234	61	185	8	254
两栖类	种数	0	5	5	1	1	0	2
	动物园种数	0	1	1	1	0	0	1
爬行类	种数	5	7	12	8	32	12	52
	动物园种数	4	6	10	7	25	7	39
鸟类	种数	41	246	287	32	145	1	178
	动物园种数	24	120	144	21	76	0	97
兽类	种数	56	86	142	54	126	3	183
	动物园种数	44	35	79	32	84	1	117

* 列入 CITES 附录的中国动物物种。

红腹金刚鹦鹉（*Orthopsittaca manilata*）　蒋志刚摄

　　抽样动物园中饲养的国家一级重点保护动物占国家一级重点保护动物的 70.57%,饲养的国家二级重点保护动物的占国家二级重点保护动物的 47.09%。抽样动物园饲养的列入 CITES 附录 I 的中国动物占列入 CITES 附录 I 的中国动物的 64.21%，饲养的列入 CITES 附录Ⅱ的中国动物占列入 CITES 附录Ⅱ的中国动物的 60.86%,饲养的列入 CITES 附录Ⅲ 的中国动物占列入 CITES 附录Ⅲ的中国动物的 50%（图 9.1）。中国动物园已经成为濒危物种易地保护与科普教育基地。

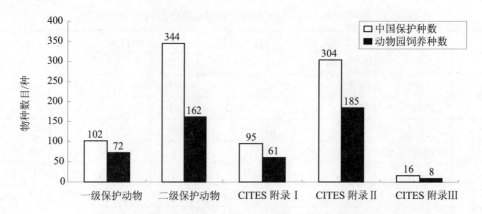

图 9.1　抽样动物园饲养的国家保护动物与 CITES 附录物种

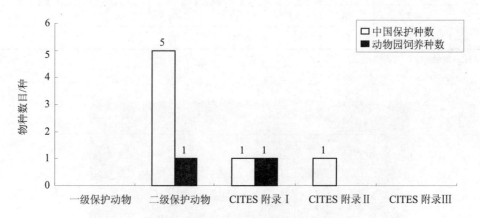

图 9.2　中国两栖类保护种类数与抽样动物园饲养种类数

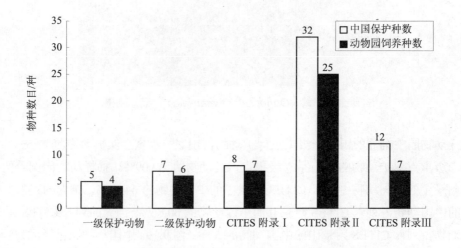

图 9.3　中国爬行类保护种类数与抽样动物园饲养种类数

梅花鹿　蒋志刚摄

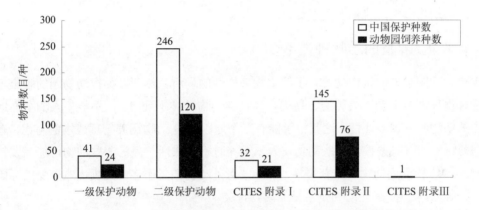

图 9.4　中国鸟类保护种类数与抽样动物园饲养种类数

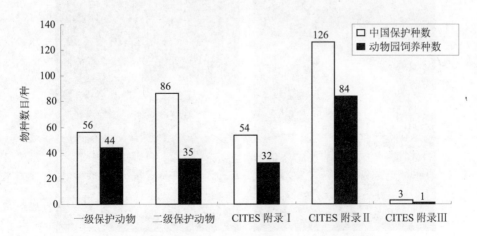

图 9.5　中国兽类保护种类数与抽样动物园饲养种类数

10 问题与对策

本研究抽样调查了 65 个动物园，这些动物园既有大中型动物园、野生动物园，也有小型动物园。样本包括了所有中国的典型动物园，具有代表性。

10.1 存在的主要问题

从这些动物园中，我们发现了如下一些问题。

10.1.1 收集/养殖的动物种类不全

现代动物园是人们认识动物，了解生物多样性的场所。然而，抽样动物园的收集养殖的动物种类只占中国野生哺乳类、鸟类和爬行类动物种类不到 1/4，不能使人们全面地了解中国的动物和生物多样性。这其中可能有三个原因：① 动物饲养管理成本的考虑，有些动物需要特殊的气候条件，有些动物在人工饲养时不能成活，而另一些动物可能需要特殊的食物；② 珍稀濒危动物的难获得性，例如，野外动物数量不多、捕捉困难、受国际国内法律保护等原因；③ 有些动物是常见的动物种类。

丹顶鹤（左）、白枕鹤（右）　唐继荣摄

10.1.2 没有形成可繁殖/可生存种群

现代动物园是保存、繁育濒危物种的场所，然而，多数动物园的收集养殖的动物种群小，没有形成可繁殖、可生存种群。动物园饲养的动物种群小，通常只有几只个体。例如抽样调查的动物园中饲养的两栖动物种群大小只有 5.09±2.15（群体数 100）只[平均数±标准误差（群体数）]（图 10.1）；饲养的爬行动物种群大小为 5.69±4.28（群体数 612）只（图 10.2），饲养的鸟类种群大小为 15.00±6.63（群体数 1955）只（图 10.3），饲养的兽类种群大小为 6.60±10.39（群体数 1 842）只（图 10.4）。

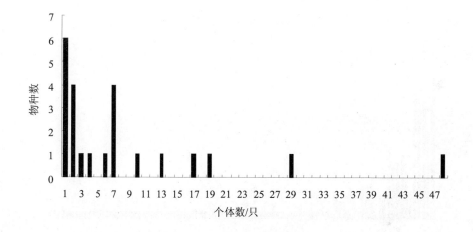

图 10.1　抽样动物园中两栖动物种群大小分布

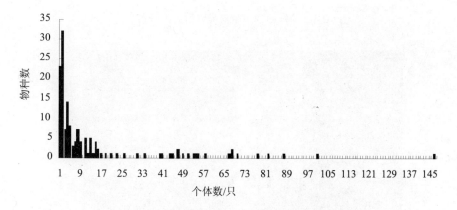

图 10.2　抽样动物园中爬行动物种群大小分布

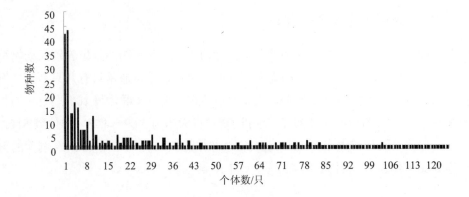

图 10.3　抽样动物园中鸟类种群大小分布

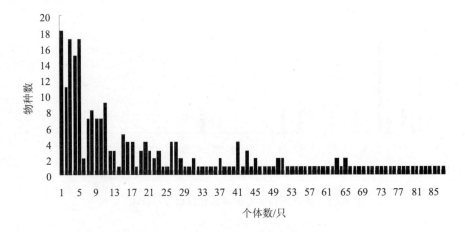

图 10.4　抽样动物园中兽类种群大小分布

角马　蒋志刚摄

10.1.3 一些动物产生了刻板行为

在调查中发现，一些动物园，特别老式小型动物园圈养饲养都一定程度上存在空间小的问题，使得一些动物表现出刻板行为。笼养动物容易产生刻板行为。刻板行为指一组可以分辨的、以固定模式或频率重复的，但没有明显的行为功能的行为。常见的刻板行为如那些囚禁在铁笼的猫科动物、熊科动物和犬科动物。例如，那些生活在铁笼中狮、虎、熊，总在不停地来回踱步。这种刻板行为即是一种后天获得性行为，动物不知疲倦地重复着这些刻板行为。在自然生境中这种行为一般不会发生，而当动物处于活动空间小，生存环境中的生境元素少的人为禁锢环境之中，非常容易产生刻板行为。我们发现除了放养在野生动物园散放区的动物外，动物园笼养的猫科动物、熊科动物和犬科动物都一定程度上存在刻板行为。

东北虎　蒋志刚摄

10.1.4 大部分动物没有谱系

除了大熊猫、华南虎等少数几种动物之外，抽样动物园中绝大多数动物没有谱系。谱系是对动物园饲养动物进行人工配对时，降低近交系数，对圈养种群进行遗传管理的依据。

10.1.5 参观人数有限

每年参观动物园的人数约占全国人口的 1/10，也就是年周转率 10%左右，一个人要轮10年才能参观一次动物园。

马来熊（*Helarctos malayanus*）　蒋志刚摄

10.1.6　一些小型动物园存在的问题

　　小型动物园笼养空间小，笼舍不清洁，只饲养了单只动物。展出的动物铭牌错误多，未能起到科学普及的作用。

斑海豹　蒋志刚摄

10.2　采取的对策建议

　　动物园是人类社会的重要组成部分。应当充分重视动物园的发展，充分发挥动物园的动物展示、科学普及与物种资源保存的作用。

10.2.1 加大动物园的投入

动物园是一项公益事业，应加大动物园的投入。考虑到中国人口的分布、经济发展和城市建设，在充分发挥现有动物园作用的基础之上，应在全国统筹布点建设动物园。既考虑动物园参观人流，充分发挥动物园的科学普及作用，又考虑到濒危野生动物的保种需要。决定动物分布的关键因素是气候因素，决定动物食物分布的关键因素也是气候因素。人工控制气候的成本太高，要异地调运饲料成本也高。因此，在中国不同生物气候带中，建立一两个动物园的濒危物种外繁基地，重点繁殖该生物气候带的特有濒危动物，并办好一批精品动物园，侧重展出该生物气候带的特色动物。建设有自然生境、散放动物的野生动物园是今后大型动物园建设的一个方向。

本次调查中发现游客阅读动物说明牌的次数较多，尤其是对于一些不熟悉或罕见的动物，说明牌是游客了解动物知识的一个主要途径。因此很有必要改善说明牌的数量和质量，以使游客从中学到动物知识。说明牌的位置要醒目、方便阅读，字迹大而清楚，为了照顾不同教育程度游客，语言应简单易懂，可对难字加注拼音，并配以图片说明，在内容上可以加入物种濒危原因和保护措施方面的知识。

动物园闭路电视监测系统　蒋志刚摄

10.2.2 增加饲养的动物种类

目前，中国饲养的动物种类有限，应从国外动物园交换引入动物，增加动物的饲养种类。大多数大型动物园的中饲养动物并没有覆盖中国动物的目，例如，许多动物园没有翼手目（蝙蝠）、啮齿目等动物类群。因而，无法展示中国动物区系的全貌。建议大型动物园的展出动物至少覆盖到动物的每一个目，也就是说，每一个目在动物园的展出动物中至少有一种代表性动物。同时，中国动物园应加大通过合法渠道从国外引入外国野生动物的力度，争取在国内的大型动物园中展出世界主要生物地理区系的代表性动物，争取在中国动物园及其繁育基地形成这些动物的可繁殖种群，以满足中国人民的文化需求，加强中国动物园的动物科学科普能力，保护世界的生物多样性。

黑眉锦蛇（*Elaphe taeniura*）（左）、王锦蛇（*Elaphe carinata*）（右）

唐继荣摄

10.2.3 形成可生存种群和可繁殖群体

如果动物园易地种群非常小，那么种群数量的随机波动带来的问题，可能较遗传杂合性下降更为严重。这些随机因素包括疾病感染、自然灾害、捕食者或竞争者数量爆发、易地种群产生的后代都是同一性别等。这些因素可能导致易地野生生物整个群体绝灭。确定易地种群的最小可生存种群，这关系到易地保护的资金投入和可行性。动物园动物的最小可生存种群的确定涉及考虑种群和环境的随机性，并且还与种群生物学特征有关：① 易地种群的存活率、繁殖率以及世代间隔；② 有效种群大小；③ 奠基者效应（Founder effect）。

10.2.4 增加动物园的面积

空间是动物个体生存的必需资源之一。为了人工繁育和易地保护而圈养的濒危动物，由于资源的限制，圈养空间十分有限，空间成为野生动物行为的限制资源因子。因此，我们增加动物园的面积，特别要加大猫科动物、熊科动物和犬科动物活动空间面积。

有些动物园面积很大，动物分散，致使许多游客反映许多想观看的动物找不到，因此应该完善路标等。调查中发现很多游客，尤其是头一次来园的游客经常找不到想去的展馆，所以除了动物园入口的导游图之外，有必要为游客发放手持导游图或增设导游员。

蓝孔雀　唐继荣摄

台湾猴（*Macaca cyclopis*）　唐继荣摄

10.2.5　丰富动物的圈养环境

　　环境丰富化主要是通过改善圈养动物的行为需求、促进动物的心理健康等方面来提高圈养动物的福利。目前，丰富圈养环境这一原则在动物园、实验室、饲养场以及宠物饲养中广泛应用。一些国家的政府和科研机构都颁布了关于对动物人工环境要求的规定，例如美国农业部（USDA）为饲养灵长类的人工环境和管理而制定的要求以及密歇根大学动物使用和饲养委员会（UCUCA）制定的要求为非人灵长类提供环境丰富化措施的规定。在动物园设计中出现了一个新理念——动物系统工程（Animal Systems Engineering），其主要目的为生活在动物园中的动物进行环境设计时，重点参考动物的生物学知识，提供各种生境元素来满足动物的生理和行为需求。丰富圈养动物环境的手段可以分为两类：与喂食不相关的以及与喂食相关的丰富化手段。前者包括给动物提供物体或气味、训练、笼舍调换以及其他对圈养环境所做的改进；而与喂食相关的方法主要是增加搜寻食物时间、捕获时间、提取时间以及处理时间，改变喂食时间以及每日喂食次数。

10.2.6　建立中国动物园动物谱系

中国动物园对于那些单独配对繁殖的动物，应尽可能建立谱系。对于那些集群活动的动物，建立谱系相当困难，但是，DNA 指纹分析提供了建立集群繁殖动物的谱系的可能手段。

国际物种信息系统 1973 年由 4 个国家 55 家动物园发起筹建的国际物种信息系统（International Species Information System，ISIS），已经发展到包括全球六大洲 76 个国家中的 750 家动物园。国际物种信息系统建立了一个包括 800 种动物种类的 213 000 只活动物，以及这些动物祖先的记录。可以提供某一特定动物、特定种、属或科的数据报告，ISIS 提供数据收集管理程序，现有 460 余动物园已利用 ARKS 软件包，180 家应用 MedARRS 管理兽记录，260 家应用 SPARKS 作谱系记录和物种管理工具。从 1994 年 2 月起，ISIS 开始向已知系谱记录者提供《谱系记录者最新报告》，通过记录过去一年中登记动物的出生、转移和死亡。中国动物园应当参加国际物种信息系统，利用 PARKS 作谱系记录，建立谱系，管理饲养动物种群。

卷羽鹈鹕（*Pelecanus crispus*）　唐继荣摄

10.2.7　发挥大型动物园的示范作用

随着生态伦理和动物伦理的演化，人与动物的关系已经发生了变化。人们将对动物园提出更高的要求，希望在动物园中见到与生活在自然环境中相似的动物。大型动物园动物种类多，面积大，在饲养管理、疾病防治、人工繁育等方面经验丰富，应当进一步充分发挥大中型动物园模拟动物自然生境，实施丰富动物生境的示范作用。同时，严格濒危动物驯养繁殖许可证发放制度，逐步淘汰、限制圈养条件不合格的、以商业赢利为目的的小型动物园。

石鸡（左）（*Alectoris chukar*）、灰胸竹鸡（*Bambusicola thoracica*）（右）
唐继荣摄

观众与动物接触的愿望会更加强烈，国外动物园专门设立让小观众接触小动物的小动物园。国内一些动物园近年也增设了专门为游人提供与动物接触、逗趣的"逗趣园"、"欢乐世界"等游乐项目。游人在这里可以与山羊、驴、白兔等动物接触，一扫在动物园只能观赏不能接触的遗憾，使观众寻回许多童趣与天真。

白鹤（左）、白头鹤（右）　唐继荣摄

10.2.8 加强国际交流和合作

国际交流是动物园建立外来动物种群的重要途径。生物多样性保护是全人类的事业，近年来，国内动物园在动物饲养、动物行为、动物繁殖等方面与国外开展了大量合作，促进了中国动物园事业的发展。今后，应当继续加强国际交流和合作，特别是对园舍设计、圈养动物生境改造、种群遗传管理等方面的交流和合作。

蓝马鸡　蒋志刚摄

结束语

　　世界动物园具有濒危物种保护的潜力，这对动物园来说，对保护界来说都不是新鲜事。
IUCN 保护繁育专家组（IUCN/SSC，1993）在美国芝加哥发布《世界动物园保护策略》，
明确了世界动物园与水族馆在全球物种保护中的作用。世界动物园在濒危物种迁地保护方
面已经作出了巨大的贡献，已经成为世界一支主要的保护力量。最近的一份综述报告评估
了世界脊椎动物生存状况，发现全球有 68 个受威胁物种生存状况好转，其中，17 个物种
主要由于在动物园组织实施的濒危物种保护繁育计划而脱离濒危状态，其中包括普氏野马
（*Equus ferus przewalskii*）、黑足鼬（*Mustela nigripes*）和加州秃鹫（*Gymnogyps californianus*）
等著名物种（Hoffmann et al.，2010）。

鳄蜥　唐继荣摄

　　世界各地动物园在展出动物之余设计了动物研究与科学普及教育项目，动物园资助的
野外保护项目也在增加。每年世界动物园协会成员动物园投入野外保护的经费达 3.5 亿美
元，规模仅次于美国大自然保护协会（The Nature Conservancy，TNC）、世界自然基金会
（World Wide Fund for Nature，WWF；Gusset and Dick，2011）。但是，世界濒危物种多分
布在热带（Grenyer et al.，2006），而世界主要动物园分布在温带，于是发达国家的动物园
将野外保护项目安排在非洲、东南亚和中美洲（WAZA，2005，Gusset 和 Dick，2011）。
对于我们面临的生物多样性挑战，保护政策制定者和全球保护界必须考虑动物园作为一个

世界性网络所能够发挥的作用（Conde et al.，2011）。

国际物种信息库（International Species Information System，ISIS）收集了全球约 800 个动物园与水族馆成员单位养殖的 2.6 亿只动物个体的谱系信息（ISIS，2011）。Conde 等（2011）利用国际物种信息库数据估计了 ISIS 注册动物园养殖的濒危物种数目。他们发现 ISIS 注册动物园养殖了全球大约 1/4 的已经被科学描述的鸟类，养殖了全球近 20%的已经被科学描述的哺乳动物种，但是，世界各地动物园和水族馆只养殖了全球 12%的已经被科学描述的爬行类物种，全球 4%已经被科学描述的两栖类物种。这与我们对中国的调查结果相仿。以《IUCN 红色名录》濒危等级作为濒危物种的标准，他们发现 ISIS 注册动物园中只养殖了全球大约 1/5～1/4 受威胁和接近受威胁等级的哺乳动物物种。ISIS 注册动物园中养殖的极度濒危哺乳动物物种数目更少，只养殖了全球极度濒危哺乳动物物种数的 9%，鸟类的数据相仿。两栖类是一个高度受威胁的类群，全球 41%已经被科学描述的两栖类物种被《IUCN 红色名录》列为受威胁或野外灭绝。但是，ISIS 注册动物园中养殖的受威胁两栖类物种数目更少，只有受威胁两栖类物种总数的 3%。IUCN 物种存活委员会对爬行类濒危状况的评估还没有完成。在已经完成评估的全球 1 672 个爬行类物种中，ISIS 注册动物园养殖了爬行类近危种的 18%，受威胁种的 37%。随着 IUCN 对爬行类评估的完成，ISIS 注册动物园养殖了爬行类濒危物数目占全球濒危爬行类动物比例将有可能下降。全球动物园与水族馆养殖了全球濒危物种的 1/7 左右（15%）。大多数动物园除了注重园中动物的多样性外，也重视园中养殖动物特色。所以，某一个动物园可能在某一个特定物种保育上下气力更大。从养殖的个体数目看，尽管动物园养殖的动物群体不是很大，但是许多濒危物种在动物园与水族馆养殖具有相当规模（见下图）。

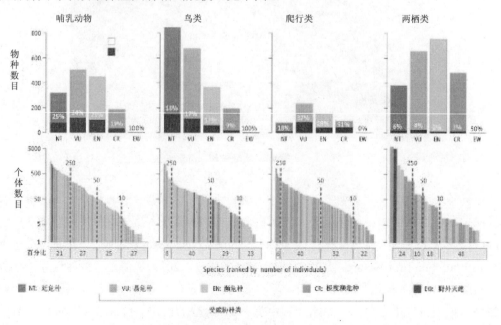

ISIS 注册动物园养殖的濒危物种数目和种群大小（Conde 等，2011）

国外动物园越来越注重动物园饲养动物群体的可持续性（Leus et al.，2011）。种群的可持续性表现在圈养种群可以维持一个稳定的种群大小、通过自我繁育或从私有繁育种群、从其他地点的繁育种群以及从野外输入等方式维持一个种群健康的年龄结构。遗传多样性用来测度种群可生存力。遗传多样性高的群体适应环境变化、避免近交衰退的能力强。一些动物园正在开展评估濒危物种的遗传多样性的工作。动物园与水族馆协会（AZA）管理的有谱系或发表的繁育与调配计划的 428 个动物项目中，平均种群大小为 66 只，39%的种群只有 50 只或更少。如此大小的种群的生存力容易受出生率、死亡率、出生性比的影响，其遗传多样性更容易产生漂变，更容易表现出近交衰退。此外，这些小种群也容易受到社会因素、后勤因素、参与繁育计划的动物园合作积极性的影响（Long et al.，2011）。对比世界动物园养殖的濒危物种数目和群体大小，中国动物园有相当大差距。中国动物园对濒危物种迁地保护，特别对野外濒危动物保护的贡献与中国的生物多样性规模是不相称的。

2011 年 10 月在捷克布拉格举行的 IUCN 保护繁育专家组上，举行了工作组会议，提出了将迁地保护项目作为这个物种保护战略的一部分的"一个规划"保护规划的途径（"One Plan" Approach to Conservation Planning）。该工作会议的文件指出：为将全球的动物园迁地角色转变成为野外物种保护组织网络，为保护野外物种作出更有效的贡献，动物园需要将迁地保护种群与全球物种保护计划更紧密地结合起来。中国动物园同样面临着相同任务。我们期待中国动物园为实现 2020 年世界生物多样性保护目标发挥更大的作用。

白颊长臂猿　唐继荣摄

鹅喉羚　蒋志刚摄

附录 1 抽样调查的动物园饲养动物编目（Ⅰ）

1 两栖纲

目	科	种名	拉丁名
有尾目	钝口螈科	墨西哥钝口螈	*Ambystoma mexicanum*
无尾目	蟾蜍科	大蟾蜍	*Bufo bufo*
无尾目	蟾蜍科	海蟾蜍	*Bufo marina*
无尾目	蟾蜍科	花背蟾蜍	*Bufo raddei*
无尾目	锄足蟾科	钝角蛙	*Ceratophrys ornata*
无尾目	锄足蟾科	南美角蛙	*Ceratophrys cranwelli*
无尾目	负子蟾科	苏里南负子蟾	*Pipa pipa*
无尾目	姬蛙科	番茄蛙	*Dyscophus guineti*
无尾目	姬蛙科	花姬蛙	*Microhyla pulchra*
无尾目	姬蛙科	花狭口蛙	*Kaloula pulchra*
无尾目	金背蟾蜍科	金背蟾蜍	*Bufo guttatus*
无尾目	盘舌蟾科	东方铃蟾	*Bombina orientalis*
无尾目	树蛙科	大泛树蛙	*Polypedates dennysi*
无尾目	树蛙科	大树蛙	*Rhacophorus dennysii*
无尾目	树蛙科	双斑树蛙	*Rhacoporus bimaculatus*
无尾目	蛙科	非洲牛蛙	*Pyxicephalus adspersus*
无尾目	蛙科	牛蛙	*Rana catesbiana*
无尾目	细趾蟾科	圆眼珍珠蛙	*Lepidobatrachus laevis*
无尾目	雨蛙科	绿雨滨蛙	*Litoria caerulea*
无尾目	爪蟾科	非洲爪蟾	*Xenopus laevis*
有尾目	蝾螈科	东方蝾螈	*Cynops orientalis*
有尾目	蝾螈科	镇海棘螈	*Echinotriton chinhaiensis*
有尾目	隐鳃鲵科	大鲵	*Andrias davidianus*

2 爬行纲

目	科	种名	拉丁名
鳄目	鳄科	尼罗鳄	*Crocodylus niloticus*
鳄目	鳄科	恒河鳄	*Crocodylus palustris*
鳄目	鳄科	湾鳄	*Crocodylus porosus*
鳄目	鳄科	泰国鳄	*Crocodylus siamensis*
鳄目	鼍科	扬子鳄	*Alligator sinensis*
鳄目	鼍科	密河鳄	*Alligator mississippiensis*
龟鳖目	鳖科	山瑞鳖	*Palea steindachneri*
龟鳖目	鳖科	鳖（中华鳖）	*Pelodicus sinensis*
龟鳖目	鳖科	斑鳖	*Rafetus swinhoei*
龟鳖目	侧颈龟科	扁头长颈龟	*chelodina siebenrocki*
龟鳖目	侧颈龟科	阿根廷侧颈龟	*Phrynops hilarii*
龟鳖目	侧颈龟科	黄头侧颈龟	*Podocnemis unifilis*
龟鳖目	动胸龟科	刀背麝动胸龟	*Sternotherus carinatus*
龟鳖目	鳄龟科	鳄龟	*Macrochelys temmincki*
龟鳖目	龟科	乌龟	*Chinemys reevesii*
龟鳖目	龟科	马来闭壳龟	*Cuora amboinensis*
龟鳖目	龟科	黄额闭壳龟	*Cuora galbinifrons*
龟鳖目	龟科	三线闭壳龟	*Cuora trifasciata*
龟鳖目	龟科	云南闭壳龟	*Cuora yunnanensis*
龟鳖目	龟科	黄缘闭壳龟	*Cuora flavomarginata*
龟鳖目	龟科	齿缘摄龟	*Cyclemys dentata*
龟鳖目	龟科	条颈摄龟	*Cyclemys tcheponensis*
龟鳖目	龟科	地龟	*Geoemyda spengleri*
龟鳖目	龟科	斑点池龟	*Geolemys hamiltonii*
龟鳖目	龟科	密西西比地图龟	*Graptemys kohnii*
龟鳖目	龟科	扁东方龟	*Heosemys depressa*
龟鳖目	龟科	大东方龟	*Heosemys grandis*
龟鳖目	龟科	黄头庙龟	*Hieremys annandalei*
龟鳖目	龟科	黄喉拟水龟	*Mauremys mutica*
龟鳖目	龟科	三棱黑龟	*Melanochelys tricarinata*
龟鳖目	龟科	中华花龟	*Ocadia sinensis*
龟鳖目	龟科	马来西亚巨龟	*Orlitia borneensis*
龟鳖目	龟科	锯缘摄龟	*Cyclemys dentata*
龟鳖目	龟科	木纹龟	*Rhinoclemmys pulcherima*
龟鳖目	龟科	眼斑龟	*Sacalia bealei*
龟鳖目	龟科	四眼斑龟	*Sacalia quadriocellata*
龟鳖目	龟科	卡罗莱纳箱龟	*Terrapene carolina*
龟鳖目	龟科	箱龟	*Terrapene coahuila*
龟鳖目	龟科	红耳龟	*Trachemys scripta*

目	科	种名	拉丁名
龟鳖目	海龟科	海龟	*Chelonia mydas*
龟鳖目	海龟科	玳瑁	*Erelmochelys imbricata*
龟鳖目	海龟科	丽龟	*Lepidochelys olivacea*
龟鳖目	两爪鳖科	两爪鳖	*Carettochelys insculpta*
龟鳖目	陆龟科	红腿象龟	*Geochelone carbonaria*
龟鳖目	陆龟科	印度星龟	*Geochelone elegans*
龟鳖目	陆龟科	大象龟	*Geochelone nigra*
龟鳖目	陆龟科	豹纹象龟	*Geochelone pardalis*
龟鳖目	陆龟科	苏卡达象龟	*Geochelone sulcata*
龟鳖目	陆龟科	辐纹陆龟	*Goechelone radiata*
龟鳖目	陆龟科	斑点陆龟	*Homopus signata*
龟鳖目	陆龟科	缅甸陆龟	*Indotestudo elongata*
龟鳖目	陆龟科	凹甲陆龟	*Manouria impressa*
龟鳖目	陆龟科	平背陆龟	*Pyxis planicauda*
龟鳖目	陆龟科	四爪陆龟	*Testudo horsfieldii*
龟鳖目	平胸龟科	平胸龟	*Platysternon megacephalum*
龟鳖目	蛇颈龟科	玛塔龟	*Chelus fimbriatus*
龟鳖目	蛇颈龟科	红腹短颈龟	*Emydura subglobosa*
龟鳖目	蛇颈龟科	希氏蟾龟	*Phrunops hilarii*
蛇目	蝰科	岩栖蝮	*Agkistrodon saxatilis*
蛇目	蝰科	高原蝮	*Agkistrodon strauchi*
蛇目	蝰科	响尾蛇	*Crotalus horridus*
蛇目	蝰科	尖吻蝮	*Deinagkistrodon acutus*
蛇目	蝰科	短尾腹	*Gloydius brevicaudus*
蛇目	蝰科	山烙铁头蛇	*Ovophis monticola*
蛇目	蝰科	菜花原矛头蝮	*Protobothrops jerdonii*
蛇目	蝰科	福建竹叶青蛇	*Trimeresurus stejnegeri*
蛇目	蝰科	草原蝰	*Vipera ursinii*
蛇目	蟒科	巨蚺	*Boa constrictor*
蛇目	蟒科	白唇蟒	*Leiopython albertisii*
蛇目	蟒科	绿树蟒	*Morelia Chondropython virdis*
蛇目	蟒科	地毯蟒	*Morelia spilota*
蛇目	蟒科	缅甸蟒	*Python molurus*
蛇目	蟒科	球蟒	*Python regius*
蛇目	蟒科	网纹蟒	*Python reticulatus*
蛇目	蟒科	非洲岩蟒	*Python sebae*
蛇目	眼镜蛇科	金环蛇	*Bungarus fasciatus*
蛇目	眼镜蛇科	银环蛇	*Bungarus multicinctus*
蛇目	眼镜蛇科	舟山眼镜蛇	*Naja atra*
蛇目	眼镜蛇科	孟加拉眼镜蛇	*Naja kaouthia*
蛇目	眼镜蛇科	眼镜王蛇	*Ophiophagus hannah*

目	科	种名	拉丁名
蛇目	游蛇科	绿瘦蛇	*Ahaetulla prasina*
蛇目	游蛇科	翠青蛇	*Cyclophiops major*
蛇目	游蛇科	赤链蛇	*Dinodon rufozonatum*
蛇目	游蛇科	王锦蛇	*Elaphe carinata*
蛇目	游蛇科	白条锦蛇	*Elaphe dione*
蛇目	游蛇科	玉米锦蛇	*Elaphe guttata*
蛇目	游蛇科	玉斑锦蛇	*Elaphe mandarina*
蛇目	游蛇科	百花锦蛇	*Elaphe moellendorffi*
蛇目	游蛇科	三索锦蛇	*Elaphe radiata*
蛇目	游蛇科	红点锦蛇	*Elaphe rufodorsata*
蛇目	游蛇科	棕黑锦蛇	*Elaphe schrenckii*
蛇目	游蛇科	黑眉锦蛇	*Elaphe taeniura*
蛇目	游蛇科	中国水蛇	*Enhydris chinensis*
蛇目	游蛇科	彩虹水蛇	*Enhydris enhydris*
蛇目	游蛇科	灰带王蛇	*Lampropeltis alterna*
蛇目	游蛇科	加州王蛇	*Lampropeltis getulus*
蛇目	游蛇科	牛奶蛇	*Lampropeltis triangulum*
蛇目	游蛇科	墨西哥王蛇	*Lamproreltis mexicana*
蛇目	游蛇科	颈棱蛇	*Macropisthodon rudis*
蛇目	游蛇科	水赤链游蛇	*Natrix annularis*
蛇目	游蛇科	水游蛇	*Natrix natrix*
蛇目	游蛇科	乌游蛇	*Natrix percarinata*
蛇目	游蛇科	草游蛇	*Natrix stolata*
蛇目	游蛇科	虎斑游蛇	*Natrix tigrina*
蛇目	游蛇科	灰鼠蛇	*Ptyas korros*
蛇目	游蛇科	滑鼠蛇	*Ptyas mucosus*
蛇目	游蛇科	虎斑颈槽蛇	*Rhabdophis tigrinus*
蛇目	游蛇科	赤链华游蛇	*Sinonatrix annularis*
蛇目	游蛇科	乌梢蛇	*Zaocys dhumnades*
蛇目	游蛇科	黑线乌梢蛇	*Zaocys nigromarginatus*
蜥蜴目	壁虎科	豹纹守宫	*Eublepharis macularius*
蜥蜴目	壁虎科	大壁虎	*Gekko gecko*
蜥蜴目	壁虎科	马达加斯加残趾虎	*Phelsuma madagascariensis*
蜥蜴目	壁虎科	伊犁沙虎	*Teratoscincus scincus*
蜥蜴目	避役科	高冠变色龙	*Chamaeleo calyptoratus*
蜥蜴目	避役科	地毯变色龙	*Furcifer lateralis*
蜥蜴目	鳄蜥科	鳄蜥	*Shinisaurus crocodilurus*
蜥蜴目	冠蜥科	玉米蜥	*Laemanctus longipes*
蜥蜴目	环尾蜥科	盾甲蜥	*gerrhosaurus major*
蜥蜴目	巨蜥科	孟加拉巨蜥	*Varanus bengalensis*
蜥蜴目	巨蜥科	平原巨蜥	*Varanus exanthematicus*

目	科	种名	拉丁名
蜥蜴目	巨蜥科	沙漠巨蜥	*Varanus griseus*
蜥蜴目	巨蜥科	红树巨蜥	*Varanus indicus*
蜥蜴目	巨蜥科	尼罗河巨蜥	*Varanus niloticus*
蜥蜴目	巨蜥科	水巨蜥	*Varanus salvator*
蜥蜴目	鬣蜥科	刺尾鬣蜥	*Agama caudospinosa*
蜥蜴目	鬣蜥科	新疆鬣蜥	*Agama stoliczkana*
蜥蜴目	鬣蜥科	古巴变色蜥	*Anolis equestris*
蜥蜴目	鬣蜥科	双嵴冠蜥	*Basiliscua plumifrons*
蜥蜴目	鬣蜥科	斗篷蜥	*Chalamydosaurus Kingii*
蜥蜴目	鬣蜥科	项圈蜥	*Crotaphytus collaris*
蜥蜴目	鬣蜥科	斑帆蜥	*Hydrosaurus pustulatus*
蜥蜴目	鬣蜥科	美洲鬣蜥	*Iguana iguana*
蜥蜴目	鬣蜥科	长肢山冠蜥	*Laemanctus longipes*
蜥蜴目	鬣蜥科	青海沙蜥	*Phrynocephalus vlangalii*
蜥蜴目	鬣蜥科	长鬣蜥	*Physignathus cocincinus*
蜥蜴目	鬣蜥科	横纹长鬣蜥	*physignathus lesueurii*
蜥蜴目	鬣蜥科	鬃狮蜥	*Pogona vitticeps*
蜥蜴目	美洲蜥蜴科	黑斑双领蜥	*Tupinambis merianae*
蜥蜴目	美洲蜥蜴科	金黄双领蜥	*Tupinambis teguixin*
蜥蜴目	石龙子科	中国石龙子	*Eumeces chinensis*
蜥蜴目	石龙子科	侏蜥	*Riopa bowringii*
蜥蜴目	石龙子科	西部蓝舌蜥	*Tiliqua occipitalis*
蜥蜴目	石龙子科	斜纹蓝舌蜥	*Tiliqua scincoides*
蜥蜴目	石龙子科	红眼鹰蜥	*Tribolonotus gracilis*
蜥蜴目	蜥蜴科	快步麻蜥	*Eremias velox*
蜥蜴目	蜥蜴科	北草蜥	*Takydromus septentrionalis*

3 鸟纲

目	科	种名	拉丁名
佛法僧目	戴胜科	戴胜	*Upupa epops*
佛法僧目	巨嘴鸟科	巨嘴鸟	*Ramphastos toco*
佛法僧目	巨嘴鸟科	红嘴巨嘴鸟	*Ramphastos tucanus*
佛法僧目	巨嘴鸟科	凹嘴巨嘴鸟	*Ramphastos vitellunis*
佛法僧目	犀鸟科	棕颈（无盔）犀鸟	*Aceros nipalensis*
佛法僧目	犀鸟科	蓝喉皱盔犀鸟	*Aceros plicatus*
佛法僧目	犀鸟科	花冠皱盔犀鸟	*Aceros undulates*
佛法僧目	犀鸟科	冠斑犀鸟	*Anthracoceros coronatus*
佛法僧目	犀鸟科	红脸地犀鸟	*Bucorvus leadbeateri*
佛法僧目	犀鸟科	银颊噪犀鸟	*Ceratogymna brevis*

目	科	种名	拉丁名
佛法僧目	犀鸟科	噪犀鸟	*Ceratogymna bucinator*
佛法僧目	犀鸟科	德氏弯嘴犀鸟	*Tockus deckeni*
佛法僧目	犀鸟科	红嘴弯嘴犀鸟	*Tockus erythrorhynchus*
佛法僧目	犀鸟科	斑尾弯嘴犀鸟	*Tockus fasciatus*
佛法僧目	犀鸟科	黑嘴弯嘴犀鸟	*Tockus nasutus*
鸽形目	鸠鸽科	雪鸽	*Columba leuconota*
鸽形目	鸠鸽科	灰林鸽	*Columba pulchricollis*
鸽形目	鸠鸽科	紫林鸽	*Columba punicea*
鸽形目	鸠鸽科	宝石姬地鸠	*Geopelia cuneata*
鸽形目	鸠鸽科	蓝凤冠鸠	*Goura cristata*
鸽形目	鸠鸽科	紫胸凤冠鸠	*Goura scheepmakeri*
鸽形目	鸠鸽科	火斑鸠	*Oenopopelia tranquebarica*
鸽形目	鸠鸽科	山斑鸠	*Streptopelia orientalis*
鸽形目	鸠鸽科	鸥斑鸠	*Streptopelia turtur*
鹳形目	鹳科	白腹鹳	*Ciconia abdimii*
鹳形目	鹳科	东方白鹳	*Ciconia boyciana*
鹳形目	鹳科	白鹳	*Ciconia ciconia*
鹳形目	鹳科	黑鹳	*Ciconia nigra*
鹳形目	鹳科	非洲秃鹳	*Leptoptilos crumeniferus*
鹳形目	鹳科	秃鹳	*Leptoptilos javanicus*
鹳形目	鹳科	黄嘴鹮鹳	*Mycteria ibis*
鹳形目	鹮科	美洲红鹮	*Eudocimus ruber*
鹳形目	鹮科	隐鹮	*Geronticus eremita*
鹳形目	鹮科	朱鹮	*Nipponia nippon*
鹳形目	鹮科	白琵鹭	*Platalea leucorodia*
鹳形目	鹮科	黑脸琵鹭	*Platalea minor*
鹳形目	鹮科	（黑头）白鹮	*Threskiornis aethiopicus*
鹳形目	鹭科	苍鹭	*Ardea cinerea*
鹳形目	鹭科	草鹭	*Ardea purpurea*
鹳形目	鹭科	池鹭	*Ardeola bacchus*
鹳形目	鹭科	牛背鹭	*Bubulcus ibis*
鹳形目	鹭科	中白鹭	*Egretta intermedia*
鹳形目	鹭科	夜鹭	*Nycticorax nycticorax*
鹤鸵目	鸸鹋科	鸸鹋	*Casuariiformes novaehollandiae*
鹤鸵目	鹤鸵科	双垂鹤鸵	*Casuarius casuarius*
鹤形目	鸨科	大鸨	*Otis tarda*
鹤形目	鸨科	波斑鸨	*Otis undulata*
鹤形目	鹤科	蓑羽鹤	*Anthropoides virgo*
鹤形目	鹤科	戴冕鹤（西非冠鹤）	*Balearica pavonina*
鹤形目	鹤科	灰冕鹤（东非冠鹤）	*Balearica regulorum*
鹤形目	鹤科	肉垂鹤	*Bugeranus carunculatus*

目	科	种名	拉丁名
鹤形目	鹤科	赤颈鹤	*Grus antigone*
鹤形目	鹤科	灰鹤	*Grus grus*
鹤形目	鹤科	丹顶鹤	*Grus japonensis*
鹤形目	鹤科	白鹤	*Grus leucogeranus*
鹤形目	鹤科	白头鹤	*Grus monacha*
鹤形目	鹤科	黑颈鹤	*Grus nigricollis*
鹤形目	鹤科	白枕鹤	*Grus vipio*
鹤形目	秧鸡科	骨顶鸡	*Fulica atra*
鹤形目	秧鸡科	董鸡	*Gallicrex cinerea*
鸻形目	鹬科	三趾鹬（三趾滨鹬）	*Crocethia alba（Calidris alba）*
鸻形目	鹬科	勺嘴鹬	*Eurynorhynchus pygmeus*
鸻形目	鹬科	灰尾（漂）鹬	*Heteroscelus brevipes*
鸻形目	鹬科	漂鹬	*Heteroscelus incanus*
鸻形目	鹬科	阔嘴鹬	*Limicola falcinellus*
鸻形目	鹬科	长嘴鹬	*Limnodromus scolopaeus*
鸻形目	鹬科	半蹼鹬	*Limnodromus semipalmatus*
鸻形目	雉鸻科	铜翅水雉	*Metopidius indicus*
红鹳目	红鹳科	大红鹳	*Phoenicopterus ruber*
红鹳目	红鹳科	智利红鹳	*Phoenicopterus chilensis*
红鹳目	红鹳科	小火烈鸟（小红鹳）	*Phoenicopterus minor*
红鹳目	红鹳科	火烈鸟（大红鹳）	*Phoenicopterus rubber*
鹱形目	鹱科	钩嘴圆尾鹱	*Pterodroma rostrata*
鸡形目	凤冠雉科	大凤冠雉	*Crax rubra*
鸡形目	火鸡科	火鸡	*meleagris gallapavo*
鸡形目	松鸡科	黑琴鸡	*Lyrurus tetrix*
鸡形目	雉科	石鸡（朵拉鸡）	*Alectoris chukar*
鸡形目	雉科	大石鸡	*Alectoris magna*
鸡形目	雉科	红喉山鹧鸪	*Arborophila rufogularis*
鸡形目	雉科	大眼斑雉	*Argusianus argus*
鸡形目	雉科	棕胸竹鸡	*Bambusicola fytchii*
鸡形目	雉科	灰胸竹鸡	*Bambusicola thoracica*
鸡形目	雉科	白腹锦鸡	*Chrysolophus amherstiae*
鸡形目	雉科	红腹锦鸡	*Chrysolophus pictus*
鸡形目	雉科	鹌鹑	*Coturnix coturnix*
鸡形目	雉科	蓝马鸡	*Crossoptilon auritum*
鸡形目	雉科	白马鸡	*Crossoptilon crossoptilon*
鸡形目	雉科	藏马鸡	*Crossoptilon harmani*
鸡形目	雉科	褐马鸡	*Crossoptilon mantchuricum*
鸡形目	雉科	原鸡	*Gallus gallus*
鸡形目	雉科	血雉	*Ithaginis cruentus*
鸡形目	雉科	棕尾虹雉	*Lophophorus impejanus*

目	科	种名	拉丁名
鸡形目	雉科	绿尾虹雉	*Lophophorus lhuysii*
鸡形目	雉科	白尾梢虹雉	*Lophophorus sclateri*
鸡形目	雉科	黑鹇	*Lophura leucomelana*
鸡形目	雉科	白鹇	*Lophura nycthemera*
鸡形目	雉科	蓝鹇	*Lophura swinhoii*
鸡形目	雉科	蓝孔雀	*Pave cristatus*
鸡形目	雉科	绿孔雀	*Pavo muticus*
鸡形目	雉科	斑翅山鹑	*Perdix dauuricae*
鸡形目	雉科	雉鸡（环颈雉）	*Phasianus colchicus*
鸡形目	雉科	勺鸡	*Pucrasia macrolopha*
鸡形目	雉科	白颈长尾雉	*Syrmaticus ellioti*
鸡形目	雉科	黑颈长尾雉	*Syrmaticus humiae*
鸡形目	雉科	白冠长尾雉	*Syrmaticus reevesii*
鸡形目	雉科	阿尔泰雪鸡	*Tetraogallus altaicus*
鸡形目	雉科	暗腹雪鸡	*Tetraogallus himalayensis*
鸡形目	雉科	淡腹雪鸡	*Tetraogallus tibetanus*
鸡形目	雉科	四川雉鹑	*Tetraophasis szechenyii*
鸡形目	雉科	黄腹角雉	*Tragopan caboti*
鸡形目	雉科	环颈雉	*Phasianus Colchicus*
鸡形目	雉科	红腹角雉	*Tragopan temminckii*
鸡形目	珠鸡科	鹫珠鸡	*Acryllium vulturinum*
鸡形目	珠鸡科	珠鸡	*numida meleagris*
鹃形目	杜鹃科	小鸦鹃	*Centropus toulou*
鹃形目	杜鹃科	中杜鹃	*Cuculus saturatus*
鹃形目	蕉鹃科	蓝冠蕉鹃	*Tauraco hartlaubi*
䴕形目	须䴕科	蓝喉拟啄木鸟	*Megalaima asiatica*
䴕形目	须䴕科	大拟啄木鸟	*Megalaima virnes*
䴕形目	啄木鸟科	斑啄木鸟（大斑啄木鸟）	*Dendrocoposmajor*
䴕形目	啄木鸟科	金背三趾啄木鸟	*Dinopium javanense*
䴕形目	啄木鸟科	赤胸啄木鸟	*Picoides cathpharius*
䴕形目	啄木鸟科	黑枕绿啄木鸟	*Picus canus*
美洲鸵鸟目	美洲鸵鸟科	美洲鸵	*Rhea americana*
鸥形目	鸥科	银鸥	*Larus argentatus*
鸥形目	鸥科	棕头鸥	*Larus brunnicephalus*
鸥形目	鸥科	黄脚银鸥	*Larus cachinnans*
鸥形目	鸥科	海鸥	*Larus canus*
鸥形目	鸥科	黑尾鸥	*Larus crassirostris*
鸥形目	鸥科	小鸥	*Larus minutus*
鸥形目	鸥科	灰背鸥	*Larus schistisagus*
鸥形目	鸥科	楔尾鸥	*Rhodostethia rosea*
鸥形目	贼鸥科	大贼鸥	*Catharacta skua*

目	科	种名	拉丁名
䴙䴘目	䴙䴘科	赤颈䴙䴘	*Podiceps grisegena*
企鹅目	企鹅科	秘鲁企鹅	*Spheniscus humboldti*
雀形目	百灵科	云雀	*Alauda arvensis*
雀形目	百灵科	（蒙古）百灵	*Melanocorypha mongolica*
雀形目	鹎科	白喉冠鹎	*Criniger pallidus*
雀形目	鹎科	黑（短脚）鹎	*Hypsipetes madagascariensis*
雀形目	鹎科	绿翅短脚鹎	*Hypsipetes mcclellandii*
雀形目	鹎科	黄绿鹎	*Pycnonotus flavescens*
雀形目	鹎科	红耳鹎	*Pycnonotus jocosus*
雀形目	鹎科	白头鹎	*Pycnonotus sinensis*
雀形目	鹎科	黄臀鹎	*Pycnonotus xanthorrhous*
雀形目	鹎科	凤头雀嘴鹎	*Spizixos canifrons*
雀形目	鹎科	领雀嘴鹎（绿鹦嘴鹎）	*Spizixos semitorques*
雀形目	伯劳科	栗背伯劳	*Lanius collurioides*
雀形目	鸫亚科	白额燕尾	*Enicurus leschenaulti*
雀形目	鸫亚科	斑背燕尾	*Enicurus maculatus*
雀形目	鸫亚科	灰背燕尾	*Enicurus schistaceus*
雀形目	鸫亚科	白腹短翅鸲	*Hodgsonius phoenicuroides*
雀形目	鸫亚科	红喉歌鸲（红点颏）	*Luscinia calliope*
雀形目	鸫亚科	蓝头矶鸫	*Monticola cinclorhynchus*
雀形目	鸫亚科	穗䳭	*Oenanthe oenanthe*
雀形目	鸫亚科	白喉红尾鸲	*Phoenicurus schisticeps*
雀形目	鸫亚科	乌鸫	*Turdus merula*
雀形目	鸫亚科	灰头鸫	*Turdus rubrocanus*
雀形目	鸫亚科	虎斑地鸫	*Zoothera dauma*
雀形目	和平鸟科	金额叶鹎	*Chloropsis aurifrons*
雀形目	画眉科	白眶斑翅鹛	*Actinodura ramsayi*
雀形目	画眉科	褐头雀鹛	*Alcippe cinereiceps*
雀形目	画眉科	褐胁雀鹛	*Alcippe dubia*
雀形目	画眉科	灰眶雀鹛	*Alcippe morrisonia*
雀形目	画眉科	棕喉雀鹛	*Alcippe rufogularis*
雀形目	画眉科	金额雀鹛	*Alcippe variegaticeps*
雀形目	画眉科	黑顶噪鹛	*Garrulax affinsi*
雀形目	画眉科	白喉噪鹛	*Garrulax albogularis*
雀形目	画眉科	画眉	*Garrulax canorus*
雀形目	画眉科	黑喉噪鹛	*Garrulax chinensis*
雀形目	画眉科	山噪鹛	*Garrulax davidi*
雀形目	画眉科	橙翅噪鹛	*Garrulax elliotii*
雀形目	画眉科	红头噪鹛	*Garrulax erythrocephalus*
雀形目	画眉科	丽色噪鹛	*Garrulax formosus*
雀形目	画眉科	白冠噪鹛	*Garrulax leucolophus*

目	科	种名	拉丁名
雀形目	画眉科	细纹噪鹛	*Garrulax lineatus*
雀形目	画眉科	黑领噪鹛	*Garrulax pectoralis*
雀形目	画眉科	棕噪鹛	*Garrulax poecilorhynchus*
雀形目	画眉科	白颊噪鹛	*Garrulax sannio*
雀形目	画眉科	黑顶奇鹛	*Heterophasia capistrata*
雀形目	画眉科	黑头奇鹛（鹊色奇鹛）	*Heterophasia melanoleuca*
雀形目	画眉科	银耳相思鸟	*Leiothrix argentauris*
雀形目	画眉科	红嘴相思鸟	*Leiothrix lutea*
雀形目	画眉科	灰胸薮鹛	*Liocichla omeiensis*
雀形目	画眉科	红翅薮鹛	*Liocichla phoenicea*
雀形目	画眉科	火尾希鹛	*Minla ignotincta*
雀形目	画眉科	斑喉希鹛	*Minla strigula*
雀形目	画眉科	文须雀	*Panurus biarmicus*
雀形目	画眉科	棕头钩嘴鹛	*Pomatorhinus ochraceiceps*
雀形目	画眉科	棕颈钩嘴鹛	*Pomatorhinus ruficollis*
雀形目	画眉科	楔头鹩鹛	*Sphenocicla humei*
雀形目	画眉科	黄喉穗鹛	*Stachyris amhigua*
雀形目	画眉科	金头穗鹛	*Stachyris chrysaea*
雀形目	画眉科	黑头穗鹛	*Stachyris nigriceps*
雀形目	画眉科	红嘴蓝雀	*Urocissa erythrorhyncha*
雀形目	画眉科	黄颈凤鹛	*Yuhina flavicollis*
雀形目	鹡鸰科	白鹡鸰	*Motacilla alba*
雀形目	椋鸟科	白领八哥	*Acridotheres albocinctus*
雀形目	椋鸟科	八哥	*Acridotheres cristatellus*
雀形目	椋鸟科	鹩哥	*Gracula religiosa*
雀形目	椋鸟科	蓝耳辉椋鸟	*Lamprotornis chalybaeus*
雀形目	椋鸟科	小蓝耳辉椋鸟	*Lamprotornis chloropterus*
雀形目	椋鸟科	灰椋鸟	*Sturnus cineraceus*
雀形目	椋鸟科	斑椋鸟	*Sturnus contra*
雀形目	椋鸟科	黑领椋鸟	*Sturnus nigricollis*
雀形目	椋鸟科	丝光椋鸟	*Sturnus sericeus*
雀形目	椋鸟科	灰背椋鸟	*Sturnus sinensis*
雀形目	攀雀科	火冠雀	*Cephalopyrus flammiceps*
雀形目	雀科	禾雀	*Padda oryzivora*
雀形目	雀科	家麻雀	*Passer domesticus*
雀形目	雀科	（树）麻雀	*Passer montanus*
雀形目	山椒鸟科	短嘴山椒鸟	*Pericrocotus brevirostris*
雀形目	山椒鸟科	长尾山椒鸟	*Pericrocotus ethologus*
雀形目	山椒鸟科	赤红山椒鸟	*Pericrocotus flammeus*
雀形目	山椒鸟科	粉红山椒鸟	*Pericrocotus roseus*
雀形目	山椒鸟科	钩嘴林（䴗）	*Tephrodornis gularis*

目	科	种名	拉丁名
雀形目	山雀科	银喉（长尾）山雀	*Aegithalos caudatus*
雀形目	山雀科	红头（长尾）山雀	*Aegithalos concinnus*
雀形目	山雀科	银脸（长尾）山雀	*Aegithalos fuliginosus*
雀形目	山雀科	黑眉（长尾）山雀	*Aegithalos iouschistos*
雀形目	山雀科	冕雀	*Melanochlora sultanea*
雀形目	山雀科	大山雀	*Parus major*
雀形目	山雀科	沼泽山雀	*Parus palustris*
雀形目	山雀科	黄颊山雀	*Parus spilonotus*
雀形目	扇尾莺科	灰胸鹪莺	*Prinia hodgsonii*
雀形目	太平鸟科	太平鸟	*Bombycilla garrulus*
雀形目	太阳鸟科	蓝喉太阳鸟	*Aethopyga gouldiae*
雀形目	太阳鸟科	黄腹花蜜鸟	*Nectarinia jugularis*
雀形目	文鸟科	（红）梅花雀	*Estrilda amandava*
雀形目	文鸟科	斑文鸟	*Lonchura punctulata*
雀形目	文鸟科	白腰文鸟	*Lonchura striata*
雀形目	文鸟科	星雀	*Neochmia ruficauda*
雀形目	文鸟科	黄胸织布鸟	*Ploceus philippinus*
雀形目	文鸟科	斑胁火尾雀	*Stagonopleura guttata*
雀形目	文鸟科	斑胸草雀（金山珍珠鸟）	*Taeniopygia guttata*
雀形目	鹟科	方尾鹟	*Culicicapa ceylonensis*
雀形目	鹟科	橙胸（姬）鹟	*Ficedula strophiata*
雀形目	鹟科	斑鹟（斑胸鹟）	*Muscicapa striata*
雀形目	鹟科	纯蓝仙鹟	*Niltava unicolor*
雀形目	鹟科	棕腹蓝仙鹟	*Niltava vivida*
雀形目	鹟科	白喉林鹟	*Rhinomyias brunneata*
雀形目	鹟科	白喉扇尾鹟	*Rhipidura albicollis*
雀形目	鹟科	黄腹扇尾鹟	*Rhipidura hypoxantha*
雀形目	鹀科	三道眉草鹀	*Emberiza cioides*
雀形目	鹀科	栗耳鹀（赤胸鹀）	*Emberiza fucata*
雀形目	鹀科	芦鹀	*Emberiza schoeniclus*
雀形目	绣眼鸟科	红胁绣眼鸟	*Zosterops erythropleura*
雀形目	绣眼鸟科	暗绿绣眼鸟	*Zosterops japonica*
雀形目	旋木雀科	褐喉旋木雀	*Certhia discolor*
雀形目	鸦科	红嘴蓝鹊	*Cissa erythrorhyncha*
雀形目	鸦科	小嘴乌鸦	*Corvus corone*
雀形目	鸦科	达乌里寒鸦	*Corvus dauurica*
雀形目	鸦科	灰喜鹊	*Cyanopica cyana*
雀形目	鸦科	松鸦	*Garrulus glandarius*
雀形目	鸦科	喜鹊	*Pica pica*
雀形目	鸦科	红嘴山鸦	*Pyrrhocorax pyrrhocorax*
雀形目	鸦科	红嘴蓝鹊	*Urocissa erythrorhyncha*

目	科	种名	拉丁名
雀形目	燕雀科	黑头金翅（雀）	*Carduelis ambigua*
雀形目	燕雀科	赤胸朱顶雀	*Carduelis cannabina*
雀形目	燕雀科	黄嘴朱顶雀	*Carduelis flavirostris*
雀形目	燕雀科	红眉朱雀	*Carpodacus pulcherrimus*
雀形目	燕雀科	红胸朱雀	*Carpodacus puniceus*
雀形目	燕雀科	红腰朱雀	*Carpodacus rhodochlamys*
雀形目	燕雀科	玫红眉朱雀	*Carpodacus rhodochrous*
雀形目	燕雀科	点翅朱雀	*Carpodacus rhodopeplus*
雀形目	燕雀科	赤朱雀	*Carpodacus rubescens*
雀形目	燕雀科	拟大朱雀	*Carpodacus rubicilloides*
雀形目	燕雀科	沙色朱雀	*Carpodacus synoicus*
雀形目	燕雀科	白眉朱雀	*Carpodacus thura*
雀形目	燕雀科	斑翅朱雀	*Carpodacus trifasciatus*
雀形目	燕雀科	酒红朱雀	*Carpodacus vinaceus*
雀形目	燕雀科	黑尾蜡嘴雀	*Eophona migratoria*
雀形目	燕雀科	黑头蜡嘴雀	*Eophona personata*
雀形目	燕雀科	苍头燕雀	*Fringilla coelebs*
雀形目	燕雀科	燕雀	*Fringilla montifringilla*
雀形目	燕雀科	血雀	*Haematospiza sipahi*
雀形目	燕雀科	藏雀	*Kozlowia roborowskii*
雀形目	燕雀科	凤头鹀	*Melophus lathami*
雀形目	燕雀科	白斑翅拟蜡嘴雀	*Mycerobas carnipes*
雀形目	莺科	长尾缝叶莺	*Orthotomus sutorius*
雀形目	莺科	黄腹柳莺	*Phylloscopus affinis*
雀形目	莺科	棕眉柳莺	*Phylloscopus armandii*
雀形目	莺科	极北柳莺	*Phylloscopus borealis*
雀形目	莺科	黄胸柳莺	*Phylloscopus cantator*
雀形目	莺科	冕柳莺	*Phylloscopus coronatus*
雀形目	莺科	白眶鹟莺	*Seicercus affinis*
雀形目	莺科	沙白喉林莺	*Sylvia minula*
雀形目	织雀科	扇尾巧织雀	*Eyplectes axillaris*
雀形目	织雀科	黑脸织雀	*Ploceus intermedius*
雀形目	织雀科	斯氏织雀	*Ploceus spekei*
雀形目	啄花鸟科	厚嘴啄花鸟	*Dicaeum agile*
隼形目	隼科	猎隼	*Falco cherrug*
隼形目	隼科	游隼	*Falco peregrinus*
隼形目	隼科	红隼	*Falco tinnunculus*
隼形目	隼科	乌鸡	*Gallus domesticus*
隼形目	鹰科	苍鹰	*Accipiter gentilis*
隼形目	鹰科	雀鹰	*Accipiter nisus*
隼形目	鹰科	秃鹫	*Aegypius monachus*

目	科	种名	拉丁名
隼形目	鹰科	金雕	*Aquila chrysaetos*
隼形目	鹰科	白腹山雕	*Aquila fasciata*
隼形目	鹰科	草原雕	*Aquila rapax*
隼形目	鹰科	大鵟	*Buteo hemilasius*
隼形目	鹰科	毛脚鵟	*Buteo lagopus*
隼形目	鹰科	棕尾鵟	*Buteo rufinus*
隼形目	鹰科	西域兀鹫	*Eurasian griffon*
隼形目	鹰科	白背兀鹫	*Gyps bengalensis*
隼形目	鹰科	高山兀鹫	*Gyps himalayensis*
隼形目	鹰科	白尾海雕	*Haliaeetus albicilla*
隼形目	鹰科	白腹海雕	*Haliaeetus leucogaster*
隼形目	鹰科	玉带海雕	*Haliaeetus leucoryphus*
隼形目	鹰科	栗鸢	*Haliastur indus*
隼形目	鹰科	白腹隼雕	*Hieraaetus fasciatus*
隼形目	鹰科	棕腹隼雕	*Hieraaetus kienerii*
隼形目	鹰科	靴隼雕	*Hieraaetus pennatus*
隼形目	鹰科	鸢	*Milvus korschun*
隼形目	鹰科	黑兀鹫	*Sarcogyps calvus*
隼形目	鹰科	蛇雕	*Spilornis cheela*
隼形目	鹰科	鹰雕	*Spizaetus nipalensis*
鹈形目	鸬鹚科	（普通）鸬鹚	*Phalacrocorax carbo*
鹈形目	鸬鹚科	红脸鸬鹚	*Phalacrocorax urile*
鹈形目	鹈鹕科	卷羽鹈鹕	*Pelecanus crispus*
鹈形目	鹈鹕科	白鹈鹕	*Pelecanus onocrotalus*
鹈形目	鹈鹕科	斑嘴鹈鹕	*Pelecanus philippensis*
鹈形目	鹈鹕科	粉红背鹈鹕	*Pelecanus rufescens*
鸵鸟目	鸵鸟科	鸵鸟	*Struthio camelus*
鸮形目	草鸮科	仓鸮	*Tyto alba*
鸮形目	草鸮科	草鸮	*Tyto capensis*
鸮形目	鸱鸮科	短耳鸮	*Asio flammeus*
鸮形目	鸱鸮科	长耳鸮	*Asio otus*
鸮形目	鸱鸮科	雕鸮	*Bubo bubo*
鸮形目	鸱鸮科	毛腿渔鸮	*Ketupa blakistoni*
鸮形目	鸱鸮科	雪鸮	*Nyctea scandiaca*
鸮形目	鸱鸮科	褐林鸮	*Strix leptogrammica*
鸮形目	鸱鸮科	长尾林鸮	*Strix uralensis*
雁形目	鸭科	鸳鸯	*Aix galericulata*
雁形目	鸭科	针尾鸭	*Anas acuta*
雁形目	鸭科	琵嘴鸭	*Anas clypeata*
雁形目	鸭科	绿翅鸭	*Anas crecca*
雁形目	鸭科	罗纹鸭	*Anas falcata*

目	科	种名	拉丁名
雁形目	鸭科	斑头鸭	*Anas flavirostris*
雁形目	鸭科	花脸鸭	*Anas formosa*
雁形目	鸭科	赤颈鸭	*Anas penelope*
雁形目	鸭科	绿头鸭	*Anas platyrhynchos*
雁形目	鸭科	斑嘴鸭	*Anas poecilorhyncha*
雁形目	鸭科	白眉鸭	*Anas querquedula*
雁形目	鸭科	赤膀鸭	*Anas strepera*
雁形目	鸭科	白额雁	*Anser albifrons*
雁形目	鸭科	灰雁	*Anser anser*
雁形目	鸭科	雪雁	*Anser caerulescens*
雁形目	鸭科	鸿雁	*Anser cygnoides*
雁形目	鸭科	小白额雁	*Anser erythropus*
雁形目	鸭科	豆雁	*Anser fabalis*
雁形目	鸭科	斑头雁	*Anser indicus*
雁形目	鸭科	青头潜鸭	*Aythya baeri*
雁形目	鸭科	红头潜鸭	*Aythya ferina*
雁形目	鸭科	凤头潜鸭	*Aythya fuligula*
雁形目	鸭科	白眼潜鸭	*Aythya nyroca*
雁形目	鸭科	黑雁	*Branta bernicla*
雁形目	鸭科	加拿大黑雁	*Branta canadensis*
雁形目	鸭科	鹊鸭	*Bucephala clangula*
雁形目	鸭科	疣鼻栖鸭	*Cairina moschata*
雁形目	鸭科	黑天鹅	*Cygnus atratus*
雁形目	鸭科	小天鹅	*Cygnus columbianus*
雁形目	鸭科	大天鹅	*Cygnus cygnus*
雁形目	鸭科	黑颈天鹅	*Cygnus melancoryphus*
雁形目	鸭科	疣鼻天鹅	*Cygnus olor*
雁形目	鸭科	（栗）树鸭	*Dendrocygna javanica*
雁形目	鸭科	丑鸭	*Histrionicus histrionicus*
雁形目	鸭科	红胸秋沙鸭	*Mergus serrator*
雁形目	鸭科	中华秋沙鸭	*Mergus squamatus*
雁形目	鸭科	赤嘴潜鸭	*Netta rufina*
雁形目	鸭科	棉凫	*Nettapus coromandelianus*
雁形目	鸭科	瘤鸭	*Sarkidiornis melanotos*
雁形目	鸭科	赤麻鸭	*Tadorna ferruginea*
雁形目	鸭科	翘鼻麻鸭	*Tadorna tadorna*
咬鹃目	咬鹃科	红腹咬鹃	*Harpactes wardi*
鹦形目	鹦鹉科	牡丹鹦鹉	*Aga pornis*
鹦形目	鹦鹉科	费氏牡丹鹦鹉	*Agapornis fischeri*
鹦形目	鹦鹉科	黑脸牡丹鹦鹉	*Agapornis nigrigensis*
鹦形目	鹦鹉科	黄领牡丹鹦鹉	*Agapornis personatus*

目	科	种名	拉丁名
鹦形目	鹦鹉科	红脸牡丹鹦鹉	*Agapornis pullarius*
鹦形目	鹦鹉科	白额绿鹦哥	*Amazona albifrons*
鹦形目	鹦鹉科	橙翅鹦哥	*Amazona amazonica*
鹦形目	鹦鹉科	红眼鹦哥	*Amazona autumnalis*
鹦形目	鹦鹉科	黄冠鹦哥	*Amazona ochrocephala*
鹦形目	鹦鹉科	紫蓝金刚鹦鹉	*Anodorhynchus hyacinthus*
鹦形目	鹦鹉科	红绿金刚鹦鹉	*Ara chloroptera*
鹦形目	鹦鹉科	金刚鹦鹉	*Ara macao*
鹦形目	鹦鹉科	军金刚鹦鹉	*Ara militaris*
鹦形目	鹦鹉科	金帽鹦鹉	*Aratinga auricapilla*
鹦形目	鹦鹉科	白凤头鹦鹉	*Cacatua alba*
鹦形目	鹦鹉科	葵花凤头鹦鹉	*Cacatua galerita*
鹦形目	鹦鹉科	戈氏凤头鹦鹉	*Cacatua goffini*
鹦形目	鹦鹉科	彩冠凤头鹦鹉	*Cacatua leadbeateri*
鹦形目	鹦鹉科	橙冠凤头鹦鹉	*Cacatua moluccensis*
鹦形目	鹦鹉科	小葵花鹦鹉	*Cacatua sulphurea*
鹦形目	鹦鹉科	红尾凤头鹦鹉	*Calyptorhynchus banksii*
鹦形目	鹦鹉科	黑凤头鹦鹉	*Calyptorhynchus funereus*
鹦形目	鹦鹉科	红吸蜜鹦鹉	*Chalcopsitta cardinalis*
鹦形目	鹦鹉科	黄额褐鹦鹉	*Chalcopsitta duivenbodei*
鹦形目	鹦鹉科	红肩金刚鹦鹉	*Diopsittaca nobilis*
鹦形目	鹦鹉科	粉红凤头鹦鹉	*Eolophus roseicapillus*
鹦形目	鹦鹉科	皇冠鹦鹉	*Eunymphicus cornutus*
鹦形目	鹦鹉科	锈脸鹦哥	*Hapalopsittaca amazonina*
鹦形目	鹦鹉科	噪鹦鹉	*Lorius garrulus*
鹦形目	鹦鹉科	虎皮鹦鹉	*Melopsittacus undulatus*
鹦形目	鹦鹉科	灰胸鹦哥	*Myiopsitta monachus*
鹦形目	鹦鹉科	鸡尾鹦鹉	*Nymphicus hollandicus*
鹦形目	鹦鹉科	红腹金刚鹦鹉	*Orthopsittaca manilata*
鹦形目	鹦鹉科	澳东玫瑰鹦鹉	*Platycercus eximius*
鹦形目	鹦鹉科	棕树凤头鹦	*Probosciger aterrimus*
鹦形目	鹦鹉科	蓝头金刚鹦鹉	*Propyrrhura couloni*
鹦形目	鹦鹉科	绯胸鹦鹉	*Psittacula alexandri*
鹦形目	鹦鹉科	大紫胸鹦鹉	*Psittacula derbiana*
鹦形目	鹦鹉科	亚历山大鹦鹉	*Psittacula eupatria*
鹦形目	鹦鹉科	灰头鹦鹉	*Psittacula himalayana*
鹦形目	鹦鹉科	红领绿鹦鹉	*Psittacula krameri*
鹦形目	鹦鹉科	非洲灰鹦鹉	*Psittacus erithacus*
鹦形目	鹦鹉科	彩虹吸蜜鹦鹉	*Trichoglossus haematodus*
鹦形目	鹦鹉科	蓝色鹦鹉	*Vivi peruviana*
雨燕目	雨燕科	普通楼燕	*Apus apus*

4 哺乳纲

目	科	种名	拉丁名
长鼻目	象科	亚洲象	*Elephas maximus*
长鼻目	象科	非洲象	*loxodonta africanna*
鲸目	海豚科	真海豚（海豚）	*Delphinus delphis*
鲸目	海豚科	宽吻海豚	*Tursiops truncatus*
鳞甲目	鲮鲤科	穿山甲（中国穿山甲）	*Manis pentadactyla*
灵长目	长臂猿科	黑长臂猿（黑冠长臂猿）	*Hylobates concolor*
灵长目	长臂猿科	白眉长臂猿	*Hylobates hoolock*
灵长目	长臂猿科	白掌长臂猿（白手长臂猿）	*Hylobates lar*
灵长目	长臂猿科	白颊长臂猿	*Hylobates leucogenys*
灵长目	长臂猿科	银白长臂猿	*Hylobates moloch*
灵长目	猴科	夜猴	*Aotus trivirgatus*
灵长目	猴科	棕头蜘蛛猴	*Ateles fusciceps*
灵长目	猴科	巴拿马蜘蛛猴	*Brachyteles arachnoides*
灵长目	猴科	白额悬猴	*Cebus albifrons*
灵长目	猴科	绿猴	*Cercopithecus aethiops*
灵长目	猴科	青猴	*Cercopithecus mitis*
灵长目	猴科	博士猴	*Cercopithecus neglectus*
灵长目	猴科	黑丛尾猴	*Chiropotes satanas*
灵长目	猴科	东非疣猴	*Colobas guereza*
灵长目	猴科	赤猴	*Erythrocebus patas*
灵长目	猴科	粗尾丛猴	*Galago crassicaudatus*
灵长目	猴科	短尾猴（红面猴）（大青猴）	*Macaca arctoides*
灵长目	猴科	熊猴	*Macaca assamensis*
灵长目	猴科	台湾猴（台湾猕猴）	*Macaca cyclopis*
灵长目	猴科	日本猴	*Macaca fuscata*
灵长目	猴科	猕猴（恒河猴）	*Macaca mulatta*
灵长目	猴科	豚尾猴（平顶猴）	*Macaca nemestrina*
灵长目	猴科	黑冠猴	*Macaca niger*
灵长目	猴科	狮尾猴	*Macaca silenus*
灵长目	猴科	藏酋猴	*Macaca thibetana*
灵长目	猴科	食蟹猴	*Macaca fuscicularis*
灵长目	猴科	山魈	*Mandrillus sphinx*
灵长目	猴科	绿狒狒	*Papio anubis*
灵长目	猴科	黄狒	*Papio cynocephalus*
灵长目	猴科	阿拉伯狒狒	*Papio hamadryas*

目	科	种名	拉丁名
灵长目	猴科	长尾叶猴	*Presbytis entellus*
灵长目	猴科	黑叶猴	*Presbytis francoisi*
灵长目	猴科	菲氏叶猴（灰叶猴）（法氏叶猴）	*Presbytis phayrei*
灵长目	猴科	白头叶猴	*Trachypithecus leucocephalus*
灵长目	猴科	戴帽叶猴	*Presbytis pileatus*
灵长目	猴科	滇金丝猴（云南仰鼻猴）	*Rhinopithecus bieti*
灵长目	猴科	黔金丝猴（灰金丝猴）	*Rhinopithecus brelichi*
灵长目	猴科	金丝猴（川金丝猴）	*Rhinopithecus roxellanae*
灵长目	猴科	棉顶狨	*saguinnus oedipus*
灵长目	猴科	柽柳猴	*Saguinus midas*
灵长目	狐猴科	环尾狐猴（节毛狐猴）（节尾狐猴）	*Lemur catta*
灵长目	卷尾猴科	黑掌蜘蛛猴	*Ateles geoffroyi*
灵长目	卷尾猴科	黑蜘蛛猴	*Ateles paniscus*
灵长目	卷尾猴科	普通狨猴	*Callithrix jacchus*
灵长目	卷尾猴科	黑帽悬猴	*Cebus apella*
灵长目	卷尾猴科	卷尾猴	*Cebus capucinus*
灵长目	卷尾猴科	灰斑悬猴	*Cebus nigrivittatus*
灵长目	卷尾猴科	松鼠猴	*Saimiri sciureus*
灵长目	懒猴科	蜂猴（懒猴）	*Nycticebus coucang*
灵长目	懒猴科	倭蜂猴	*Nycticebus pygmaeus*
灵长目	猩猩科	大猩猩	*Gorila gorilla*
灵长目	猩猩科	黑猩猩	*Pan Satyrus*
灵长目	猩猩科	猩猩	*Pongo pygmaeus*
啮齿目	仓鼠科	金丝熊	*Mesocricetus auratus*
啮齿目	海狸鼠科	海狸鼠	*Myocastor coypus*
啮齿目	豪猪科	帚尾豪猪	*Atherurus macrourus*
啮齿目	豪猪科	豪猪	*Hystrix hodgsoni*
啮齿目	河狸科	河狸	*Castor fiber*
啮齿目	河狸科	河狸鼠	*Myocastor coupus*
啮齿目	水豚科	水豚	*Hydrochoeris hydrochaeris*
啮齿目	松鼠科	红腹松鼠	*Callosciurus erythraeus*
啮齿目	松鼠科	北花松鼠	*Eutamias sibiricus*
啮齿目	松鼠科	灰旱獭	*Marmota baibacina*
啮齿目	松鼠科	栗背大鼯鼠	*Petaurista albiventer*
啮齿目	松鼠科	巨松鼠	*Ratufa bicolor*
啮齿目	松鼠科	岩松鼠	*Sciurotamias davidianus*
啮齿目	松鼠科	松鼠	*Sciurus vulgaris*

目	科	种名	拉丁名
啮齿目	豚鼠科	荷兰猪	*Cavia porcellus*
啮齿目	豚鼠科	兔豚鼠	*Cuniculus paca*
偶蹄目	长颈鹿科	长颈鹿	*Giraffa camelopardalis*
偶蹄目	河马科	河马	*Hippopotamus amphibius*
偶蹄目	河马科	侏儒河马	*Hippopotamus minor*
偶蹄目	鹿科	狍	*Capreolus capreolus*
偶蹄目	鹿科	白唇鹿	*Cervus albirostris*
偶蹄目	鹿科	马鹿	*Cervus elaphus*
偶蹄目	鹿科	坡鹿	*Cervus eldi*
偶蹄目	鹿科	梅花鹿	*Cervus nippon*
偶蹄目	鹿科	豚鹿	*Cervus porcinus*
偶蹄目	鹿科	水鹿（黑鹿）	*Cervus unicolor*
偶蹄目	鹿科	黇鹿	*Dama dama*
偶蹄目	鹿科	毛冠鹿	*Elaphodus cephalophus*
偶蹄目	鹿科	麋鹿	*Elaphurus davidianus*
偶蹄目	鹿科	河麂	*Hydropotes inermis*
偶蹄目	鹿科	黑麂	*Muntiacus crinifrons*
偶蹄目	鹿科	赤麂	*Muntiacus muntjak*
偶蹄目	鹿科	小麂（黄麂）	*Muntiacus reevesi*
偶蹄目	鹿科	驯鹿	*Rangifer tarandus*
偶蹄目	骆驼科	野骆驼	*Camelus ferus*
偶蹄目	骆驼科	羊驼（原驼）	*Lama glama*
偶蹄目	骆驼科	驼羊	*Vicugna pacos*
偶蹄目	骆驼科	小羊驼	*Vicugna vicugna*
偶蹄目	牛科	旋角羚	*Addax nasomaculatus*
偶蹄目	牛科	高角羚	*Aepyceros melampus*
偶蹄目	牛科	蛮羊	*Ammotragus lervia*
偶蹄目	牛科	跳羚	*Antidorcas marsupialis*
偶蹄目	牛科	印度黑羚	*Antilope cervicapra*
偶蹄目	牛科	美洲野牛	*Bison bison*
偶蹄目	牛科	大额牛	*Bos frontalis*
偶蹄目	牛科	野牦牛	*Bos grunniens*
偶蹄目	牛科	五指山白水牛	*Bubalus bubalus*
偶蹄目	牛科	羚牛（扭角羚）	*Budorcas taxicolor*
偶蹄目	牛科	山羊	*Capra aegagrus*
偶蹄目	牛科	北山羊（羱羊）	*Capra ibex*
偶蹄目	牛科	黑角马（白尾牛羚）	*Connochaetes gnou*

目	科	种名	拉丁名
偶蹄目	牛科	蓝角马（黑尾牛羚）	*Connochaetes taurinus*
偶蹄目	牛科	白脸羚羊	*Damaliscus dorcas*
偶蹄目	牛科	南非大羚羊	*Damaliscus lunatus*
偶蹄目	牛科	白脸牛羚	*Damaliscus pygargus*
偶蹄目	牛科	鹅喉羚	*Gazella subgutturosa*
偶蹄目	牛科	塔尔羊（喜马拉雅塔尔羊）	*Hemitragus jemlahicus*
偶蹄目	牛科	列氏水羚	*Kobus leche*
偶蹄目	牛科	赤斑羚	*Nemorhaedus cranbrooki*
偶蹄目	牛科	斑羚	*Nemorhaedus goral*
偶蹄目	牛科	苏门羚（鬣羚）	*Capricornis sumatraensis*
偶蹄目	牛科	长角羚（白长角羚）	*Oryx dammah*
偶蹄目	牛科	南非长角羚	*Oryx gazelle*
偶蹄目	牛科	阿拉伯羚羊	*Oryx leucoryx*
偶蹄目	牛科	盘羊	*Ovis ammon*
偶蹄目	牛科	绵羊	*Ovis aries*
偶蹄目	牛科	欧洲盘羊	*Ovis musimon*
偶蹄目	牛科	蒙古瞪羚（黄羊）	*Procapra gutturosa*
偶蹄目	牛科	藏原羚	*Procapra picticaudata*
偶蹄目	牛科	岩羊	*Pseudois nayaur*
偶蹄目	牛科	大羚羊	*Taurotragus oryx*
偶蹄目	牛科	东非条纹羚	*Tragelaphus angasi*
偶蹄目	牛科	非洲林羚	*Tragelaphus spekii*
偶蹄目	牛科	大弯角羚	*Tragelaphus strepsiceros*
偶蹄目	牛科	薮羚	*Tragelaphus scriptus*
偶蹄目	猪科	野猪	*Sus scrofa*
奇蹄目	马科	斑马	*Equus burchelli*
奇蹄目	马科	矮马	*Equus caballus*
奇蹄目	马科	蒙古野驴	*Equus hemionus*
奇蹄目	马科	西藏野驴	*Equus kiang*
奇蹄目	马科	野马	*Equus przewalskii*
奇蹄目	貘科	中美貘	*Tapirus bairdii*
奇蹄目	貘科	马来貘	*Tapirus indicus*
奇蹄目	貘科	南美貘	*Tapirus terrestris*
奇蹄目	犀科	白犀	*Ceratotherium simum*
奇蹄目	犀科	黑犀牛	*Diceros bicornis*
奇蹄目	犀科	爪哇犀（小独角犀）	*Rhinoceros sondaicus*
食虫目	猬科	刺猬	*Erinaceus europaeus*

目	科	种名	拉丁名
食肉目	大熊猫科	大熊猫	*Ailuropoda melanoleuca*
食肉目	海豹科	斑海豹	*Phoca largha*
食肉目	海狮科	北美海狮	*Arctocephalus townsendi*
食肉目	海狮科	海狗	*Callorhinus ursinus*
食肉目	海狮科	南美海狮	*Otaria flavescens*
食肉目	海象科	海象	*Odobenus rosmarus*
食肉目	浣熊科	小熊猫	*Ailurus fulgens*
食肉目	浣熊科	南美浣熊	*Nasua nasua*
食肉目	浣熊科	蜜熊	*Potos flavus*
食肉目	浣熊科	浣熊	*Procyon lotor*
食肉目	鬣狗科	斑鬣狗	*Crocuta crocuta*
食肉目	鬣狗科	缟鬣狗	*Hyaena hyaena*
食肉目	灵猫科	熊狸	*Arctictis binturong*
食肉目	灵猫科	食蟹獴	*Herpestes urva*
食肉目	灵猫科	果子狸	*Paguma larvata*
食肉目	灵猫科	大灵猫	*Viverra zibetha*
食肉目	灵猫科	小灵猫	*Viverricula indica*
食肉目	猫科	猎豹	*Acinonyx jubatus*
食肉目	猫科	狞猫	*Caracal caracal*
食肉目	猫科	豹猫	*Felis bengalensis*
食肉目	猫科	荒漠猫（漠猫）	*Felis bieti*
食肉目	猫科	草原斑猫	*Felis libyca*
食肉目	猫科	猞猁	*Felis lynx*
食肉目	猫科	兔狲	*Felis manul*
食肉目	猫科	猫（欧林猫）	*Felis silvestris*
食肉目	猫科	金猫	*Felis temmincki*
食肉目	猫科	云豹	*Neofelis nebulosa*
食肉目	猫科	狮	*Panthera leo*
食肉目	猫科	美洲虎（美洲豹）	*Panthera once*
食肉目	猫科	朝鲜豹	*Panthera pardus*
食肉目	猫科	豹	*Panthera pardus*
食肉目	猫科	虎	*Panthera tigris*
食肉目	猫科	美洲狮	*Puma concolor*
食肉目	猫科	雪豹	*Panthera uncia*
食肉目	獴科	非洲獴	*Mungos mungo*
食肉目	獴科	细尾獴	*Suricata suricata*
食肉目	犬科	蓝狐	*Alopex lagopus*

目	科	种名	拉丁名
食肉目	犬科	金色胡狼	*Canis aureus*
食肉目	犬科	狼	*Canis lupus*
食肉目	犬科	非洲胡狼	*Canis mesomelas*
食肉目	犬科	豺	*Cuon alpinus*
食肉目	犬科	非洲猎犬	*Lycaon pictus*
食肉目	犬科	貉	*Nyctereutes procyonoides*
食肉目	犬科	北极熊	*Ursus maritimus*
食肉目	犬科	沙狐	*Vulpes corsac*
食肉目	犬科	藏狐（藏沙狐）	*Vulpes ferrilata*
食肉目	犬科	赤狐（狐狸）（红狐）	*Vulpes vulpes*
食肉目	犬科	耳廓狐	*Vulpes zerda*
食肉目	熊科	马来熊	*Helarctos malayanus*
食肉目	熊科	黑熊（亚洲黑熊）	*Selenarctos thibetanus*
食肉目	熊科	棕熊（马熊）	*Ursus arctos*
食肉目	熊科	马熊	*Urus pruinosus*
食肉目	鼬科	猪獾	*Arctonyx collaris*
食肉目	鼬科	貂熊（狼獾）	*Gulo gulo*
食肉目	鼬科	水獭	*Lutra lutra*
食肉目	鼬科	黄喉貂（青鼬）（黄猺）	*Martes flavigula*
食肉目	鼬科	狗獾（獾）	*Meles meles*
食肉目	鼬科	白鼬	*Mustela erminea*
食肉目	鼬科	加拿大臭鼬	*Mustela mephitis*
食肉目	鼬科	雪貂	*Mustela Pulourius*
食肉目	鼬科	鸡鼬	*Mustela putorius*
兔形目	兔科	东北黑兔	*Lepus melainus*
翼手目	狐蝠科	大狐蝠（印度大狐蝠）	*Pteropus giganteus*
翼手目	狐蝠科	果蝠（棕果蝠）	*Rousettus leschenaulti*
有袋目	袋貂科	帚尾袋貂	*Trichosurus vulpecula*
有袋目	袋鼠科	小灰袋鼠（西灰大袋鼠）	*Macropus fuliginosus*
有袋目	袋鼠科	大灰袋鼠	*Macropus giganteus*
有袋目	袋鼠科	红颈袋鼠（白袋鼠）	*Macropus rufogriseus*
有袋目	袋鼠科	大赤袋鼠	*Macropus rufus*
有袋目	袋鼠科	尤氏袋鼠（黑袋鼠）	*Malropus eagenll*
有袋目	树袋熊科	树熊	*Phascolarctos cinereus*

盘羊

盘羊

北山羊

岩羊

梅花鹿

马鹿

黑鹿

黄麂（*Muntiacus reevesi*）

动物园的一些偶蹄目动物　蒋志刚摄

附录 2 抽样调查的动物园饲养动物编目（II）

1 两栖纲

目	科	种名	拉丁名	饲养动物园
无尾目	蟾蜍科	大蟾蜍	*Bufo bufo*	辽宁大连森林动物园
无尾目	蟾蜍科	海蟾蜍	*Bufo marina*	广西南宁动物园
无尾目	蟾蜍科	花背蟾蜍	*Bufo raddei*	北京动物园 陕西西安动物园
无尾目	锄足蟾科	南美角蛙	*Ceratophrys cranwelli*	广西南宁动物园
无尾目	锄足蟾科	钝角蛙	*Ceratophrys ornata*	北京动物园 广西南宁动物园
无尾目	负子蟾科	苏里南负子蟾	*Pipa pipa*	北京动物园
无尾目	姬蛙科	番茄蛙	*Dyscophus guineti*	北京动物园
无尾目	姬蛙科	花狭口蛙	*Kaloula pulchra*	广西南宁动物园
无尾目	姬蛙科	花姬蛙	*Microhyla pulchra*	北京动物园
无尾目	金背蟾蜍	金背蟾蜍	*Bufo guttatus*	北京动物园
无尾目	盘舌蟾科	东方铃蟾	*Bombina orientalis*	北京动物园
无尾目	树蛙科	大泛树蛙	*Polypedates dennysi*	广西南宁动物园
无尾目	树蛙科	大树蛙	*Rhacophorus dennysii*	北京动物园
无尾目	树蛙科	双斑树蛙	*Rhacoporus bimaculatus*	江苏苏州动物园
无尾目	蛙科	非洲牛蛙	*Pyxicephalus adspersus*	北京动物园
无尾目	蛙科	牛蛙	*Rana catesbiana*	北京动物园 江苏南京红山森林动物园 吉林长春动植物园 安徽六安公园动物园
无尾目	细趾蟾科	圆眼珍珠蛙	*Lepidobatrachus laevis*	广西南宁动物园
无尾目	雨蛙科	绿雨滨蛙	*Litoria caerulea*	北京动物园 广西南宁动物园
无尾目	爪蟾科	非洲爪蟾	*Xenopus laevis*	北京动物园 江苏南京红山森林动物园
有尾目	钝口螈科	墨西哥钝口螈	*Ambystoma mexicanum*	北京动物园
有尾目	蝾螈科	东方蝾螈	*Cynops orientalis*	北京动物园 甘肃兰州五泉公园动物园 辽宁大连森林动物园
有尾目	蝾螈科	镇海棘螈	*Echinotriton chinhaiensis*	北京动物园
有尾目	隐鳃鲵科	大鲵	*Andrias davidianus*	北京动物园 江苏南京红山森林动物园 昆明野生动物园 湖南长沙动物园 湖南湘潭和平公园动物园 江苏苏州动物园 天津动物园 山东济南动物园 山东荣城神雕山动物园 江西南昌动物园 甘肃兰州五泉公园动物园 河南郑州动物园 安徽六安公园动物园 安徽淮南龙湖公园动物园 陕西汉中动物园

2 爬行纲

目	科	种名	拉丁名	饲养动物园
鳄目	鳄科	尼罗鳄	*Crocodylus niloticus*	山东济南动物园 安徽野生动物园
鳄目	鳄科	恒河鳄	*Crocodylus palustris*	北京野生动物园
鳄目	鳄科	湾鳄	*Crocodylus porosus*	江苏南京红山森林动物园 广西南宁动物园 湖南长沙动物园 湖南湘潭和平公园动物园 江苏苏州动物园 天津动物园 山东济南动物园 四川成都动物园 甘肃兰州五泉公园动物园 海南三亚爱心大世界 海南热带野生动植物园 河南郑州动物园 河南周口人民公园动物园 安徽野生动物园 安徽蚌埠张公山动物园
鳄目	鳄科	泰国鳄	*Crocodylus siamensis*	北京野生动物园 陕西西安动物园
鳄目	鼍科	扬子鳄	*Alligator sinensis*	北京野生动物园 江苏南京红山森林动物园 常德动物园 广西南宁动物园 湖南长沙动物园 江苏珍珠泉野生动物园 江苏苏州动物园 吉林长春动植物园 山西太原动物园 四川成都动物园 四川南充动物园 江西南昌动物园 甘肃兰州五泉公园动物园 海南金牛岭动物园 河南郑州动物园 河南周口人民公园动物园 辽宁大连森林动物园 安徽野生动物园 安徽六安公园动物园 安徽淮南龙湖公园动物园 安徽蚌埠张公山动物园 陕西西安动物园
鳄目	鼍科	密河鳄	*Alligator mississippiensis*	北京野生动物园 安徽野生动物园
龟鳖目	鳖科	山瑞鳖	*Palea steindachneri*	安徽野生动物园
龟鳖目	鳖科	鳖	*Pelodicus sinensis*	湖南湘潭和平公园动物园 江苏常州淹城野生动物世界 河南郑州动物园
龟鳖目	鳖科	斑鳖	*Rafetus swinhoei*	湖南长沙动物园
龟鳖目	侧颈龟科	扁头长颈龟	*chelodina siebenrocki*	北京野生动物园 江苏南京红山森林动物园
龟鳖目	侧颈龟科	阿根廷侧颈龟	*Phrynops hilarii*	北京野生动物园
龟鳖目	侧颈龟科	黄头侧颈龟	*Podocnemis unifilis*	北京野生动物园
龟鳖目	动胸龟科	刀背麝动胸龟	*Sternotherus carinatus*	北京野生动物园
龟鳖目	鳄龟科	鳄龟	*Macrochelys temmincki*	北京野生动物园 江苏南京红山森林动物园 昆明野生动物园 常德动物园 湖南长沙动物园 湖南湘潭和平公园动物园 江苏苏州动物园 江苏常州淹城野生动物世界 四川南充动物园 江西九江动物园 河南郑州动物园 安徽野生动物园 安徽淮南龙湖公园动物园 江苏徐州动物园 陕西西安动物园

目	科	种名	拉丁名	饲养动物园
龟鳖目	龟科	乌龟	*Chinemys reevesii*	北京野生动物园　广西南宁动物园　湖南湘潭和平公园动物园　吉林长春动植物园　安徽淮南龙湖公园动物园
龟鳖目	龟科	马来闭壳龟	*Cuora amboinensis*	北京野生动物园　四川成都动物园
龟鳖目	龟科	黄额闭壳龟	*Cuora galbinifrons*	北京野生动物园　辽宁大连森林动物园　安徽蚌埠张公山动物园
龟鳖目	龟科	三线闭壳龟	*Cuora trifasciata*	北京野生动物园　江苏苏州动物园　河南郑州动物园　安徽蚌埠张公山动物园
龟鳖目	龟科	云南闭壳龟	*Cuora yunnanensis*	湖南长沙动物园
龟鳖目	龟科	黄缘闭壳龟	*Cuora flavomarginata*	北京野生动物园　湖南长沙动物园
龟鳖目	龟科	齿缘摄龟	*Cyclemys dentata*	北京野生动物园　甘肃兰州五泉公园动物园　陕西西安动物园
龟鳖目	龟科	条颈摄龟	*Cyclemys tcheponensis*	北京野生动物园
龟鳖目	龟科	地龟	*Geoemyda spengleri*	北京野生动物园
龟鳖目	龟科	斑点池龟	*Geolemys hamiltonii*	北京野生动物园
龟鳖目	龟科	密西西比地图龟	*Graptemys kohnii*	北京野生动物园
龟鳖目	龟科	扁东方龟	*Heosemys depressa*	北京野生动物园
龟鳖目	龟科	大东方龟	*Heosemys grandis*	北京野生动物园　湖南湘潭和平公园动物园　四川成都动物园　河南郑州动物园　安徽野生动物园
龟鳖目	龟科	黄头庙龟	*Hieremys annandalei*	北京野生动物园　四川成都动物园　安徽蚌埠张公山动物园
龟鳖目	龟科	黄喉拟水龟	*Mauremys mutica*	北京野生动物园　湖南长沙动物园　湖南湘潭和平公园动物园　安徽野生动物园
龟鳖目	龟科	三棱黑龟	*Melanochelys tricarinata*	北京野生动物园　四川成都动物园
龟鳖目	龟科	中华花龟	*Ocadia sinensis*	北京野生动物园　江苏苏州动物园　江西九江动物园
龟鳖目	龟科	马来西亚巨龟	*Orlitia borneensis*	江苏南京红山森林动物园　四川成都动物园
龟鳖目	龟科	木纹龟	*Rhinoclemmys pulcherima*	北京野生动物园
龟鳖目	龟科	眼斑龟	*Sacalia bealei*	北京野生动物园　湖南湘潭和平公园动物园
龟鳖目	龟科	四眼斑龟	*Sacalia quadriocellata*	北京野生动物园　陕西西安动物园
龟鳖目	龟科	卡罗莱纳箱龟	*Terrapene carolina*	北京野生动物园
龟鳖目	龟科	箱龟	*Terrapene coahuila*	北京野生动物园
龟鳖目	龟科	红耳龟	*Trachemys scripta*	北京野生动物园　湖南长沙动物园　湖南湘潭和平公园动物园　江苏苏州动物园　吉林长春动植物园　山东济南动物园　甘肃兰州五泉公园动物园　河南郑州动物园　辽宁大连森林动物园　安徽六安公园动物园　安徽蚌埠张公山动物园

目	科	种名	拉丁名	饲养动物园
龟鳖目	海龟科	海龟	*Chelonia mydas*	江苏南京红山森林动物园 广州香江野生动物园 广西南宁动物园 湖南湘潭和平公园动物园 吉林长春动植物园 山东济南动物园 甘肃兰州五泉公园动物园 海南金牛岭动物园 河南郑州动物园 安徽淮南龙湖公园动物园
龟鳖目	海龟科	玳瑁	*Erelmochelys imbricata*	江苏苏州动物园 山东济南动物园 海南金牛岭动物园 河南郑州动物园
龟鳖目	海龟科	丽龟	*Lepidochelys olivacea*	江苏南京红山森林动物园
龟鳖目	两爪鳖科	两爪鳖	*Carettochelys insculpta*	北京野生动物园
龟鳖目	陆龟科	红腿象龟	*Geochelone carbonaria*	北京野生动物园
龟鳖目	陆龟科	印度星龟	*Geochelone elegans*	北京野生动物园 安徽野生动物园
龟鳖目	陆龟科	大象龟	*Geochelone nigra*	吉林长春动植物园 河南郑州动物园
龟鳖目	陆龟科	豹纹象龟	*Geochelone pardalis*	北京野生动物园 安徽野生动物园
龟鳖目	陆龟科	苏卡达象龟	*Geochelone sulcata*	北京野生动物园 安徽野生动物园
龟鳖目	陆龟科	辐纹陆龟	*Goechelone radiata*	北京野生动物园
龟鳖目	陆龟科	斑点陆龟	*Homopus signata*	北京野生动物园
龟鳖目	陆龟科	缅甸陆龟	*Indotestudo elongata*	北京野生动物园 江苏南京红山森林动物园 吉林长春动植物园 山东济南动物园 山东荣成神雕山动物园 四川成都动物园 江西九江动物园 安徽六安公园动物园 安徽淮南龙湖公园动物园 安徽蚌埠张公山动物园
龟鳖目	陆龟科	凹甲陆龟	*Manouria impressa*	北京野生动物园 四川成都动物园
龟鳖目	陆龟科	平背陆龟	*Pyxis planicauda*	北京野生动物园
龟鳖目	陆龟科	四爪陆龟	*Testudo horsfieldii*	北京野生动物园 安徽野生动物园
龟鳖目	平胸龟科	平胸龟	*Platysternon megacephalum*	北京野生动物园 四川成都动物园 河南郑州动物园
龟鳖目	蛇颈龟科	玛塔龟	*Chelus fimbriatus*	北京野生动物园 陕西西安动物园
龟鳖目	蛇颈龟科	红腹短颈龟	*Emydura subglobosa*	北京野生动物园
龟鳖目	蛇颈龟科	希氏蟾龟	*Phrunops hilarii*	北京野生动物园
蛇目	蝰科	岩栖蝮	*Agkistrodon saxatilis*	辽宁大连森林动物园
蛇目	蝰科	高原蝮	*Agkistrodon strauchi*	北京野生动物园 江苏南京红山森林动物园 湖南长沙动物园 江苏苏州动物园 甘肃兰州五泉公园动物园 河南郑州动物园 安徽野生动物园 安徽蚌埠张公山动物园 江苏徐州动物园 陕西西安动物园
蛇目	蝰科	响尾蛇	*Crotalus horridus*	山东济南动物园

目	科	种名	拉丁名	饲养动物园
蛇目	蝰科	尖吻蝮	*Deinagkistrodon acutus*	四川成都动物园　北京野生动物园　湖南长沙动物园　湖南湘潭和平公园动物园　山东济南动物园　甘肃兰州五泉公园动物园　安徽野生动物园　江苏徐州动物园
蛇目	蝰科	短尾蝮	*Gloydius brevicaudus*	四川成都动物园
蛇目	蝰科	山烙铁头蛇	*Ovophis monticola*	北京野生动物园　河南郑州动物园　安徽淮南龙湖公园动物园
蛇目	蝰科	菜花原矛头蝮	*Protobothrops jerdonii*	北京野生动物园
蛇目	蝰科	福建竹叶青蛇	*Trimeresurus stejnegeri*	北京野生动物园　江苏南京红山森林动物园　湖南长沙动物园　江苏苏州动物园　吉林长春动植物园　山东济南动物园　四川成都动物园　甘肃兰州五泉公园动物园　河南郑州动物园　安徽野生动物园　安徽淮南龙湖公园动物园　江苏徐州动物园
蛇目	蝰科	草原蝰	*Vipera ursinii*	江苏南京红山森林动物园　山东济南动物园
蛇目	蟒科	巨蚺	*Boa constrictor*	北京野生动物园　江苏南京红山森林动物园　江西九江动物园　安徽野生动物园
蛇目	蟒科	白唇蟒	*Leiopython albertisii*	北京野生动物园
蛇目	蟒科	绿树蟒	*Morelia Chondropython virdis*	江苏南京红山森林动物园
蛇目	蟒科	地毯蟒	*Morelia spilota*	安徽野生动物园
蛇目	蟒科	缅甸蟒	*Python molurus*	北京野生动物园　江苏南京红山森林动物园　昆明野生动物园　广西南宁动物园　四川成都动物园　甘肃兰州五泉公园动物园　河南郑州动物园　安徽野生动物园　陕西西安动物园
蛇目	蟒科	球蟒	*Python regius*	北京野生动物园　安徽野生动物园
蛇目	蟒科	网纹蟒	*Python reticulatus*	北京野生动物园　江苏南京红山森林动物园　山东济南动物园　江西九江动物园　安徽野生动物园　陕西西安动物园
蛇目	蟒科	非洲岩蟒	*Python sebae*	安徽野生动物园
蛇目	眼镜蛇科	金环蛇	*Bungarus fasciatus*	广西南宁动物园　湖南湘潭和平公园动物园　甘肃兰州五泉公园动物园　河南郑州动物园
蛇目	眼镜蛇科	银环蛇	*Bungarus multicinctus*	北京野生动物园　广西南宁动物园　湖南长沙动物园　江西九江动物园　甘肃兰州五泉公园动物园　安徽野生动物园

目	科	种名	拉丁名	饲养动物园
蛇目	眼镜蛇科	舟山眼镜蛇	*Naja atra*	北京野生动物园 江苏南京红山森林动物园 广西南宁动物园 湖南长沙动物园 湖南湘潭和平公园动物园 江苏苏州动物园 江苏常州淹城野生动物世界 山东济南动物园 四川成都动物园 安徽淮南龙湖公园动物园 江苏徐州动物园
蛇目	眼镜蛇科	孟加拉眼镜蛇	*Naja kaouthia*	四川成都动物园
蛇目	眼镜蛇科	眼镜王蛇	*Ophiophagus hannah*	江苏南京红山森林动物园 广西南宁动物园 四川成都动物园 安徽野生动物园
蛇目	游蛇科	绿瘦蛇	*Ahaetulla prasina*	吉林长春动植物园
蛇目	游蛇科	翠青蛇	*Cyclophiops major*	江苏南京红山森林动物园 四川成都动物园 河南郑州动物园 安徽野生动物园
蛇目	游蛇科	赤链蛇	*Dinodon rufozonatum*	北京野生动物园 湖南长沙动物园 江苏苏州动物园 吉林长春动植物园 山东济南动物园 四川成都动物园 江西九江动物园 甘肃兰州五泉公园动物园 辽宁大连森林动物园 安徽野生动物园 江苏徐州动物园 陕西西安动物园
蛇目	游蛇科	王锦蛇	*Elaphe carinata*	北京野生动物园 湖南长沙动物园 湖南湘潭和平公园动物园 江苏常州淹城野生动物世界 吉林长春动植物园 四川成都动物园 江西九江动物园 甘肃兰州五泉公园动物园 河南郑州动物园 辽宁大连森林动物园 安徽野生动物园 安徽六安公园动物园 江苏徐州动物园
蛇目	游蛇科	白条锦蛇（黑斑蛇、麻蛇、枕纹锦蛇）	*Elaphe dione*	甘肃兰州五泉公园动物园
蛇目	游蛇科	玉米锦蛇	*Elaphe guttata*	北京野生动物园
蛇目	游蛇科	玉斑锦蛇	*Elaphe mandarina*	北京野生动物园 湖南长沙动物园 四川成都动物园 甘肃兰州五泉公园动物园 河南郑州动物园 安徽野生动物园 江苏徐州动物园 陕西西安动物园
蛇目	游蛇科	百花锦蛇	*Elaphe moellendorffi*	江苏常州淹城野生动物世界 江西九江动物园 河南郑州动物园 江苏徐州动物园
蛇目	游蛇科	三索锦蛇	*Elaphe radiata*	四川成都动物园
蛇目	游蛇科	红点锦蛇	*Elaphe rufodorsata*	北京野生动物园 江苏南京红山森林动物园
蛇目	游蛇科	棕黑锦蛇	*Elaphe schrenckii*	北京野生动物园

目	科	种名	拉丁名	饲养动物园
蛇目	游蛇科	黑眉锦蛇	*Elaphe taeniura*	北京野生动物园 江苏南京红山森林动物园 湖南长沙动物园 江苏常州淹城野生动物世界 山东济南动物园 四川成都动物园 甘肃兰州五泉公园动物园 辽宁大连森林动物园 江苏徐州动物园 陕西西安动物园
蛇目	游蛇科	中国水蛇	*Enhydris chinensis*	北京野生动物园 湖南长沙动物园
蛇目	游蛇科	彩虹水蛇	*Enhydris enhydris*	江苏苏州动物园 山东济南动物园 江西九江动物园
蛇目	游蛇科	灰带王蛇	*Lampropeltis alterna*	北京野生动物园
蛇目	游蛇科	加州王蛇	*Lampropeltis getulus californiae*	北京野生动物园 四川成都动物园
蛇目	游蛇科	牛奶蛇	*Lampropeltis triangulum campbelli*	北京野生动物园
蛇目	游蛇科	墨西哥王蛇	*Lamproreltis mexicana*	北京野生动物园
蛇目	游蛇科	颈棱蛇	*Macropisthodon rudis*	湖南长沙动物园
蛇目	游蛇科	水赤链游蛇	*Natrix annularis*	北京野生动物园
蛇目	游蛇科	水游蛇	*Natrix natrix*	山东济南动物园
蛇目	游蛇科	乌游蛇（华游蛇）	*Natrix percarinata*	北京野生动物园
蛇目	游蛇科	草游蛇	*Natrix stolata*	江苏徐州动物园
蛇目	游蛇科	虎斑游蛇	*Natrix tigrina*	江苏南京红山森林动物园 湖南长沙动物园 吉林长春动植物园
蛇目	游蛇科	灰鼠蛇	*Ptyas korros*	北京野生动物园 江苏徐州动物园
蛇目	游蛇科	滑鼠蛇	*Ptyas mucosus*	北京野生动物园 吉林长春动植物园
蛇目	游蛇科	虎斑颈槽蛇	*Rhabdophis tigrinus*	四川成都动物园 辽宁大连森林动物园
蛇目	游蛇科	赤链华游蛇	*Sinonatrix annularis*	江苏南京红山森林动物园 四川成都动物园
蛇目	游蛇科	乌梢蛇	*Zaocys dhumnades*	江苏南京红山森林动物园 湖南长沙动物园 湖南湘潭和平公园动物园 山东济南动物园 四川成都动物园 甘肃兰州五泉公园动物园 安徽六安公园动物园 安徽淮南龙湖公园动物园 陕西西安动物园
蛇目	游蛇科	黑线乌梢蛇	*Zaocys nigromarginatus*	江苏苏州动物园
蜥蜴目	壁虎科	豹纹守宫	*Eublepharis macularius*	北京野生动物园
蜥蜴目	壁虎科	大壁虎	*Gekko gecko*	北京野生动物园 山东济南动物园
蜥蜴目	壁虎科	马达加斯加残趾虎	*Phelsuma madagascariensis*	北京野生动物园
蜥蜴目	壁虎科	伊犁沙虎	*Teratoscincus scincus*	北京野生动物园
蜥蜴目	避役科	高冠变色龙	*Chamaeleo calyptoratus*	吉林长春动植物园 安徽野生动物园
蜥蜴目	避役科	地毯变色龙	*Furcifer lateralis*	北京野生动物园
蜥蜴目	鳄蜥科	鳄蜥	*Shinisaurus crocodilurus*	北京野生动物园 山东济南动物园 河南郑州动物园

目	科	种名	拉丁名	饲养动物园
蜥蜴目	冠蜥科	玉米蜥	*Laemanctus longipes*	北京野生动物园
蜥蜴目	环尾蜥科	盾甲蜥	*gerrhosaurus major*	北京野生动物园
蜥蜴目	巨蜥科	孟加拉巨蜥	*Varanus bengalensis*	北京野生动物园 四川成都动物园 安徽野生动物园
蜥蜴目	巨蜥科	平原巨蜥	*Varanus exanthematicus*	北京野生动物园 江苏苏州动物园 安徽野生动物园
蜥蜴目	巨蜥科	沙漠巨蜥	*Varanus griseus*	江苏南京红山森林动物园
蜥蜴目	巨蜥科	红树巨蜥	*Varanus indicus*	江苏南京红山森林动物园
蜥蜴目	巨蜥科	尼罗河巨蜥	*Varanus niloticus*	北京野生动物园 安徽野生动物园
蜥蜴目	巨蜥科	水巨蜥	*Varanus salvator*	四川成都动物园 安徽蚌埠张公山动物园
蜥蜴目	鬣蜥科	刺尾鬣蜥	*Agama caudospinosa*	吉林长春动植物园
蜥蜴目	鬣蜥科	新疆鬣蜥	*Agama stoliczkana*	北京野生动物园
蜥蜴目	鬣蜥科	古巴变色蜥	*Anolis equestris*	北京野生动物园
蜥蜴目	鬣蜥科	双嵴冠蜥	*Basiliscua plumifrons*	北京野生动物园
蜥蜴目	鬣蜥科	斗篷蜥	*Chalamydosaurus Kingii Gray*	北京野生动物园
蜥蜴目	鬣蜥科	项圈蜥	*Crotaphytus collaris*	北京野生动物园
蜥蜴目	鬣蜥科	斑帆蜥	*Hydrosaurus pustulatus*	江苏南京红山森林动物园
蜥蜴目	鬣蜥科	美洲鬣蜥	*Iguana iguana*	北京野生动物园 江苏南京红山森林动物园 昆明野生动物园 吉林长春动植物园 四川成都动物园 安徽野生动物园
蜥蜴目	鬣蜥科	长肢山冠蜥	*Laemanctus longipes*	北京野生动物园
蜥蜴目	鬣蜥科	青海沙蜥	*Phrynocephalus vlangalii*	北京野生动物园
蜥蜴目	鬣蜥科	长鬣蜥	*Physignathus cocincinus*	北京野生动物园 江苏南京红山森林动物园 四川成都动物园
蜥蜴目	鬣蜥科	横纹长鬣蜥	*physignathus lesueurii*	北京野生动物园
蜥蜴目	鬣蜥科	鬃狮蜥	*Pogona vitticeps*	安徽野生动物园
蜥蜴目	美洲蜥蜴科	黑斑双领蜥	*Tupinambis merianae*	沈阳森林野生动物园 北京野生动物园 安徽野生动物园
蜥蜴目	美洲蜥蜴科	金黄双领蜥	*Tupinambis teguixin*	北京野生动物园
蜥蜴目	石龙子科	中国石龙子	*Eumeces chinensis*	昆明野生动物园
蜥蜴目	石龙子科	侏蜥	*Riopa bowringii*	北京野生动物园
蜥蜴目	石龙子科	西部蓝舌蜥	*Tiliqua occipitalis*	北京野生动物园
蜥蜴目	石龙子科	斜纹蓝舌蜥	*Tiliqua scincoides*	北京野生动物园 湖南长沙动物园 吉林长春动植物园 安徽野生动物园
蜥蜴目	石龙子科	红眼鹰蜥	*Tribolonotus gracilis*	北京野生动物园
蜥蜴目	蜥蜴科	快步麻蜥	*Eremias velox*	北京野生动物园
蜥蜴目	蜥蜴科	北草蜥	*Takydromus septentrionalis*	北京野生动物园

3 鸟纲

目	科	种名	拉丁名	饲养动物园
雨燕目	雨燕科	普通楼燕	*Apus apus*	北京动物园
鹦形目	鹦鹉科	牡丹鹦鹉	*Aga pornis*	北京动物园 哈尔滨动物园 湖南长沙动物园 北京野生动物园 山西太原动物园 江西南昌动物园 河南洛阳王城公园动物园 安徽芜湖市赭山风景区动物园 安徽合肥野生动物园 安徽无锡锡惠园林动物园 安徽淮南龙湖公园动物园 陕西西安动物园
鹦形目	鹦鹉科	费氏牡丹鹦鹉	*Agapornis fischeri*	北京动物园
鹦形目	鹦鹉科	黑脸牡丹鹦鹉	*Agapornis nigrigensis*	昆明动物园 辽宁大连森林动物园
鹦形目	鹦鹉科	黄领牡丹鹦鹉	*Agapornis personatus*	昆明动物园 江西南昌动物园 河南郑州动物园
鹦形目	鹦鹉科	红脸牡丹鹦鹉	*Agapornis pullarius*	银川市中山公园动物园 重庆野生动物园 江西南昌动物园
鹦形目	鹦鹉科	白额绿鹦哥	*Amazona albifrons*	北京动物园
鹦形目	鹦鹉科	橙翅鹦哥	*Amazona amazonica*	北京动物园
鹦形目	鹦鹉科	红眼鹦哥	*Amazona autumnalis*	北京动物园
鹦形目	鹦鹉科	黄冠鹦哥	*Amazona ochrocephala*	北京动物园 江苏常州淹城野生动物世界
鹦形目	鹦鹉科	紫蓝金刚鹦鹉	*Anodorhynchus hyacinthus*	哈尔滨动物园
鹦形目	鹦鹉科	红绿金刚鹦鹉	*Ara chloroptera*	昆明野生动物园 重庆野生动物园 北京野生动物园 四川成都动物园
鹦形目	鹦鹉科	金刚鹦鹉	*Ara macao*	哈尔滨动物园 昆明野生动物园 常德动物园 重庆野生动物园 湖南长沙动物园 北京八达岭动物园 山东济南动物园 江西南昌动物园 河南开封汴京公园动物园 辽宁大连森林动物园 安徽芜湖市赭山风景区动物园 安徽合肥野生动物园 安徽无锡锡惠园林动物园 安徽淮北相山公园动物园 陕西西安动物园
鹦形目	鹦鹉科	军金刚鹦鹉	*Ara militaris*	甘肃兰州五泉公园动物园
鹦形目	鹦鹉科	金帽鹦鹉	*Aratinga auricapilla*	北京动物园
鹦形目	鹦鹉科	白凤头鹦鹉	*Cacatua alba*	北京动物园 重庆野生动物园 四川成都动物园
鹦形目	鹦鹉科	葵花凤头鹦鹉	*Cacatua galerita*	北京动物园 哈尔滨动物园 昆明野生动物园 常德动物园 重庆野生动物园 昆明动物园 广西南宁动物园 北京野生动物园 北京八达岭动物园 山西太原动物园 四川成都动物园 江西南昌动物园 河南郑州动物园 河南开封汴京公园动物园 辽宁大连森林动物园 安徽无锡锡惠园林动物园
鹦形目	鹦鹉科	戈氏凤头鹦鹉	*Cacatua goffini*	四川成都动物园
鹦形目	鹦鹉科	彩冠凤头鹦鹉	*Cacatua leadbeateri*	北京动物园

目	科	种名	拉丁名	饲养动物园
鹦形目	鹦鹉科	橙冠凤头鹦鹉	*Cacatua moluccensis*	北京动物园　重庆野生动物园　四川成都动物园　辽宁大连森林动物园
鹦形目	鹦鹉科	小葵花鹦鹉	*Cacatua sulphurea*	北京动物园　重庆野生动物园　四川成都动物园
鹦形目	鹦鹉科	红尾凤头鹦鹉	*Calyptorhynchus banksii*	北京动物园
鹦形目	鹦鹉科	黑凤头鹦鹉	*Calyptorhynchus funereus*	北京动物园
鹦形目	鹦鹉科	红吸蜜鹦鹉	*Chalcopsitta cardinalis*	重庆野生动物园　昆明动物园　广西南宁动物园　湖南长沙动物园　河南郑州动物园　辽宁大连森林动物园
鹦形目	鹦鹉科	黄额褐鹦鹉	*Chalcopsitta duivenbodei*	北京动物园
鹦形目	鹦鹉科	红肩金刚鹦鹉	*Diopsittaca nobilis*	江苏常州淹城野生动物世界
鹦形目	鹦鹉科	粉红凤头鹦鹉	*Eolophus roseicapillus*	北京动物园
鹦形目	鹦鹉科	皇冠鹦鹉	*Eunymphicus cornutus*	北京动物园
鹦形目	鹦鹉科	锈脸鹦哥	*Hapalopsittaca amazonina*	北京动物园
鹦形目	鹦鹉科	噪鹦鹉	*Lorius garrulus*	北京动物园
鹦形目	鹦鹉科	虎皮鹦鹉	*Melopsittacus undulatus*	北京动物园　哈尔滨动物园　常德动物园　银川市中山公园动物园　昆明动物园　湖南长沙动物园　江苏苏州动物园　江苏常州淹城野生动物世界　山东济南动物园　山东荣成环翠楼动物园　四川成都动物园　河南郑州动物园　河南洛阳王城公园动物园　河南平顶山河滨公园动物园　河南许昌西湖公园动物园　辽宁大连森林动物园　安徽芜湖市赭山风景区动物园　安徽合肥野生动物园　安徽六安公园动物园　安徽淮南龙湖公园动物园　安徽蚌埠张公山动物园　陕西西安动物园
鹦形目	鹦鹉科	灰胸鹦哥	*Myiopsitta monachus*	四川成都动物园　河南开封汴京公园动物园
鹦形目	鹦鹉科	鸡尾鹦鹉	*Nymphicus hollandicus*	江苏南京红山森林动物园　昆明动物园　山西太原动物园　河南郑州动物园　安徽合肥野生动物园　北京动物园　重庆野生动物园　四川成都动物园　安徽无锡锡惠园林动物园
鹦形目	鹦鹉科	红腹金刚鹦鹉	*Orthopsittaca manilata*	江苏常州淹城野生动物世界
鹦形目	鹦鹉科	澳东玫瑰鹦鹉	*Platycercus eximius*	北京动物园
鹦形目	鹦鹉科	棕树凤头鹦	*Probosciger aterrimus*	北京动物园　昆明动物园
鹦形目	鹦鹉科	蓝头金刚鹦鹉	*Propyrrhura couloni*	甘肃兰州五泉公园动物园
鹦形目	鹦鹉科	绯胸鹦鹉	*Psittacula alexandri*	北京动物园　昆明野生动物园　银川市中山公园动物园　重庆野生动物园　昆明动物园　北京野生动物园　天津塘沽公园动物园　甘肃兰州五泉公园动物园　河南郑州动物园　安徽无锡锡惠园林动物园　陕西西安动物园
鹦形目	鹦鹉科	大紫胸鹦鹉	*Psittacula derbiana*	北京动物园　昆明动物园　四川成都动物园

目	科	种名	拉丁名	饲养动物园
鹦形目	鹦鹉科	亚历山大鹦鹉	*Psittacula eupatria*	北京动物园　昆明野生动物园　重庆野生动物园　河南郑州动物园　安徽无锡锡惠园林动物园
鹦形目	鹦鹉科	灰头鹦鹉	*Psittacula himalayana*	昆明动物园　海南金牛岭动物园
鹦形目	鹦鹉科	红领绿鹦鹉	*Psittacula krameri*	北京动物园　重庆野生动物园　昆明动物园　海南热带野生动植物园
鹦形目	鹦鹉科	非洲灰鹦鹉	*Psittacus erithacus*	北京动物园　重庆野生动物园　江苏常州淹城野生动物世界　北京野生动物园　四川成都动物园　安徽无锡锡惠园林动物园
鹦形目	鹦鹉科	彩虹吸蜜鹦鹉	*Trichoglossus haematodus*	重庆野生动物园　四川成都动物园
鹦形目	鹦鹉科	蓝色鹦鹉	*Vivi peruviana*	北京动物园
咬鹃目	咬鹃科	红腹咬鹃	*Harpactes wardi*	北京动物园
雁形目	鸭科	鸳鸯	*Aix galericulata*	北京动物园　哈尔滨动物园　昆明野生动物园　银川市中山公园动物园　重庆野生动物园　昆明动物园　广州香江野生动物园　广西南宁动物园　湖南长沙动物园　江苏苏州动物园　江苏扬州动物园　吉林长春动植物园　天津动物园　山西太原动物园　山东济南动物园　山东荣成神雕山动物园　四川成都动物园　江西南昌动物园　甘肃兰州五泉公园动物园　海南金牛岭动物园　海南热带野生动植物园　河南郑州动物园　河南开封汴京公园动物园　河南漯河市人民公园动物园　河南洛阳王城公园动物园　河南平顶山河滨公园动物园　河南许昌西湖公园动物园　安徽芜湖市赭山风景区动物园　安徽合肥野生动物园　安徽无锡锡惠园林动物园　安徽六安公园动物园　安徽淮南龙湖公园动物园　安徽淮北相山公园动物园　陕西西安动物园
雁形目	鸭科	针尾鸭	*Anas acuta*	北京动物园　哈尔滨动物园　重庆野生动物园　昆明动物园　山西太原动物园　四川成都动物园　江西南昌动物园　河南郑州动物园　河南开封汴京公园动物园　安徽合肥野生动物园　安徽蚌埠张公山动物园
雁形目	鸭科	琵嘴鸭	*Anas clypeata*	北京动物园　重庆野生动物园　昆明动物园
雁形目	鸭科	绿翅鸭	*Anas crecca*	北京动物园　哈尔滨动物园　重庆野生动物园　山西太原动物园　四川成都动物园　江西九江动物园　江西南昌动物园　安徽合肥野生动物园
雁形目	鸭科	罗纹鸭	*Anas falcata*	北京动物园　重庆野生动物园　昆明动物园

目	科	种名	拉丁名	饲养动物园
雁形目	鸭科	斑头鸭	*Anas flavirostris*	青海西宁动物园
雁形目	鸭科	花脸鸭	*Anas formosa*	北京动物园 哈尔滨动物园 重庆野生动物园 昆明动物园
雁形目	鸭科	赤颈鸭	*Anas penelope*	北京动物园 重庆野生动物园 昆明动物园 山西太原动物园 江西南昌动物园 河南开封汴京公园动物园 安徽蚌埠张公山动物园
雁形目	鸭科	绿头鸭	*Anas platyrhynchos*	北京动物园 哈尔滨动物园 银川市中山公园动物园 重庆野生动物园 昆明动物园 湖南长沙动物园 江苏常州淹城野生动物世界 北京野生动物园 天津动物园 山西太原动物园 山东济南动物园 四川成都动物园 江西南昌动物园 甘肃兰州五泉公园动物园 海南金牛岭动物园 海南热带野生动植物园 河南郑州动物园 河南开封汴京公园动物园 河南焦作森林公园动物园 河南漯河市人民公园动物园 河南洛阳王城公园动物园 河南平顶山河滨公园动物园 安徽合肥野生动物园 安徽六安公园动物园 安徽淮北相山公园动物园 安徽蚌埠张公山动物园 内蒙古通辽市西拉木伦公园动物园
雁形目	鸭科	斑嘴鸭	*Anas poecilorhyncha*	北京动物园 哈尔滨动物园 银川市中山公园动物园 重庆野生动物园 昆明动物园 湖南长沙动物园 北京野生动物园 山东济南动物园 四川成都动物园 江西南昌动物园 安徽合肥野生动物园 安徽无锡锡惠园林动物园 安徽六安公园动物园 安徽淮南龙湖公园动物园 安徽淮北相山公园动物园
雁形目	鸭科	白眉鸭	*Anas querquedula*	北京动物园 重庆野生动物园 安徽淮南龙湖公园动物园
雁形目	鸭科	赤膀鸭	*Anas strepera*	北京动物园 重庆野生动物园 昆明动物园 安徽蚌埠张公山动物园
雁形目	鸭科	白额雁	*Anser albifrons*	哈尔滨动物园 重庆野生动物园 湖南长沙动物园 北京野生动物园 江西九江动物园 江西南昌动物园 河南郑州动物园 安徽合肥野生动物园 内蒙古通辽市西拉木伦公园动物园
雁形目	鸭科	灰雁	*Anser anser*	北京动物园 哈尔滨动物园 昆明野生动物园 常德动物园 昆明动物园 江苏苏州动物园 江苏常州淹城野生动物世界 新疆阿勒泰动物园 青海西宁动物园 江西南昌动物园 河南开封汴京公园动物园 河南焦作森林公园动物园 河南周口人民公园动物园 安徽蚌埠张公山动物园 陕西汉中动物园

目	科	种名	拉丁名	饲养动物园
雁形目	鸭科	雪雁	*Anser caerulescens*	陕西西安动物园
雁形目	鸭科	鸿雁	*Anser cygnoides*	北京动物园 哈尔滨动物园 银川市中山公园动物园 重庆野生动物园 昆明动物园 湖南长沙动物园 江苏常州淹城野生动物世界 北京野生动物园 山西太原动物园 山东济南动物园 江西九江动物园 江西南昌动物园 安徽芜湖市赭山风景区动物园 安徽六安公园动物园 安徽淮南龙湖公园动物园 陕西西安动物园
雁形目	鸭科	小白额雁	*Anser erythropus*	北京动物园 昆明动物园 四川成都动物园 江西南昌动物园
雁形目	鸭科	豆雁	*Anser fabalis*	北京动物园 哈尔滨动物园 银川市中山公园动物园 重庆野生动物园 昆明动物园 湖南长沙动物园 吉林长春动植物园 北京野生动物园 山东济南动物园 山东荣成神雕山动物园 山东荣成环翠楼动物园 四川成都动物园 江西南昌动物园 甘肃兰州五泉公园动物园 海南热带野生动植物园 河南郑州动物园 河南漯河市人民公园动物园 河南洛阳王城公园动物园 河南平顶山河滨公园动物园 河南许昌西湖公园动物园 河南周口人民公园动物园 安徽芜湖市赭山风景区动物园 安徽合肥野生动物园 安徽蚌埠张公山动物园
雁形目	鸭科	斑头雁	*Anser indicus*	沈阳森林野生动物园 北京动物园 哈尔滨动物园 昆明野生动物园 银川市中山公园动物园 昆明动物园 江苏扬州动物园 西藏拉萨市罗布林卡动物园 山东济南动物园 四川成都动物园 甘肃兰州五泉公园动物园 河南洛阳王城公园动物园 陕西西安动物园
雁形目	鸭科	青头潜鸭	*Aythya baeri*	北京动物园 重庆野生动物园 昆明动物园
雁形目	鸭科	红头潜鸭	*Aythya ferina*	北京动物园 重庆野生动物园 昆明动物园 江西南昌动物园
雁形目	鸭科	凤头潜鸭	*Aythya fuligula*	北京动物园 重庆野生动物园 昆明动物园 安徽合肥野生动物园
雁形目	鸭科	白眼潜鸭	*Aythya nyroca*	北京动物园 银川市中山公园动物园 安徽六安公园动物园
雁形目	鸭科	黑雁	*Branta bernicla*	北京动物园
雁形目	鸭科	加拿大黑雁	*Branta canadensis*	北京动物园
雁形目	鸭科	鹊鸭	*Bucephala clangula*	北京动物园
雁形目	鸭科	疣鼻栖鸭	*Cairina moschata*	海南热带野生动植物园 河南许昌西湖公园动物园

目	科	种名	拉丁名	饲养动物园
雁形目	鸭科	黑天鹅	*Cygnus atratus*	沈阳森林野生动物园 北京动物园 哈尔滨动物园 昆明野生动物园 银川市中山公园动物园 重庆野生动物园 昆明动物园 广西南宁动物园 湖南长沙动物园 江苏苏州动物园 江苏常州淹城野生动物世界 江苏扬州动物园 吉林长春动植物园 北京野生动物园 江西南昌动物园 甘肃兰州五泉公园动物园 海南热带野生动植物园 河南郑州动物园 河南开封汴京公园动物园 河南焦作森林公园动物园 河南洛阳王城公园动物园 河南平顶山河滨公园动物园 河南许昌西湖公园动物园 辽宁大连森林动物园 安徽芜湖市赭山风景区动物园 安徽合肥野生动物园 安徽无锡锡惠园林动物园 安徽淮南龙湖公园动物园 安徽淮北相山公园动物园 安徽蚌埠张公山动物园 陕西西安动物园
雁形目	鸭科	小天鹅	*Cygnus columbianus*	北京动物园 银川市中山公园动物园 重庆野生动物园 天津动物园 山西太原动物园 四川成都动物园 江西南昌动物园 河南郑州动物园 河南开封汴京公园动物园 河南焦作森林公园动物园 河南平顶山河滨公园动物园 河南许昌西湖公园动物园
雁形目	鸭科	大天鹅	*Cygnus cygnus*	沈阳森林野生动物园 北京动物园 哈尔滨动物园 昆明野生动物园 银川市中山公园动物园 重庆野生动物园 广西南宁动物园 江苏大丰保护区动物园 湖南长沙动物园 江苏常州淹城野生动物世界 江苏扬州动物园 吉林长春动植物园 北京野生动物园 天津动物园 山东济南动物园 山东荣成神雕山动物园 山东荣成环翠楼动物园 青海西宁动物园 江西九江动物园 甘肃兰州五泉公园动物园 海南金牛岭动物园 海南热带野生动植物园 河南洛阳王城公园动物园 河南周口人民公园动物园 安徽芜湖市赭山风景区动物园 安徽合肥野生动物园 安徽无锡锡惠园林动物园 安徽六安公园动物园 安徽淮南龙湖公园动物园 安徽淮北相山公园动物园 安徽蚌埠张公山动物园 内蒙古通辽市西拉木伦公园动物园 内蒙古大青山野生动物园
雁形目	鸭科	黑颈天鹅	*Cygnus melancoryphus*	昆明动物园 广州香江野生动物园 陕西西安动物园

目	科	种名	拉丁名	饲养动物园
雁形目	鸭科	疣鼻天鹅	*Cygnus olor*	北京动物园　哈尔滨动物园　重庆野生动物园　江西南昌动物园　陕西西安动物园
雁形目	鸭科	（栗）树鸭	*Dendrocygna javanica*	北京动物园
雁形目	鸭科	丑鸭	*Histrionicus histrionicus*	北京动物园
雁形目	鸭科	红胸秋沙鸭	*Mergus serrator*	北京动物园
雁形目	鸭科	中华秋沙鸭	*Mergus squamatus*	北京动物园
雁形目	鸭科	赤嘴潜鸭	*Netta rufina*	北京动物园　安徽无锡锡惠园林动物园
雁形目	鸭科	棉凫	*Nettapus coromandelianus*	安徽淮北相山公园动物园
雁形目	鸭科	瘤鸭	*Sarkidiornis melanotos*	河南郑州动物园
雁形目	鸭科	赤麻鸭	*Tadorna ferruginea*	北京动物园　哈尔滨动物园　重庆野生动物园　昆明动物园　江苏常州淹城野生动物世界　吉林长春动植物园　天津动物园　天津塘沽公园动物园　山西太原动物园　山东荣成神雕山动物园　四川成都动物园　新疆阿勒泰动物园　青海西宁动物园　江西九江动物园　江西南昌动物园　甘肃兰州五泉公园动物园　河南郑州动物园　河南开封汴京公园动物园　河南许昌西湖公园动物园　安徽合肥野生动物园　安徽无锡锡惠园林动物园　内蒙古通辽市西拉木伦公园动物园
雁形目	鸭科	翘鼻麻鸭	*Tadorna tadorna*	北京动物园　昆明野生动物园　重庆野生动物园　河南焦作森林公园动物园
鸮形目	草鸮科	仓鸮	*Tyto alba*	昆明野生动物园
鸮形目	草鸮科	草鸮	*Tyto capensis*	昆明野生动物园　常德动物园　河南开封汴京公园动物园　河南周口人民公园动物园
鸮形目	鸱鸮科	短耳鸮	*Asio flammeus*	哈尔滨动物园
鸮形目	鸱鸮科	长耳鸮	*Asio otus*	北京动物园　哈尔滨动物园　重庆野生动物园　山西太原动物园　山东荣成神雕山动物园　山东荣成环翠楼动物园　新疆阿勒泰动物园　甘肃兰州五泉公园动物园　辽宁大连森林动物园
鸮形目	鸱鸮科	雕鸮	*Bubo bubo*	哈尔滨动物园　广州香江野生动物园　北京野生动物园　北京八达岭动物园　山东荣成环翠楼动物园　四川南充动物园　青海西宁动物园　陕西汉中动物园
鸮形目	鸱鸮科	毛腿渔鸮	*Ketupa blakistoni*	北京动物园
鸮形目	鸱鸮科	雪鸮	*Nyctea scandiaca*	河南漯河市人民公园动物园
鸮形目	鸱鸮科	褐林鸮	*Strix leptogrammica*	广州香江野生动物园　海南金牛岭动物园
鸮形目	鸱鸮科	长尾林鸮	*Strix uralensis*	新疆阿勒泰动物园

目	科	种名	拉丁名	饲养动物园
鸵鸟目	鸵鸟科	鸵鸟	*Struthio camelus*	沈阳森林野生动物园 北京动物园 哈尔滨动物园 昆明野生动物园 常德动物园 银川市中山公园动物园 重庆野生动物园 昆明动物园 广州香江野生动物园 广西南宁动物园 江苏大丰保护区动物园 湖南长沙动物园 湖南湘潭和平公园动物园 江苏常州淹城野生动物世界 江苏扬州动物园 西藏拉萨市罗布林卡动物园 北京野生动物园 北京八达岭动物园 天津动物园 天津塘沽公园动物园 山西太原动物园 山东济南动物园 山东荣成神雕山动物园 四川成都动物园 四川南充动物园 青海西宁动物园 江西九江动物园 江西南昌动物园 甘肃兰州五泉公园动物园 海南三亚爱心大世界 海南金牛岭动物园 海南热带野生动植物园 河南郑州动物园 河南开封汴京公园动物园 河南焦作森林公园动物园 河南漯河市人民公园动物园 河南洛阳王城公园动物园 河南平顶山河滨公园动物园 河南许昌西湖公园动物园 河南周口人民公园动物园 辽宁大连森林动物园 安徽合肥野生动物园 安徽无锡锡惠园林动物园 安徽六安公园动物园 安徽淮南龙湖公园动物园 陕西汉中动物园 陕西西安动物园 内蒙古大青山野生动物园
鹈形目	鸬鹚科	（普通）鸬鹚	*Phalacrocorax carbo*	昆明野生动物园 重庆野生动物园 昆明动物园 青海西宁动物园
鹈形目	鸬鹚科	红脸鸬鹚	*Phalacrocorax urile*	北京动物园
鹈形目	鹈鹕科	卷羽鹈鹕	*Pelecanus crispus*	北京动物园 四川成都动物园
鹈形目	鹈鹕科	白鹈鹕	*Pelecanus onocrotalus*	沈阳森林野生动物园 北京动物园 昆明野生动物园 重庆野生动物园 昆明动物园 广州香江野生动物园 湖南长沙动物园 江苏苏州动物园 江苏常州淹城野生动物世界 吉林长春动植物园 北京野生动物园 天津动物园 山东济南动物园 河南洛阳王城公园动物园 辽宁大连森林动物园 安徽合肥野生动物园 陕西西安动物园
鹈形目	鹈鹕科	斑嘴鹈鹕	*Pelecanus philippensis*	哈尔滨动物园
鹈形目	鹈鹕科	粉红背鹈鹕	*Pelecanus rufescens*	北京动物园 昆明野生动物园
隼形目	隼科	猎隼	*Falco cherrug*	银川市中山公园动物园 青海西宁动物园 安徽蚌埠张公山动物园
隼形目	隼科	游隼	*Falco peregrinus*	甘肃兰州五泉公园动物园

目	科	种名	拉丁名	饲养动物园
隼形目	隼科	红隼	*Falco tinnunculus*	广州香江野生动物园　新疆阿勒泰动物园
隼形目	隼科	乌鸡	*Gallus domesticus*	北京动物园　哈尔滨动物园　山东济南动物园　海南热带野生动植物园　安徽蚌埠张公山动物园
隼形目	鹰科	苍鹰	*Accipiter gentilis*	广州香江野生动物园　北京野生动物园　四川南充动物园　甘肃兰州五泉公园动物园
隼形目	鹰科	雀鹰	*Accipiter nisus*	哈尔滨动物园　河南郑州动物园
隼形目	鹰科	秃鹫	*Aegypius monachus*	沈阳森林野生动物园　北京动物园　哈尔滨动物园　银川市中山公园动物园　江苏苏州动物园　江苏扬州动物园　北京八达岭动物园　山西太原动物园　新疆阿勒泰动物园　江西南昌动物园　甘肃兰州五泉公园动物园　海南金牛岭动物园　河南郑州动物园　河南焦作森林公园动物园　河南许昌西湖公园动物园　河南周口人民公园动物园　辽宁大连森林动物园　安徽合肥野生动物园　安徽无锡锡惠园林动物园　安徽六安公园动物园　安徽蚌埠张公山动物园　陕西汉中动物园
隼形目	鹰科	金雕	*Aquila chrysaetos*	北京动物园　哈尔滨动物园　银川市中山公园动物园　新疆阿勒泰动物园　青海西宁动物园　甘肃兰州五泉公园动物园　河南焦作森林公园动物园　辽宁大连森林动物园　安徽淮北相山公园动物园
隼形目	鹰科	白腹山雕	*Aquila fasciata*	昆明野生动物园
隼形目	鹰科	草原雕	*Aquila rapax*	北京动物园　四川成都动物园　新疆阿勒泰动物园　青海西宁动物园　甘肃兰州五泉公园动物园
隼形目	鹰科	大鵟	*Buteo hemilasius*	甘肃兰州五泉公园动物园
隼形目	鹰科	毛脚鵟	*Buteo lagopus*	哈尔滨动物园　陕西汉中动物园
隼形目	鹰科	棕尾鵟	*Buteo rufinus*	新疆阿勒泰动物园　陕西西安动物园
隼形目	鹰科	西域兀鹫	*Eurasian Griffon*	北京八达岭动物园　陕西西安动物园
隼形目	鹰科	白背兀鹫	*Gyps bengalensis*	北京动物园
隼形目	鹰科	高山兀鹫	*Gyps himalayensis*	北京动物园　昆明动物园　广州香江野生动物园　四川成都动物园　海南金牛岭动物园　陕西汉中动物园　陕西西安动物园
隼形目	鹰科	白尾海雕	*Haliaeetus albicilla*	北京动物园　山东荣成环翠楼动物园　河南焦作森林公园动物园
隼形目	鹰科	白腹海雕	*Haliaeetus leucogaster*	北京动物园
隼形目	鹰科	玉带海雕	*Haliaeetus leucoryphus*	北京动物园
隼形目	鹰科	栗鸢	*Haliastur indus*	北京动物园
隼形目	鹰科	白腹隼雕	*Hieraaetus fasciatus*	北京动物园
隼形目	鹰科	棕腹隼雕	*Hieraaetus kienerii*	北京动物园

目	科	种名	拉丁名	饲养动物园
隼形目	鹰科	靴隼雕	*Hieraaetus pennatus*	北京动物园
隼形目	鹰科	鸢	*Milvus korschun*	新疆阿勒泰动物园 甘肃兰州五泉公园动物园 安徽芜湖市赭山风景区动物园
隼形目	鹰科	黑兀鹫	*Sarcogyps calvus*	银川市中山公园动物园 山东济南动物园 青海西宁动物园
隼形目	鹰科	蛇雕	*Spilornis cheela*	江西南昌动物园
隼形目	鹰科	鹰雕	*Spizaetus nipalensis*	北京动物园
雀形目	百灵科	云雀	*Alauda arvensis*	湖南湘潭和平公园动物园
雀形目	百灵科	（蒙古）百灵	*Melanocorypha mongolica*	北京动物园
雀形目	鹎科	白喉冠鹎	*Criniger pallidus*	昆明动物园
雀形目	鹎科	黑（短脚）鹎	*Hypsipetes madagascariensis*	昆明动物园
雀形目	鹎科	绿翅短脚鹎	*Hypsipetes mcclellandii*	昆明动物园
雀形目	鹎科	黄绿鹎	*Pycnonotus flavescens*	昆明动物园
雀形目	鹎科	红耳鹎	*Pycnonotus jocosus*	昆明动物园
雀形目	鹎科	白头鹎	*Pycnonotus sinensis*	江苏南京红山森林动物园 河南郑州动物园
雀形目	鹎科	黄臀鹎	*Pycnonotus xanthorrhous*	昆明动物园
雀形目	鹎科	凤头雀嘴鹎	*Spizixos canifrons*	昆明动物园
雀形目	鹎科	领雀嘴鹎	*Spizixos semitorques*	昆明动物园
雀形目	伯劳科	栗背伯劳	*Lanius collurioides*	北京动物园
雀形目	鸫科	白额燕尾	*Enicurus leschenaulti*	北京动物园
雀形目	鸫科	斑背燕尾	*Enicurus maculatus*	北京动物园
雀形目	鸫科	灰背燕尾	*Enicurus schistaceus*	北京动物园
雀形目	鸫科	白腹短翅鸲	*Hodgsonius phoenicuroides*	北京动物园
雀形目	鸫科	红喉歌鸲（红点颏）	*Luscinia calliope*	北京动物园 北京野生动物园
雀形目	鸫科	蓝头矶鸫	*Monticola cinclorhynchus*	北京动物园
雀形目	鸫科	穗䳭	*Oenanthe oenanthe*	北京动物园
雀形目	鸫科	白喉红尾鸲	*Phoenicurus schisticeps*	北京动物园
雀形目	鸫科	乌鸫	*Turdus merula*	重庆野生动物园
雀形目	鸫科	灰头鸫	*Turdus rubrocanus*	昆明动物园
雀形目	鸫科	虎斑地鸫	*Zoothera dauma*	北京动物园
雀形目	和平鸟科	金额叶鹎	*Chloropsis aurifrons*	北京动物园
雀形目	画眉科	白眶斑翅鹛	*Actinodura ramsayi*	昆明动物园
雀形目	画眉科	褐头雀鹛	*Alcippe cinereiceps*	昆明动物园
雀形目	画眉科	褐胁雀鹛	*Alcippe dubia*	昆明动物园
雀形目	画眉科	灰眶雀鹛	*Alcippe morrisonia*	昆明动物园
雀形目	画眉科	棕喉雀鹛	*Alcippe rufogularis*	北京动物园

目	科	种名	拉丁名	饲养动物园
雀形目	画眉科	金额雀鹛	*Alcippe variegaticeps*	北京动物园
雀形目	画眉科	黑顶噪鹛	*Garrulax affinsi*	昆明动物园
雀形目	画眉科	白喉噪鹛	*Garrulax albogularis*	北京动物园 重庆野生动物园 昆明动物园 河南郑州动物园
雀形目	画眉科	画眉	*Garrulax canorus*	北京动物园 哈尔滨动物园 昆明野生动物园 重庆野生动物园 昆明动物园 北京野生动物园 河南郑州动物园 河南许昌西湖公园动物园
雀形目	画眉科	黑喉噪鹛	*Garrulax chinensis*	北京动物园 重庆野生动物园 昆明动物园 广西南宁动物园
雀形目	画眉科	山噪鹛	*Garrulax davidi*	广西南宁动物园 江西南昌动物园
雀形目	画眉科	橙翅噪鹛	*Garrulax elliotii*	重庆野生动物园 昆明动物园
雀形目	画眉科	红头噪鹛	*Garrulax erythrocephalus*	昆明动物园
雀形目	画眉科	丽色噪鹛	*Garrulax formosus*	北京动物园 重庆野生动物园 昆明动物园 河南郑州动物园
雀形目	画眉科	白冠噪鹛	*Garrulax leucolophus*	昆明动物园
雀形目	画眉科	细纹噪鹛	*Garrulax lineatus*	河南郑州动物园
雀形目	画眉科	黑领噪鹛	*Garrulax pectoralis*	北京动物园 江苏南京红山森林动物园 昆明动物园 广西南宁动物园
雀形目	画眉科	棕噪鹛	*Garrulax poecilorhynchus*	北京动物园 重庆野生动物园 昆明动物园
雀形目	画眉科	白颊噪鹛	*Garrulax sannio*	北京动物园 重庆野生动物园 昆明动物园 河南郑州动物园 河南焦作森林公园动物园
雀形目	画眉科	黑顶奇鹛	*Heterophasia capistrata*	昆明动物园
雀形目	画眉科	黑头奇鹛（鹊色奇鹛）	*Heterophasia melanoleuca*	重庆野生动物园 昆明动物园
雀形目	画眉科	银耳相思鸟	*Leiothrix argentauris*	北京动物园 昆明动物园
雀形目	画眉科	红嘴相思鸟	*Leiothrix lutea*	北京动物园 江苏南京红山森林动物园 哈尔滨动物园 昆明野生动物园 昆明动物园 北京野生动物园 山西太原动物园 河南郑州动物园
雀形目	画眉科	灰胸薮鹛	*Liocichla omeiensis*	昆明动物园
雀形目	画眉科	红翅薮鹛	*Liocichla phoenicea*	昆明动物园
雀形目	画眉科	火尾希鹛	*Minla ignotincta*	昆明动物园
雀形目	画眉科	斑喉希鹛	*Minla strigula*	昆明动物园
雀形目	画眉科	文须雀	*Panurus biarmicus*	北京动物园
雀形目	画眉科	棕头钩嘴鹛	*Pomatorhinus ochraceiceps*	昆明动物园
雀形目	画眉科	棕颈钩嘴鹛	*Pomatorhinus ruficollis*	昆明动物园
雀形目	画眉科	楔头鹛鹛	*Sphenocicla humei*	北京动物园
雀形目	画眉科	黄喉穗鹛	*Stachyris amhigua*	北京动物园
雀形目	画眉科	金头穗鹛	*Stachyris chrysaea*	北京动物园

目	科	种名	拉丁名	饲养动物园
雀形目	画眉科	黑头穗鹛	*Stachyris nigriceps*	北京动物园
雀形目	画眉科	红嘴蓝雀	*Urocissa erythrorhyncha*	海南金牛岭动物园　河南郑州动物园
雀形目	画眉科	黄颈凤鹛	*Yuhina flavicollis*	昆明动物园
雀形目	鹡鸰科	白鹡鸰	*Motacilla alba*	重庆野生动物园
雀形目	椋鸟科	白领八哥	*Acridotheres albocinctus*	昆明动物园
雀形目	椋鸟科	八哥	*Acridotheres cristatellus*	北京动物园　江苏南京红山森林动物园　哈尔滨动物园　重庆野生动物园　广西南宁动物园　湖南长沙动物园　湖南湘潭和平公园动物园　北京野生动物园　山西太原动物园　四川成都动物园　江西南昌动物园　海南金牛岭动物园　河南郑州动物园　河南焦作森林公园动物园　河南许昌西湖公园动物园　安徽芜湖市赭山风景区动物园
雀形目	椋鸟科	鹩哥	*Gracula religiosa*	北京动物园　江苏南京红山森林动物园　哈尔滨动物园　昆明野生动物园　重庆野生动物园　昆明动物园　广西南宁动物园　湖南长沙动物园　江苏苏州动物园　江苏常州淹城野生动物世界　山东济南动物园　山东荣成神雕山动物园　山东荣成环翠楼动物园　四川成都动物园　江西南昌动物园　甘肃兰州五泉公园动物园　海南金牛岭动物园　河南郑州动物园　辽宁大连森林动物园
雀形目	椋鸟科	蓝耳辉椋鸟	*Lamprotornis chalybaeus*	昆明动物园
雀形目	椋鸟科	小蓝耳辉椋鸟	*Lamprotornis chloropterus*	北京动物园
雀形目	椋鸟科	灰椋鸟	*Sturnus cineraceus*	北京动物园　江苏南京红山森林动物园　江西南昌动物园
雀形目	椋鸟科	斑椋鸟	*Sturnus contra*	北京动物园
雀形目	椋鸟科	黑领椋鸟	*Sturnus nigricollis*	北京动物园　北京野生动物园
雀形目	椋鸟科	丝光椋鸟	*Sturnus sericeus*	北京动物园　昆明动物园　四川成都动物园　河南郑州动物园
雀形目	椋鸟科	灰背椋鸟	*Sturnus sinensis*	四川成都动物园
雀形目	攀雀科	火冠雀	*Cephalopyrus flammiceps*	北京动物园
雀形目	雀科	禾雀	*Padda oryzivora*	北京动物园
雀形目	雀科	家麻雀	*Passer domesticus*	北京动物园
雀形目	雀科	（树）麻雀	*Passer montanus*	昆明动物园
雀形目	山椒鸟科	短嘴山椒鸟	*Pericrocotus brevirostris*	昆明动物园
雀形目	山椒鸟科	长尾山椒鸟	*Pericrocotus ethologus*	北京动物园
雀形目	山椒鸟科	赤红山椒鸟	*Pericrocotus flammeus*	昆明动物园
雀形目	山椒鸟科	粉红山椒鸟	*Pericrocotus roseus*	北京动物园
雀形目	山椒鸟科	钩嘴林（鵙）	*Tephrodornis gularis*	北京动物园
雀形目	山雀科	银喉（长尾）山雀	*Aegithalos caudatus*	北京动物园
雀形目	山雀科	红头（长尾）山雀	*Aegithalos concinnus*	北京动物园

目	科	种名	拉丁名	饲养动物园
雀形目	山雀科	银脸（长尾）山雀	*Aegithalos fuliginosus*	北京动物园
雀形目	山雀科	黑眉（长尾）山雀	*Aegithalos iouschistos*	北京动物园
雀形目	山雀科	冕雀	*Melanochlora sultanea*	北京动物园
雀形目	山雀科	大山雀	*Parus major*	重庆野生动物园
雀形目	山雀科	沼泽山雀	*Parus palustris*	北京动物园
雀形目	山雀科	黄颊山雀	*Parus spilonotus*	昆明动物园
雀形目	扇尾莺科	灰胸鹪莺	*Prinia hodgsonii*	北京动物园
雀形目	太平鸟科	太平鸟	*Bombycilla garrulus*	江苏南京红山森林动物园 河南郑州动物园
雀形目	太阳鸟科	蓝喉太阳鸟	*Aethopyga gouldiae*	北京动物园
雀形目	太阳鸟科	黄腹花蜜鸟	*Nectarinia jugularis*	北京动物园
雀形目	文鸟科	（红）梅花雀	*Estrilda amandava*	昆明动物园
雀形目	文鸟科	斑文鸟	*Lonchura punctulata*	昆明动物园
雀形目	文鸟科	白腰文鸟	*Lonchura striata*	北京动物园 重庆野生动物园 天津动物园
雀形目	文鸟科	星雀	*Neochmia ruficauda*	北京动物园
雀形目	文鸟科	黄胸织布鸟	*Ploceus philippinus*	昆明动物园
雀形目	文鸟科	斑胁火尾雀	*Stagonopleura guttata*	北京动物园
雀形目	文鸟科	斑胸草雀	*taeniopygia guttata*	北京动物园
雀形目	鹟科	方尾鹟	*Culicicapa ceylonensis*	北京动物园
雀形目	鹟科	橙胸（姬）鹟	*Ficedula strophiata*	北京动物园
雀形目	鹟科	斑鹟（斑胸鹟）	*Muscicapa striata*	北京动物园
雀形目	鹟科	纯蓝仙鹟	*Niltava unicolor*	北京动物园
雀形目	鹟科	棕腹蓝仙鹟	*Niltava vivida*	北京动物园
雀形目	鹟科	白喉林鹟	*Rhinomyias brunneata*	北京动物园
雀形目	鹟科	白喉扇尾鹟	*Rhipidura albicollis*	北京动物园
雀形目	鹟科	黄腹扇尾鹟	*Rhipidura hypoxantha*	北京动物园
雀形目	鹀科	三道眉草鹀	*Emberiza cioides*	哈尔滨动物园
雀形目	鹀科	栗耳鹀（赤胸鹀）	*Emberiza fucata*	北京动物园
雀形目	鹀科	芦鹀	*Emberiza schoeniclus*	北京动物园
雀形目	绣眼鸟科	红胁绣眼鸟	*Zosterops erythropleura*	北京动物园
雀形目	绣眼鸟科	暗绿绣眼鸟	*Zosterops japonica*	昆明动物园
雀形目	旋木雀科	褐喉旋木雀	*Certhia discolor*	北京动物园
雀形目	鸦科	红嘴蓝鹊	*Cissa erythrorhyncha*	江苏南京红山森林动物园 昆明野生动物园 重庆野生动物园 江苏苏州动物园 江西南昌动物园
雀形目	鸦科	小嘴乌鸦	*Corvus corone*	四川成都动物园
雀形目	鸦科	达乌里寒鸦	*Corvus dauurica*	北京动物园
雀形目	鸦科	灰喜鹊	*Cyanopica cyana*	北京动物园 北京野生动物园 山东荣成神雕山动物园 四川成都动物园 江西南昌动物园 河南焦作森林公园动物园
雀形目	鸦科	松鸦	*Garrulus glandarius*	北京动物园 昆明野生动物园 重庆野生动物园 四川成都动物园 江西南昌动物园 安徽蚌埠张公山动物园

目	科	种名	拉丁名	饲养动物园
雀形目	鸦科	喜鹊	*Pica pica*	哈尔滨动物园 湖南长沙动物园 湖南湘潭和平公园动物园 四川成都动物园 河南郑州动物园 河南焦作森林公园动物园
雀形目	鸦科	红嘴山鸦	*Pyrrhocorax pyrrhocorax*	青海西宁动物园
雀形目	鸦科	红嘴蓝鹊	*Urocissa erythrorhyncha*	北京动物园
雀形目	燕雀科	黑头金翅（雀）	*Carduelis ambigua*	昆明动物园
雀形目	燕雀科	赤胸朱顶雀	*Carduelis cannabina*	昆明动物园
雀形目	燕雀科	黄嘴朱顶雀	*Carduelis flavirostris*	北京动物园
雀形目	燕雀科	红眉朱雀	*Carpodacus pulcherrimus*	北京动物园
雀形目	燕雀科	红胸朱雀	*Carpodacus puniceus*	北京动物园
雀形目	燕雀科	红腰朱雀	*Carpodacus rhodochlamys*	北京动物园
雀形目	燕雀科	玫红眉朱雀	*Carpodacus rhodochrous*	北京动物园
雀形目	燕雀科	点翅朱雀	*Carpodacus rhodopeplus*	北京动物园
雀形目	燕雀科	赤朱雀	*Carpodacus rubescens*	北京动物园
雀形目	燕雀科	拟大朱雀	*Carpodacus rubicilloides*	北京动物园
雀形目	燕雀科	沙色朱雀	*Carpodacus synoicus*	北京动物园
雀形目	燕雀科	白眉朱雀	*Carpodacus thura*	北京动物园
雀形目	燕雀科	斑翅朱雀	*Carpodacus trifasciatus*	北京动物园
雀形目	燕雀科	酒红朱雀	*Carpodacus vinaceus*	昆明动物园
雀形目	燕雀科	黑尾蜡嘴雀	*Eophona migratoria*	北京动物园 江苏南京红山森林动物园 哈尔滨动物园 重庆野生动物园 昆明动物园 江西南昌动物园
雀形目	燕雀科	黑头蜡嘴雀	*Eophona personata*	北京动物园 重庆野生动物园 北京野生动物园
雀形目	燕雀科	苍头燕雀	*Fringilla coelebs*	北京动物园
雀形目	燕雀科	燕雀	*Fringilla montifringilla*	北京动物园
雀形目	燕雀科	血雀	*Haematospiza sipahi*	北京动物园
雀形目	燕雀科	藏雀	*Kozlowia roborowskii*	北京动物园
雀形目	燕雀科	凤头鹀	*Melophus lathami*	北京动物园
雀形目	燕雀科	白斑翅拟蜡嘴雀	*Mycerobas carnipes*	北京动物园
雀形目	莺科	长尾缝叶莺	*Orthotomus sutorius*	北京动物园
雀形目	莺科	黄腹柳莺	*Phylloscopus affinis*	北京动物园
雀形目	莺科	棕眉柳莺	*Phylloscopus armandii*	北京动物园
雀形目	莺科	极北柳莺	*Phylloscopus borealis*	北京动物园
雀形目	莺科	黄胸柳莺	*Phylloscopus cantator*	北京动物园
雀形目	莺科	冕柳莺	*Phylloscopus coronatus*	北京动物园
雀形目	莺科	白眶鹟莺	*Seicercus affinis*	北京动物园
雀形目	莺科	沙白喉林莺	*Sylvia minula*	北京动物园
雀形目	织雀科	扇尾巧织雀	*Eyplectes axillaris*	北京动物园
雀形目	织雀科	黑脸织雀	*Ploceus intermedius*	北京动物园

目	科	种名	拉丁名	饲养动物园
雀形目	织雀科	斯氏织雀	*Ploceus spekei*	北京动物园
雀形目	啄花鸟科	厚嘴啄花鸟	*Dicaeum agile*	北京动物园
企鹅目	企鹅科	秘鲁企鹅	*Spheniscus humboldti*	北京动物园
䴙䴘目	䴙䴘科	赤颈䴙䴘	*Podiceps grisegena*	广西南宁动物园
鸥形目	鸥科	银鸥	*Larus argentatus*	哈尔滨动物园 吉林长春动植物园 江西南昌动物园
鸥形目	鸥科	棕头鸥	*Larus brunnicephalus*	银川市中山公园动物园
鸥形目	鸥科	黄脚银鸥	*Larus cachinnans*	山西太原动物园
鸥形目	鸥科	海鸥	*Larus canus*	北京动物园 吉林长春动植物园 青海西宁动物园 河南焦作森林公园动物园 河南洛阳王城公园动物园 安徽合肥野生动物园
鸥形目	鸥科	黑尾鸥	*Larus crassirostris*	北京动物园
鸥形目	鸥科	小鸥	*Larus minutus*	北京动物园
鸥形目	鸥科	灰背鸥	*Larus schistisagus*	北京动物园
鸥形目	鸥科	楔尾鸥	*Rhodostethia rosea*	北京动物园
鸥形目	贼鸥科	大贼鸥	*Catharacta skua*	吉林长春动植物园
美洲鸵鸟目	美洲鸵鸟科	美洲鸵	*Rhea americana*	北京动物园 广州香江野生动物园
䴕形目	须䴕科	蓝喉拟啄木鸟	*Megalaima asiatica*	昆明动物园
䴕形目	须䴕科	大拟啄木鸟	*Megalaima virnes*	湖南长沙动物园
䴕形目	啄木鸟科	斑啄木鸟（大斑啄木鸟）	*Dendrocopos major*	昆明野生动物园
䴕形目	啄木鸟科	金背三趾啄木鸟	*Dinopium javanense*	北京动物园
䴕形目	啄木鸟科	赤胸啄木鸟	*Picoides cathpharius*	北京动物园
䴕形目	啄木鸟科	黑枕绿啄木鸟	*Picus canus*	北京动物园
鹃形目	杜鹃科	小鸦鹃	*Centropus toulou*	北京动物园
鹃形目	杜鹃科	中杜鹃	*Cuculus saturatus*	北京动物园
鹃形目	蕉鹃科	蓝冠蕉鹃	*Tauraco hartlaubi*	北京动物园
鸡形目	凤冠雉科	大凤冠雉	*Crax rubra*	北京动物园
鸡形目	火鸡科	火鸡	*Meleagris gallapavo*	哈尔滨动物园 常德动物园 银川市中山公园动物园 昆明动物园 江苏大丰保护区动物园 湖南长沙动物园 天津动物园 天津塘沽公园动物园 山东济南动物园 山东荣成神雕山动物园 山东荣成环翠楼动物园 四川南充动物园 青海西宁动物园 江西九江动物园 河南漯河市人民公园动物园 河南洛阳王城公园动物园 河南平顶山河滨公园动物园 河南许昌西湖公园动物园 河南周口人民公园动物园 辽宁大连森林动物园 安徽六安公园动物园 陕西汉中动物园 陕西西安动物园 内蒙古大青山野生动物园
鸡形目	松鸡科	黑琴鸡	*Lyrurus tetrix*	安徽淮北相山公园动物园

目	科	种名	拉丁名	饲养动物园
鸡形目	雉科	石鸡（尕拉鸡）	*Alectoris chukar*	北京动物园　银川市中山公园动物园　重庆野生动物园　北京野生动物园　青海西宁动物园　河南郑州动物园
鸡形目	雉科	大石鸡	*Alectoris magna*	海南金牛岭动物园
鸡形目	雉科	红喉山鹧鸪	*Arborophila rufogularis*	北京动物园
鸡形目	雉科	大眼斑雉	*Argusianus argus*	北京动物园
鸡形目	雉科	棕胸竹鸡	*Bambusicola fytchii*	重庆野生动物园
鸡形目	雉科	灰胸竹鸡	*Bambusicola thoracica*	河南郑州动物园
鸡形目	雉科	白腹锦鸡	*Chrysolophus amherstiae*	北京动物园　昆明野生动物园　银川市中山公园动物园　重庆野生动物园　昆明动物园　湖南长沙动物园　江苏苏州动物园　北京野生动物园　山西太原动物园　山东荣成神雕山动物园　四川成都动物园　河南郑州动物园　安徽无锡锡惠园林动物园　安徽蚌埠张公山动物园
鸡形目	雉科	红腹锦鸡	*Chrysolophus pictus*	北京动物园　哈尔滨动物园　昆明野生动物园　常德动物园　银川市中山公园动物园　重庆野生动物园　昆明动物园　广西南宁动物园　湖南长沙动物园　湖南湘潭和平公园动物园　江苏苏州动物园　江苏常州淹城野生动物世界　北京野生动物园　山东济南动物园　山东荣成神雕山动物园　四川成都动物园　四川南充动物园　江西九江动物园　江西南昌动物园　甘肃兰州五泉公园动物园　河南郑州动物园　河南开封汴京公园动物园　河南平顶山河滨公园动物园　河南许昌西湖公园动物园　河南周口人民公园动物园　安徽芜湖市赭山风景区动物园　安徽合肥野生动物园　安徽无锡锡惠园林动物园　安徽淮北相山公园动物园　安徽蚌埠张公山动物园　陕西汉中动物园　内蒙古大青山野生动物园
鸡形目	雉科	鹌鹑	*Coturnix coturnix*	北京动物园
鸡形目	雉科	蓝马鸡	*Crossoptilon auritum*	北京动物园　银川市中山公园动物园　江苏苏州动物园　江苏常州淹城野生动物世界　江苏扬州动物园　山西太原动物园　山东济南动物园　山东荣成神雕山动物园　四川成都动物园　青海西宁动物园　甘肃兰州五泉公园动物园　河南郑州动物园　河南洛阳王城公园动物园　河南平顶山河滨公园动物园　安徽合肥野生动物园
鸡形目	雉科	白马鸡	*Crossoptilon crossoptilon*	北京动物园　昆明野生动物园　甘肃兰州五泉公园动物园

目	科	种名	拉丁名	饲养动物园
鸡形目	雉科	藏马鸡	*Crossoptilon harmani*	北京动物园 西藏拉萨市罗布林卡动物园 青海西宁动物园
鸡形目	雉科	褐马鸡	*Crossoptilon mantchuricum*	北京动物园 银川市中山公园动物园 江苏苏州动物园 山西太原动物园 青海西宁动物园 河南郑州动物园
鸡形目	雉科	原鸡	*Gallus gallus*	北京动物园 昆明野生动物园 重庆野生动物园 北京野生动物园 河南郑州动物园
鸡形目	雉科	血雉	*Ithaginis cruentus*	银川市中山公园动物园 甘肃兰州五泉公园动物园
鸡形目	雉科	棕尾虹雉	*Lophophorus impejanus*	北京野生动物园
鸡形目	雉科	绿尾虹雉	*Lophophorus lhuysii*	北京动物园 北京野生动物园
鸡形目	雉科	白尾梢虹雉	*Lophophorus sclateri*	昆明野生动物园 北京野生动物园
鸡形目	雉科	黑鹇	*Lophura leucomelana*	安徽无锡锡惠园林动物园
鸡形目	雉科	白鹇	*Lophura nycthemera*	北京动物园 哈尔滨动物园 昆明野生动物园 银川市中山公园动物园 昆明动物园 湖南长沙动物园 湖南湘潭和平公园动物园 江苏苏州动物园 江苏常州淹城野生动物世界 北京野生动物园 山东济南动物园 四川成都动物园 青海西宁动物园 江西九江动物园 海南金牛岭动物园 河南郑州动物园 河南焦作森林公园动物园 河南洛阳王城公园动物园 河南平顶山河滨公园动物园 安徽合肥野生动物园 安徽无锡锡惠园林动物园 安徽淮北相山公园动物园 陕西西安动物园 内蒙古通辽市西拉木伦公园动物园
鸡形目	雉科	蓝鹇	*Lophura swinhoii*	北京动物园 银川市中山公园动物园 江苏常州淹城野生动物世界 北京野生动物园 四川成都动物园 青海西宁动物园
鸡形目	雉科	蓝孔雀	*Pave cristatus*	沈阳森林野生动物园 北京动物园 哈尔滨动物园 昆明野生动物园 常德动物园 银川市中山公园动物园 重庆野生动物园 昆明动物园 广西南宁动物园 江苏大丰保护区动物园 湖南长沙动物园 湖南湘潭和平公园动物园 江苏苏州动物园 江苏常州淹城野生动物世界 江苏扬州动物园 西藏拉萨市罗布林卡动物园 北京野生动物园 北京八达岭动物园 山西太原动物园 山东济南动物园 四川成都动物园 四川南充动物园 新疆阿勒泰动物园 青海西宁动物园 江西九江动物园 江西南昌动物园 甘肃兰州五泉公园动物园 海南三亚爱心大世界 海南金牛岭动物园 河南郑州动物园 河南开封

目	科	种名	拉丁名	饲养动物园
鸡形目	雉科	蓝孔雀	*Pave cristatus*	汴京公园动物园　河南漯河市人民公园动物园　河南洛阳王城公园动物园　河南平顶山河滨公园动物园　河南许昌西湖公园动物园　河南周口人民公园动物园　辽宁大连森林动物园　安徽合肥野生动物园　安徽无锡锡惠园林动物园　安徽六安公园动物园　安徽淮南龙湖公园动物园　安徽淮北相山公园动物园　安徽蚌埠张公山动物园　陕西西安动物园　内蒙古大青山野生动物园
鸡形目	雉科	绿孔雀	*Pavo muticus*	北京动物园　哈尔滨动物园　昆明野生动物园　昆明动物园　湖南湘潭和平公园动物园　北京野生动物园　北京八达岭动物园　山东荣成神雕山动物园　山东荣成环翠楼动物园　江西南昌动物园　甘肃兰州五泉公园动物园　河南焦作森林公园动物园　陕西汉中动物园　内蒙古通辽市西拉木伦公园动物园
鸡形目	雉科	斑翅山鹑	*Perdix dauuricae*	银川市中山公园动物园
鸡形目	雉科	雉鸡（环颈雉）	*Phasianus colchicus*	昆明野生动物园　银川市中山公园动物园　重庆野生动物园　昆明动物园　北京野生动物园　天津动物园　山西太原动物园　山东济南动物园　四川南充动物园　青海西宁动物园　江西九江动物园　江西南昌动物园　甘肃兰州五泉公园动物园　海南金牛岭动物园　安徽芜湖市赭山风景区动物园　安徽合肥野生动物园　安徽六安公园动物园　安徽淮北相山公园动物园　安徽蚌埠张公山动物园　陕西汉中动物园　陕西西安动物园
鸡形目	雉科	环颈雉	*Phasianus Colchicus*	北京动物园　哈尔滨动物园　常德动物园
鸡形目	雉科	勺鸡	*Pucrasia macrolopha*	四川成都动物园
鸡形目	雉科	白颈长尾雉	*Syrmaticus ellioti*	北京动物园　银川市中山公园动物园　湖南湘潭和平公园动物园　四川成都动物园　海南金牛岭动物园
鸡形目	雉科	黑颈长尾雉	*Syrmaticus humiae*	北京动物园
鸡形目	雉科	白冠长尾雉	*Syrmaticus reevesii*	北京动物园　哈尔滨动物园　江苏苏州动物园　北京野生动物园　山东荣成神雕山动物园　四川成都动物园　河南郑州动物园　陕西西安动物园
鸡形目	雉科	阿尔泰雪鸡	*Tetraogallus altaicus*	北京动物园
鸡形目	雉科	暗腹雪鸡	*Tetraogallus himalayensis*	银川市中山公园动物园
鸡形目	雉科	淡腹雪鸡	*Tetraogallus tibetanus*	北京动物园
鸡形目	雉科	四川雉鹑	*Tetraophasis szechenyii*	北京动物园

目	科	种名	拉丁名	饲养动物园
鸡形目	雉科	黄腹角雉	*Tragopan caboti*	北京动物园 北京野生动物园
鸡形目	雉科	红腹角雉	*Tragopan temminckii*	北京动物园 昆明野生动物园 银川市中山公园动物园 重庆野生动物园 湖南长沙动物园 江苏苏州动物园 北京野生动物园 山东荣成神雕山动物园 四川成都动物园 青海西宁动物园 河南郑州动物园 河南焦作森林公园动物园 河南漯河市人民公园动物园 河南平顶山河滨公园动物园 河南许昌西湖公园动物园 河南周口人民公园动物园 安徽无锡锡惠园林动物园 安徽淮北相山公园动物园
鸡形目	珠鸡科	鹫珠鸡	*Acryllium vulturinum*	北京动物园 重庆野生动物园 昆明动物园
鸡形目	珠鸡科	珠鸡	*numida meleagris*	北京动物园 哈尔滨动物园 昆明野生动物园 常德动物园 银川市中山公园动物园 重庆野生动物园 湖南长沙动物园 湖南湘潭和平公园动物园 北京野生动物园 天津动物园 山西太原动物园 山东济南动物园 四川成都动物园 四川南充动物园 青海西宁动物园 江西九江动物园 江西南昌动物园 甘肃兰州五泉公园动物园 海南热带野生植物园 河南郑州动物园 河南开封汴京公园动物园 河南焦作森林公园动物园 河南漯河市人民公园动物园 河南洛阳王城公园动物园 河南平顶山河滨公园动物园 河南周口人民公园动物园 安徽六安公园动物园 陕西汉中动物园 陕西西安动物园 内蒙古大青山野生动物园
鹱形目	鹱科	钩嘴圆尾鹱	*Pterodroma rostrata*	北京动物园
红鹳目	红鹳科	智利红鹳	*Phoenicopterus chilensis*	北京动物园
红鹳目	红鹳科	小火烈鸟（小红鹳）	*Phoenicopterus minor*	北京动物园 北京野生动物园 辽宁大连森林动物园
红鹳目	红鹳科	火烈鸟（大红鹳）	*Phoenicopterus rubber*	北京动物园 哈尔滨动物园 重庆野生动物园 昆明动物园 广西南宁动物园 湖南长沙动物园 北京野生动物园 山西太原动物园 山东济南动物园 四川成都动物园 江西南昌动物园 海南热带野生植物园 河南郑州动物园 辽宁大连森林动物园 安徽合肥野生动物园
红鹳目	红鹳科	大红鹳	*Phoenicopterus ruber*	广州香江野生动物园
鸻形目	鹬科	三趾鹬（三趾滨鹬）	*Crocethia alba*	北京动物园
鸻形目	鹬科	勺嘴鹬	*Eurynorhynchus pygmeus*	北京动物园

目	科	种名	拉丁名	饲养动物园
鸻形目	鹬科	灰尾（漂）鹬	*Heteroscelus brevipes*	北京动物园
鸻形目	鹬科	漂鹬	*Heteroscelus incanus*	北京动物园
鸻形目	鹬科	阔嘴鹬	*Limicola falcinellus*	北京动物园
鸻形目	鹬科	长嘴鹬	*Limnodromus scolopaeus*	北京动物园
鸻形目	鹬科	半蹼鹬	*Limnodromus semipalmatus*	北京动物园
鸻形目	雉鸻科	铜翅水雉	*Metopidius indicus*	北京动物园
鹤形目	鸨科	大鸨	*Otis tarda*	沈阳森林野生动物园 北京动物园 哈尔滨动物园 银川市中山公园动物园 甘肃兰州五泉公园动物园 安徽无锡锡惠园林动物园 陕西西安动物园
鹤形目	鸨科	波斑鸨	*Otis undulata*	北京动物园
鹤形目	鹤科	蓑羽鹤	*Anthropoides virgo*	沈阳森林野生动物园 北京动物园 哈尔滨动物园 昆明野生动物园 银川市中山公园动物园 重庆野生动物园 广州香江野生动物园 湖南长沙动物园 江苏常州淹城野生动物世界 江苏扬州动物园 吉林长春动植物园 北京野生动物园 北京八达岭动物园 天津塘沽公园动物园 山西太原动物园 山东济南动物园 山东荣成神雕山动物园 四川成都动物园 新疆阿勒泰动物园 江西南昌动物园 甘肃兰州五泉公园动物园 海南热带野生动植物园 河南郑州动物园 河南开封汴京公园动物园 安徽无锡锡惠园林动物园 内蒙古通辽市西拉木伦公园动物园
鹤形目	鹤科	戴冕鹤（西非冠鹤）	*Balearica pavonina*	北京动物园 银川市中山公园动物园 重庆野生动物园 昆明动物园 广西南宁动物园 湖南长沙动物园 江西南昌动物园 河南郑州动物园 辽宁大连森林动物园 安徽合肥野生动物园
鹤形目	鹤科	灰冕鹤（东非冠鹤）	*Balearica regulorum*	北京动物园 哈尔滨动物园 广州香江野生动物园 广西南宁动物园 江苏常州淹城野生动物世界 山东荣成神雕山动物园 辽宁大连森林动物园 陕西西安动物园
鹤形目	鹤科	肉垂鹤	*Bugeranus carunculatus*	北京动物园
鹤形目	鹤科	赤颈鹤	*Grus antigone*	昆明野生动物园
鹤形目	鹤科	灰鹤	*Grus grus*	沈阳森林野生动物园 北京动物园 哈尔滨动物园 昆明野生动物园 银川市中山公园动物园 昆明动物园 湖南长沙动物园 江苏常州淹城野生动物世界 吉林长春动植物园 北京八达岭动物园 山西太原动物园 山东济南动物园 山东荣成神雕山动物园 山东

目	科	种名	拉丁名	饲养动物园
鹤形目	鹤科	灰鹤	*Grus grus*	荣成环翠楼动物园 四川成都动物园 青海西宁动物园 江西南昌动物园 甘肃兰州五泉公园动物园 河南开封汴京公园动物园 河南焦作森林公园动物园 安徽合肥野生动物园 安徽蚌埠张公山动物园 陕西西安动物园 内蒙古通辽市西拉木伦公园动物园
鹤形目	鹤科	丹顶鹤	*Grus japonensis*	沈阳森林野生动物园 北京动物园 哈尔滨动物园 昆明野生动物园 银川市中山公园动物园 重庆野生动物园 昆明动物园 湖南长沙动物园 江苏扬州动物园 吉林长春动植物园 山东荣成神雕山动物园 山东荣成环翠楼动物园 四川成都动物园 青海西宁动物园 江西南昌动物园 海南热带野生动植物园 河南郑州动物园 河南开封汴京公园动物园 河南焦作森林公园动物园 河南洛阳王城公园动物园 辽宁大连森林动物园 安徽芜湖市赭山风景区动物园 安徽合肥野生动物园 安徽无锡锡惠园林动物园 安徽蚌埠张公山动物园 陕西西安动物园 内蒙古通辽市西拉木伦公园动物园
鹤形目	鹤科	白鹤	*Grus leucogeranus*	沈阳森林野生动物园 北京动物园 哈尔滨动物园 重庆野生动物园 广西南宁动物园 山西太原动物园 山东荣成神雕山动物园 山东荣成环翠楼动物园 江西九江动物园 江西南昌动物园 河南郑州动物园 安徽合肥野生动物园 陕西西安动物园
鹤形目	鹤科	白头鹤	*Grus monacha*	北京动物园 哈尔滨动物园 山东荣成神雕山动物园 四川成都动物园 江西南昌动物园
鹤形目	鹤科	黑颈鹤	*Grus nigricollis*	北京动物园 昆明动物园 西藏拉萨市罗布林卡动物园 北京野生动物园 山东济南动物园 山东荣成神雕山动物园 四川成都动物园 青海西宁动物园 陕西西安动物园
鹤形目	鹤科	白枕鹤	*Grus vipio*	沈阳森林野生动物园 北京动物园 哈尔滨动物园 昆明野生动物园 银川市中山公园动物园 江苏扬州动物园 山东济南动物园 山东荣成神雕山动物园 四川成都动物园 青海西宁动物园 江西南昌动物园 河南郑州动物园 河南焦作森林公园动物园 河南洛阳王城公园动物园 河南周口人民公园动物园 辽宁大连森林动物园 安徽合肥野生动物园 安徽无锡锡惠园林动物园 安徽六

目	科	种名	拉丁名	饲养动物园
鹤形目	鹤科	白枕鹤	*Grus vipio*	安公园动物园 安徽淮南龙湖公园动物园 安徽蚌埠张公山动物园 内蒙古通辽市西拉木伦公园动物园
鹤形目	秧鸡科	骨顶鸡	*Fulica atra*	青海西宁动物园
鹤形目	秧鸡科	董鸡	*Gallicrex cinerea*	河南郑州动物园
鹤鸵目	鸸鹋科	鸸鹋	*Casuariiformes novaehollandiae*	沈阳森林野生动物园 北京动物园 哈尔滨动物园 昆明野生动物园 常德动物园 银川市中山公园动物园 重庆野生动物园 昆明动物园 广西南宁动物园 湖南长沙动物园 湖南湘潭和平公园动物园 江苏苏州动物园 江苏常州淹城野生动物世界 江苏扬州动物园 西藏拉萨市罗布林卡动物园 北京野生动物园 山西太原动物园 山东济南动物园 山东荣成神雕山动物园 山东荣成环翠楼动物园 四川成都动物园 四川南充动物园 新疆乌鲁木齐动物园 青海西宁动物园 江西南昌动物园 甘肃兰州五泉公园动物园 海南金牛岭动物园 海南热带野生动植物园 河南焦作森林公园动物园 河南漯河市人民公园动物园 河南平顶山河滨公园动物园 河南许昌西湖公园动物园 辽宁大连森林动物园 安徽芜湖市赭山风景区动物园 安徽合肥野生动物园 安徽无锡锡惠园林动物园 安徽六安公园动物园 陕西西安动物园 内蒙古大青山野生动物园
鹤鸵目	鹤鸵科	双垂鹤鸵	*Casuarius casuarius*	北京动物园 山东济南动物园 哈尔滨动物园
鹳形目	鹳科	白腹鹳	*Ciconia abdimii*	北京动物园
鹳形目	鹳科	东方白鹳	*Ciconia boyciana*	北京动物园 广西南宁动物园 湖南长沙动物园 吉林长春动植物园 北京野生动物园 山东济南动物园 四川成都动物园 河南焦作森林公园动物园 安徽合肥野生动物园 安徽蚌埠张公山动物园 陕西西安动物园
鹳形目	鹳科	白鹳	*Ciconia ciconia*	沈阳森林野生动物园 哈尔滨动物园 昆明野生动物园 银川市中山公园动物园 广西南宁动物园 江苏苏州动物园 江苏扬州动物园 北京野生动物园 山西太原动物园 山东荣成神雕山动物园 江西九江动物园 江西南昌动物园 内蒙古通辽市西拉木伦公园动物园
鹳形目	鹳科	黑鹳	*Ciconia nigra*	北京动物园 昆明野生动物园 银川市中山公园动物园 吉林长春动植物园 北京野生

目	科	种名	拉丁名	饲养动物园
鹳形目	鹳科	黑鹳	*Ciconia nigra*	动物园 山西太原动物园 山东济南动物园 山东荣成神雕山动物园 四川成都动物园 青海西宁动物园 江西南昌动物园 甘肃兰州五泉公园动物园 安徽合肥野生动物园
鹳形目	鹳科	非洲秃鹳	*Leptoptilos crumeniferus*	北京动物园 重庆野生动物园
鹳形目	鹳科	秃鹳	*Leptoptilos javanicus*	重庆野生动物园 江西南昌动物园
鹳形目	鹳科	黄嘴鹮鹳	*Mycteria ibis*	北京动物园 北京野生动物园
鹳形目	鹮科	美洲红鹮	*Eudocimus ruber*	北京动物园 广州香江野生动物园
鹳形目	鹮科	隐鹮	*Geronticus eremita*	北京动物园
鹳形目	鹮科	朱鹮	*Nipponia nippon*	北京动物园 安徽合肥野生动物园
鹳形目	鹮科	白琵鹭	*Platalea leucorodia*	北京动物园 哈尔滨动物园 重庆野生动物园 昆明动物园 湖南长沙动物园 江苏常州淹城野生动物世界 吉林长春动植物园 北京野生动物园 山东荣成神雕山动物园 四川成都动物园 河南洛阳王城公园动物园 安徽芜湖市赭山风景区动物园
鹳形目	鹮科	黑脸琵鹭	*Platalea minor*	北京动物园
鹳形目	鹮科	（黑头）白鹮	*Threskiornis aethiopicus*	北京动物园 江苏苏州动物园 北京野生动物园 四川成都动物园 安徽六安公园动物园 陕西西安动物园
鹳形目	鹭科	苍鹭	*Ardea cinerea*	北京动物园 昆明野生动物园 常德动物园 银川市中山公园动物园 重庆野生动物园 昆明动物园 山西太原动物园 山东荣成神雕山动物园 四川成都动物园 江西南昌动物园 河南洛阳王城公园动物园 陕西汉中动物园
鹳形目	鹭科	草鹭	*Ardea purpurea*	海南金牛岭动物园
鹳形目	鹭科	池鹭	*Ardeola bacchus*	山东荣成神雕山动物园 海南金牛岭动物园
鹳形目	鹭科	牛背鹭	*Bubulcus ibis*	重庆野生动物园 江西九江动物园 安徽淮南龙湖公园动物园
鹳形目	鹭科	中白鹭	*Egretta intermedia*	北京动物园 江西南昌动物园
鹳形目	鹭科	夜鹭	*Nycticorax nycticorax*	北京动物园 昆明野生动物园 重庆野生动物园 昆明动物园 江苏苏州动物园 北京野生动物园 山东济南动物园 四川成都动物园 海南金牛岭动物园 河南洛阳王城公园动物园 安徽合肥野生动物园 安徽蚌埠张公山动物园
鸽形目	鸠鸽科	雪鸽	*Columba leuconota*	哈尔滨动物园
鸽形目	鸠鸽科	灰林鸽	*Columba pulchricollis*	天津动物园 天津塘沽公园动物园
鸽形目	鸠鸽科	紫林鸽	*Columba punicea*	北京野生动物园
鸽形目	鸠鸽科	宝石姬地鸠	*Geopelia cuneata*	北京动物园
鸽形目	鸠鸽科	蓝凤冠鸠	*Goura cristata*	江苏常州淹城野生动物世界

目	科	种名	拉丁名	饲养动物园
鸽形目	鸠鸽科	紫胸凤冠鸠	*Goura scheepmakeri*	北京动物园
鸽形目	鸠鸽科	火斑鸠	*Oenopopelia tranquebarica*	北京动物园　昆明动物园
鸽形目	鸠鸽科	山斑鸠	*Streptopelia orientalis*	北京动物园　广西南宁动物园
鸽形目	鸠鸽科	欧斑鸠	*Streptopelia turtur*	昆明野生动物园
佛法僧目	戴胜科	戴胜	*Upupa epops*	安徽蚌埠张公山动物园
䴕形目	巨嘴鸟科	鞭笞鵎鵼	*Ramphastos toco*	北京动物园　广西南宁动物园
䴕形目	巨嘴鸟科	红嘴巨嘴鸟	*Ramphastos tucanus*	北京动物园
䴕形目	巨嘴鸟科	凹嘴巨嘴鸟	*Ramphastos vitellunis*	北京动物园　重庆野生动物园
佛法僧目	犀鸟科	棕颈（无盔）犀鸟	*Aceros nipalensis*	江苏常州淹城野生动物世界
佛法僧目	犀鸟科	蓝喉皱盔犀鸟	*Aceros plicatus*	广西南宁动物园
佛法僧目	犀鸟科	花冠皱盔犀鸟	*Aceros undulates*	北京动物园　昆明野生动物园　重庆野生动物园　昆明动物园　江苏常州淹城野生动物世界　辽宁大连森林动物园
佛法僧目	犀鸟科	冠斑犀鸟	*Anthracoceros coronatus*	北京动物园　昆明动物园　广西南宁动物园　山东济南动物园
佛法僧目	犀鸟科	红脸地犀鸟	*Bucorvus leadbeateri*	北京动物园　重庆野生动物园
佛法僧目	犀鸟科	银颊噪犀鸟	*Ceratogymna brevis*	北京动物园　北京野生动物园
佛法僧目	犀鸟科	噪犀鸟	*Ceratogymna bucinator*	北京动物园　昆明野生动物园　江西南昌动物园　河南郑州动物园
佛法僧目	犀鸟科	德氏弯嘴犀鸟	*Tockus deckeni*	北京动物园
佛法僧目	犀鸟科	红嘴弯嘴犀鸟	*Tockus erythrorhynchus*	北京动物园　江苏常州淹城野生动物世界　北京野生动物园
佛法僧目	犀鸟科	斑尾弯嘴犀鸟	*Tockus fasciatus*	昆明野生动物园
佛法僧目	犀鸟科	黑嘴弯嘴犀鸟	*Tockus nasutus*	昆明野生动物园

4　哺乳纲

目	科	种名	拉丁名	饲养动物园
有袋目	袋貂科	帚尾袋貂	*Trichosurus vulpecula*	北京动物园
有袋目	袋鼠科	小灰袋鼠（西灰大袋鼠）	*Macropus fuliginosus*	山西太原动物园
有袋目	袋鼠科	大灰袋鼠	*Macropus giganteus*	北京动物园　江苏南京红山森林动物园　重庆野生动物园　广西南宁动物园　江苏常州淹城野生动物世界　北京野生动物园　北京八达岭动物园　河南洛阳王城公园动物园　辽宁大连森林动物园　安徽野生动物园　安徽淮南龙湖公园动物园　陕西西安动物园　内蒙古大青山野生动物园
有袋目	袋鼠科	红颈袋鼠（白袋鼠）	*Macropus rufogriseus*	哈尔滨动物园　广州香江野生动物园　广西南宁动物园　江西南昌动物园　江苏徐州动物园

目	科	种名	拉丁名	饲养动物园
有袋目	袋鼠科	大赤袋鼠	*Macropus rufus*	北京动物园　江苏南京红山森林动物园　昆明动物园　重庆野生动物园　广州香江野生动物园　广西南宁动物园　湖南长沙动物园　江苏常州淹城野生动物世界　北京野生动物园　天津动物园　山西太原动物园　山东济南动物园　山东荣成神雕山动物园　甘肃兰州五泉公园动物园　安徽芜湖市赭山风景区动物园
有袋目	袋鼠科	尤氏袋鼠（黑袋鼠）	*Malropus eagenll*	北京动物园　重庆野生动物园　山东荣成神雕山动物园　江西南昌动物园
有袋目	树袋熊科	树袋熊	*Phascolarctos cinereus*	广州香江野生动物园
翼手目	狐蝠科	大狐蝠（印度大狐蝠）	*Pteropus giganteus*	北京野生动物园
翼手目	狐蝠科	果蝠（棕果蝠）	*Rousettus leschenaulti*	北京动物园
兔形目	兔科	东北黑兔	*Lepus melainus*	常德动物园
兔形目	兔科	家兔	*Oryctolagus curiculus*	哈尔滨动物园　广西南宁动物园　天津动物园　天津塘沽公园动物园　昆明野生动物园　辽宁大连森林动物园
食肉目	大熊猫科	大熊猫	*Ailuropoda melanoleuca*	北京动物园　江苏南京红山森林动物园　昆明野生动物园　广州香江野生动物园　湖南长沙动物园　江苏苏州动物园　江苏扬州动物园　江苏徐州动物园　天津动物园　山西太原动物园　山东济南动物园　四川成都动物园　江西南昌动物园　甘肃兰州五泉公园动物园　河南郑州动物园　辽宁大连森林动物园　江苏无锡锡惠园林动物园　安徽淮南龙湖公园动物园　陕西西安动物园
食肉目	海豹科	斑海豹	*Phoca largha*	沈阳森林野生动物园　广州香江野生动物园　山东荣成神雕山动物园　甘肃兰州五泉公园动物园　陕西汉中动物园
食肉目	海狮科	北美海狮	*Arctocephalus townsendi*	山东荣成神雕山动物园
食肉目	海狮科	海狗（腽肭兽）	*Callorhinus ursinus*	重庆野生动物园　山东荣成神雕山动物园
食肉目	海狮科	南美海狮	*Otaria flavescens*	沈阳森林野生动物园　山东荣成神雕山动物园
食肉目	海象科	海象	*Odobenus rosmarus*	山东荣成神雕山动物园
食肉目	浣熊科	小熊猫	*Ailurus fulgens*	沈阳森林野生动物园　北京动物园　江苏南京红山森林动物园　哈尔滨动物园　昆明野生动物园　重庆野生动物园　昆明动物园　广州香江野生动物园　广西南宁动物园　湖南长沙动物园　江苏常州淹城野生动物世界　北京野生动物园　天津动物园　山西太原动物园　山东济南动物园　山

目	科	种名	拉丁名	饲养动物园
食肉目	浣熊科	小熊猫	*Ailurus fulgens*	东荣成神雕山动物园 山东荣成环翠楼动物园 四川成都动物园 青海西宁动物园 辽宁大连森林动物园 安徽芜湖市赭山风景区动物园 安徽野生动物园 江苏无锡锡惠园林动物园 陕西西安动物园
食肉目	浣熊科	南美浣熊	*Nasua nasua*	北京动物园 河南郑州动物园
食肉目	浣熊科	蜜熊	*Potos flavus*	北京动物园
食肉目	浣熊科	浣熊	*Procyon lotor*	北京动物园 哈尔滨动物园 昆明野生动物园 重庆野生动物园 昆明动物园 湖南长沙动物园 江苏常州淹城野生动物世界 北京野生动物园 天津动物园 山东济南动物园 山东荣成神雕山动物园 四川成都动物园 四川南充动物园 辽宁大连森林动物园 安徽芜湖市赭山风景区动物园 安徽淮南龙湖公园动物园
食肉目	鬣狗科	斑鬣狗	*Crocuta crocuta*	北京动物园 山东荣成神雕山动物园
食肉目	鬣狗科	缟鬣狗	*Hyaena hyaena*	北京动物园 北京野生动物园
食肉目	灵猫科	熊狸	*Arctictis binturong*	昆明野生动物园 江苏常州淹城野生动物世界
食肉目	灵猫科	食蟹獴	*Herpestes urva*	江西南昌动物园
食肉目	灵猫科	果子狸（花面狸）	*Paguma larvata*	北京动物园 哈尔滨动物园 昆明野生动物园 昆明动物园 重庆野生动物园 四川南充动物园
食肉目	灵猫科	大灵猫	*Viverra zibetha*	昆明野生动物园
食肉目	灵猫科	小灵猫	*Viverricula indica*	北京动物园 湖南湘潭和平公园动物园 河南郑州动物园
食肉目	猫科	猎豹	*Acinonyx jubatus*	哈尔滨动物园 江苏常州淹城野生动物世界
食肉目	猫科	狞猫	*Caracal. caracal*	北京动物园 山东荣成神雕山动物园
食肉目	猫科	豹猫	*Felis bengalensis*	北京动物园 常德动物园 银川市中山公园动物园 湖南湘潭和平公园动物园 吉林长春动植物园 青海西宁动物园 江苏徐州动物园
食肉目	猫科	荒漠猫（漠猫）	*Felis bieti*	北京动物园 银川市中山公园动物园 青海西宁动物园
食肉目	猫科	草原斑猫	*Felis libyca*	哈尔滨动物园
食肉目	猫科	猞猁	*Felis lynx*	北京动物园 江苏南京红山森林动物园 哈尔滨动物园 银川市中山公园动物园 昆明动物园 湖南湘潭和平公园动物园 江苏苏州动物园 西藏拉萨市罗布林卡动物园 北京八达岭动物园 四川成都动物园 新疆乌鲁木齐动物园 新疆阿勒泰动

目	科	种名	拉丁名	饲养动物园
食肉目	猫科	猞猁	*Felis lynx*	物园　青海西宁动物园　甘肃兰州五泉公园动物园　海南金牛岭动物园　河南郑州动物园　河南洛阳王城公园动物园　河南周口人民公园动物园　辽宁大连森林动物园　安徽芜湖市赭山风景区动物园　江苏徐州动物园
食肉目	猫科	兔狲	*Felis manul*	北京动物园　银川市中山公园动物园　青海西宁动物园　河南郑州动物园
食肉目	猫科	猫（欧林猫）	*Felis silvestris*	天津动物园
食肉目	猫科	波斯猫	*Felis sivestris*	哈尔滨动物园
食肉目	猫科	金猫	*Felis temmincki*	四川成都动物园　江西南昌动物园
食肉目	猫科	云豹	*Neofelis nebulosa*	吉林长春动植物园　四川成都动物园　江西南昌动物园　安徽芜湖市赭山风景区动物园
食肉目	猫科	狮（非洲狮）	*Panthera leo*	北京动物园　沈阳森林野生动物园　北京动物园　江苏南京红山森林动物园　哈尔滨动物园　昆明野生动物园　常德动物园　银川市中山公园动物园　重庆野生动物园　昆明动物园　广西南宁动物园　湖南长沙动物园　湖南湘潭和平公园动物园　江苏珍珠泉野生动物园　江苏苏州动物园　江苏常州淹城野生动物世界　江苏扬州动物园　江苏徐州动物园　吉林长春动植物园　西藏拉萨市罗布林卡动物园　北京野生动物园　北京八达岭动物园　天津动物园　天津塘沽公园动物园　山西太原动物园　山东济南动物园　山东荣成神雕山动物园　四川成都动物园　四川南充动物园　新疆乌鲁木齐动物园　江西九江动物园　江西南昌动物园　甘肃兰州五泉公园动物园　海南热带野生动植物园　河南郑州动物园　河南开封汴京公园动物园　河南焦作森林公园动物园　河南漯河市人民公园动物园　河南洛阳王城公园动物园　河南平顶山河滨公园动物园　河南许昌西湖公园动物园　河南周口人民公园动物园　辽宁大连森林动物园　辽宁大连狮虎园　安徽芜湖市赭山风景区动物园　安徽野生动物园　江苏无锡锡惠园林动物园　安徽淮南龙湖公园动物园　安徽淮北相山公园动物园　安徽蚌埠张公山动物园　陕西汉中动物园　陕西西安动物园　内蒙古大青山野生动物园　广州香江野生动物园

目	科	种名	拉丁名	饲养动物园
食肉目	猫科	美洲虎（美洲豹）	*Panthera once*	北京动物园 江苏南京红山森林动物园 哈尔滨动物园 重庆野生动物园 广西南宁动物园 湖南长沙动物园 江苏苏州动物园 江苏常州淹城野生动物世界 北京野生动物园 北京八达岭动物园 山东荣成神雕山动物园 四川成都动物园 江西南昌动物园 海南金牛岭动物园
食肉目	猫科	金钱豹（豹）	*Panthera pardus*	北京动物园 沈阳森林野生动物园 江苏南京红山森林动物园 哈尔滨动物园 银川市中山公园动物园 昆明动物园 广西南宁动物园 湖南长沙动物园 江苏苏州动物园 江苏常州淹城野生动物世界 江苏扬州动物园 江苏徐州动物园 吉林长春动植物园 北京八达岭动物园 山西太原动物园 山东荣成神雕山动物园 山东荣成环翠楼动物园 四川成都动物园 四川南充动物园 青海西宁动物园 江西南昌动物园 甘肃兰州五泉公园动物园 海南金牛岭动物园 海南热带野生动植物园 河南郑州动物园 河南开封汴京公园动物园 河南焦作森林公园动物园 河南漯河市人民公园动物园 河南洛阳王城公园动物园 辽宁大连森林动物园 安徽芜湖市赭山风景区动物园 安徽野生动物园 江苏无锡锡惠园林动物园 安徽淮北相山公园动物园 安徽蚌埠张公山动物园 陕西汉中动物园 内蒙古大青山野生动物园 昆明野生动物园 内蒙古通辽市西拉木伦公园动物园
食肉目	猫科	华南虎	*Panthera tigris*	湖南长沙动物园 江苏珍珠泉野生动物园 北京八达岭动物园 江西南昌动物园 河南洛阳王城公园动物园 辽宁大连森林动物园 陕西汉中动物园
食肉目	猫科	东北虎	*Panthera tigris*	沈阳森林野生动物园 北京动物园 江苏南京红山森林动物园 哈尔滨动物园 昆明野生动物园 常德动物园 银川市中山公园动物园 昆明动物园 广西南宁动物园 湖南长沙动物园 湖南湘潭和平公园动物园 江苏珍珠泉野生动物园 江苏苏州动物园 江苏常州淹城野生动物世界 江苏扬州动物园 江苏徐州动物园 吉林长春动植物园 西藏拉萨市罗布林卡动物园 北京野生动物园 北京八达岭动物园

目	科	种名	拉丁名	饲养动物园
食肉目	猫科	东北虎	*Panthera tigris*	天津动物园 天津塘沽公园动物园 山西太原动物园 山东济南动物园 山东荣成神雕山动物园 山东荣成环翠楼动物园 四川成都动物园 四川南充动物园 新疆乌鲁木齐动物园 青海西宁动物园 江西南昌动物园 甘肃兰州五泉公园动物园 海南热带野生动植物园 河南郑州动物园 河南开封汴京公园动物园 河南焦作森林公园动物园 河南漯河市人民公园动物园 河南平顶山河滨公园动物园 河南许昌西湖公园动物园 河南周口人民公园动物园 辽宁大连森林动物园 辽宁大连狮虎园 安徽芜湖市赭山风景区动物园 安徽野生动物园 江苏无锡锡惠园林动物园 安徽六安公园动物园 安徽淮南龙湖公园动物园 安徽淮北相山公园动物园 安徽蚌埠张公山动物园 陕西西安动物园 内蒙古大青山野生动物园
食肉目	猫科	孟加拉虎	*Panthera tigris*	北京动物园 哈尔滨动物园 昆明野生动物园 昆明动物园 常德动物园 重庆野生动物园 广州香江野生动物园 湖南长沙动物园 天津动物园 山东济南动物园 山东荣成神雕山动物园 四川成都动物园 新疆乌鲁木齐沈阳森林野生动物园 动物园 江西南昌动物园 海南三亚爱心大世界 河南洛阳王城公园动物园 安徽芜湖市赭山风景区动物园 安徽蚌埠张公山动物园 江苏南京红山森林动物园 江苏常州淹城野生动物世界 北京八达岭动物园 山东荣成环翠楼动物园 辽宁大连森林动物园 安徽野生动物园
食肉目	猫科	美洲狮	*Puma concolor*	北京动物园 重庆野生动物园 湖南长沙动物园 北京野生动物园 山东荣成神雕山动物园
食肉目	猫科	雪豹	*Uncia uncia*	北京动物园 青海西宁动物园 辽宁大连森林动物园
食肉目	獴科	非洲獴	*Mungos mungo*	北京动物园 重庆野生动物园
食肉目	獴科	细尾獴	*Suricata suricata*	重庆野生动物园
食肉目	犬科	雪狐（北极狐）	*Alopex lagopus*	北京动物园 昆明野生动物园 昆明动物园 河南许昌西湖公园动物园 辽宁大连森林动物园 江苏无锡锡惠园林动物园 安徽淮北相山公园动物园 哈尔滨动物园 北京野生动物园 天津动物园 山西太原动物园

目	科	种名	拉丁名	饲养动物园
食肉目	犬科	金色胡狼	*Canis aureus*	海南金牛岭动物园
食肉目	犬科	狼	*Canis lupus*	沈阳森林野生动物园 北京动物园 江苏南京红山森林动物园 哈尔滨动物园 银川市中山公园动物园 重庆野生动物园 昆明动物园 广西南宁动物园 湖南湘潭和平公园动物园 江苏苏州动物园 江苏常州淹城野生动物世界 江苏徐州动物园 吉林长春动植物园 西藏拉萨市罗布林卡动物园 北京野生动物园 北京八达岭动物园 天津动物园 山西太原动物园 山东荣成神雕山动物园 山东荣成环翠楼动物园 四川成都动物园 新疆乌鲁木齐动物园 青海西宁动物园 江西九江动物园 江西南昌动物园 甘肃兰州五泉公园动物园 海南金牛岭动物园 河南郑州动物园 河南开封汴京公园动物园 河南焦作森林公园动物园 河南漯河市人民公园动物园 河南洛阳王城公园动物园 河南平顶山河滨公园动物园 河南许昌西湖公园动物园 河南周口人民公园动物园 辽宁大连森林动物园 安徽芜湖市赭山风景区动物园 安徽野生动物园 江苏无锡锡惠园林动物园 安徽淮南龙湖公园动物园 安徽淮北相山公园动物园 安徽蚌埠张公山动物园 陕西汉中动物园 陕西西安动物园 内蒙古通辽市西拉木伦公园动物园 内蒙古大青山野生动物园
食肉目	犬科	非洲胡狼	*Canis mesomelas*	山东荣成神雕山动物园
食肉目	犬科	黑背胡狼	*Canis mesomelas*	北京动物园
食肉目	犬科	豺	*Cuon alpinus*	北京动物园 哈尔滨动物园 昆明野生动物园 吉林长春动植物园 山东荣成神雕山动物园 甘肃兰州五泉公园动物园 河南郑州动物园 江苏无锡锡惠园林动物园
食肉目	犬科	非洲猎犬	*Lycaon pictus*	江苏南京红山森林动物园 辽宁大连森林动物园 陕西西安动物园
食肉目	犬科	貉	*Nyctereutes procyonoides*	北京动物园 哈尔滨动物园 江苏徐州动物园 北京野生动物园 天津动物园 河南郑州动物园 辽宁大连森林动物园
食肉目	犬科	北极熊	*Ursus maritimus*	北京动物园 重庆野生动物园 广州香江野生动物园 天津动物园 四川成都动物园 新疆乌鲁木齐动物园 青海西宁动物园 辽宁大连森林动物园

目	科	种名	拉丁名	饲养动物园
食肉目	犬科	沙狐	*Vulpes corsac*	北京动物园 哈尔滨动物园 银川市中山公园动物园
食肉目	犬科	藏狐（藏沙狐）	*Vulpes ferrilata*	西藏拉萨市罗布林卡动物园
食肉目	犬科	赤狐（狐狸）（红狐）（银狐）（黑银狐）	*Vulpes vulpes*	北京动物园 哈尔滨动物园 昆明动物园 银川市中山公园动物园 广西南宁动物园 湖南湘潭和平公园动物园 江苏苏州动物园 安徽蚌埠张公山动物园 江苏徐州动物园 陕西汉中动物园 北京野生动物园 海南金牛岭动物园
食肉目	犬科	耳廓狐	*Vulpes zerda*	北京动物园
食肉目	熊科	马来熊	*Helarctos malayanus*	江苏南京红山森林动物园 昆明野生动物园 常德动物园 昆明动物园 广西南宁动物园 江苏珍珠泉野生动物园 江苏苏州动物园 北京八达岭动物园 山东济南动物园 山东荣成神雕山动物园 新疆乌鲁木齐动物园 青海西宁动物园 江西南昌动物园 甘肃兰州五泉公园动物园 河南周口人民公园动物园
食肉目	熊科	黑熊（亚洲黑熊）	*Selenarctos thibetanus*	沈阳森林野生动物园 北京动物园 江苏南京红山森林动物园 哈尔滨动物园 昆明野生动物园 常德动物园 重庆野生动物园 昆明动物园 广西南宁动物园 湖南长沙动物园 湖南湘潭和平公园动物园 江苏珍珠泉野生动物园 江苏常州淹城野生动物世界 吉林长春动植物园 西藏拉萨市罗布林卡动物园 北京野生动物园 北京八达岭动物园 天津动物园 天津塘沽公园动物园 山西太原动物园 山东济南动物园 山东荣成神雕山动物园 山东荣成环翠楼动物园 四川成都动物园 四川南充动物园 新疆乌鲁木齐动物园 青海西宁动物园 江西九江动物园 江西南昌动物园 甘肃兰州五泉公园动物园 海南金牛岭动物园 海南热带野生动植物园 河南开封汴京公园动物园 河南焦作森林公园动物园 河南洛阳王城公园动物园 河南平顶山河滨公园动物园 河南许昌西湖公园动物园 辽宁大连森林动物园 安徽芜湖市赭山风景区动物园 安徽野生动物园 江苏无锡锡惠园林动物园 安徽六安公园动物园 安徽淮南龙湖公园动物园 安徽淮北相山公园动物园 安徽蚌埠张公山动物园 江苏徐州动物园 陕西汉中动物园 陕西西安动物园 内蒙古大青山野生动物园

目	科	种名	拉丁名	饲养动物园
食肉目	熊科	棕熊（马熊）	*Ursus arctos*	沈阳森林野生动物园 北京动物园 哈尔滨动物园 昆明动物园 常德动物园 银川市中山公园动物园 广西南宁动物园 湖南长沙动物园 湖南湘潭和平公园动物园 江苏珍珠泉野生动物园 江苏苏州动物园 江苏常州淹城野生动物世界 江苏扬州动物园 西藏拉萨市罗布林卡动物园 北京八达岭动物园 天津动物园 天津塘沽公园动物园 山西太原动物园 山东济南动物园 山东荣成神雕山动物园 四川成都动物园 新疆乌鲁木齐动物园 青海西宁动物园 江西九江动物园 甘肃兰州五泉公园动物园 海南金牛岭动物园 河南郑州动物园 河南洛阳王城公园动物园 河南平顶山河滨公园动物园 辽宁大连森林动物园 辽宁大连狮虎园 安徽芜湖市赭山风景区动物园 安徽野生动物园 江苏无锡锡惠园林动物园 安徽淮南龙湖公园动物园 安徽蚌埠张公山动物园 江苏徐州动物园 陕西汉中动物园 陕西西安动物园 内蒙古通辽市西拉木伦公园动物园
食肉目	熊科	马熊	*Urus pruinosus*	重庆野生动物园 昆明动物园 天津动物园 青海西宁动物园
食肉目	鼬科	猪獾	*Arctonyx collaris*	北京动物园 银川市中山公园动物园 湖南湘潭和平公园动物园 天津动物园 海南金牛岭动物园 安徽淮南龙湖公园动物园
食肉目	鼬科	貂熊（狼獾）	*Gulo gulo*	哈尔滨动物园
食肉目	鼬科	水獭	*Lutra lutra*	北京动物园 山东荣成神雕山动物园
食肉目	鼬科	黄喉貂（青鼬）（黄猺）	*Martes flavigula*	昆明动物园
食肉目	鼬科	狗獾（獾）	*Meles meles*	哈尔滨动物园 山西太原动物园 山东荣成神雕山动物园 河南郑州动物园 河南洛阳王城公园动物园 辽宁大连森林动物园 安徽蚌埠张公山动物园
食肉目	鼬科	白鼬	*Mustela erminea*	安徽淮南龙湖公园动物园
食肉目	鼬科	加拿大臭鼬	*Mustela mephitis*	北京动物园 北京野生动物园
食肉目	鼬科	雪貂	*Mustela Pulourius Furo*	北京野生动物园
食肉目	鼬科	鸡鼬	*Mustela putorius*	北京动物园
食虫目	猬科	刺猬	*Erinaceus europaeus*	北京动物园 昆明野生动物园 湖南湘潭和平公园动物园

目	科	种名	拉丁名	饲养动物园
奇蹄目	马科	斑马	*Equus burchelli*	沈阳森林野生动物园 北京动物园 江苏南京红山森林动物园 哈尔滨动物园 昆明野生动物园 重庆野生动物园 昆明动物园 广西南宁动物园 湖南长沙动物园 江苏扬州动物园 江苏徐州动物园 吉林长春动植物园 北京野生动物园 北京八达岭动物园 山西太原动物园 山东济南动物园 山东荣成神雕山动物园 四川成都动物园 江西南昌动物园 甘肃兰州五泉公园动物园 河南郑州动物园 河南洛阳王城公园动物园 河南平顶山河滨公园动物园 辽宁大连森林动物园 安徽野生动物园 江苏无锡锡惠园林动物园 安徽淮北相山公园动物园 安徽蚌埠张公山动物园 陕西西安动物园 内蒙古大青山野生动物园
奇蹄目	马科	矮马	*Equus caballus*	北京动物园 江苏南京红山森林动物园 哈尔滨动物园 银川市中山公园动物园 北京八达岭动物园 天津动物园 天津塘沽公园动物园 山西太原动物园 山东济南动物园 四川成都动物园 青海西宁动物园 海南金牛岭动物园 辽宁大连森林动物园 陕西西安动物园 内蒙古通辽市西拉木伦公园动物园 内蒙古大青山野生动物园
奇蹄目	马科	蒙古野驴（野驴）	*Equus hemionus*	沈阳森林野生动物园 北京动物园 哈尔滨动物园 银川市中山公园动物园 昆明动物园 湖南湘潭和平公园动物园 江苏常州淹城野生动物世界 天津动物园 山西太原动物园 四川成都动物园 新疆阿勒泰动物园 江西南昌动物园 辽宁大连森林动物园 陕西西安动物园 内蒙古大青山野生动物园
奇蹄目	马科	西藏野驴（藏野驴）	*Equus kiang*	北京动物园 哈尔滨动物园 银川市中山公园动物园 山东济南动物园 青海西宁动物园 辽宁大连森林动物园
奇蹄目	马科	野马	*Equus przewalskii*	北京动物园 哈尔滨动物园 天津动物园 新疆阿勒泰动物园
奇蹄目	貘科	中美貘	*Tapirus bairdii*	北京动物园
奇蹄目	貘科	马来貘	*Tapirus indicus*	北京动物园 广州香江野生动物园
奇蹄目	貘科	南美貘	*Tapirus terrestris*	北京动物园

目	科	种名	拉丁名	饲养动物园
奇蹄目	犀科	白犀	*Ceratotherium simum*	北京动物园 哈尔滨动物园 重庆野生动物园 山西太原动物园 四川成都动物园 新疆乌鲁木齐动物园
奇蹄目	犀科	黑犀牛	*Diceros bicornis*	广州香江野生动物园
奇蹄目	犀科	爪哇犀（小独角犀）	*Rhinoceros sondaicus*	沈阳森林野生动物园 北京动物园
偶蹄目	长颈鹿科	长颈鹿	*Giraffa camelopardalis*	沈阳森林野生动物园 北京动物园 江苏南京红山森林动物园 哈尔滨动物园 昆明野生动物园 重庆野生动物园 昆明动物园 广州香江野生动物园 广西南宁动物园 湖南长沙动物园 江苏常州淹城野生动物世界 吉林长春动植物园 北京野生动物园 北京八达岭动物园 天津动物园 山西太原动物园 山东济南动物园 四川成都动物园 江西南昌动物园 甘肃兰州五泉公园动物园 海南热带野生动植物园 河南郑州动物园 河南洛阳王城公园动物园 辽宁大连森林动物园 安徽野生动物园 内蒙古大青山野生动物园
偶蹄目	河马科	河马	*Hippopotamus amphibius*	北京动物园 江苏南京红山森林动物园 哈尔滨动物园 昆明动物园 重庆野生动物园 广西南宁动物园 湖南长沙动物园 吉林长春动植物园 天津动物园 山东济南动物园 山东荣成神雕山动物园 四川成都动物园 新疆乌鲁木齐动物园 江西南昌动物园 海南金牛岭动物园 海南热带野生动植物园 河南郑州动物园 安徽野生动物园 江苏无锡锡惠园林动物园 安徽淮南龙湖公园动物园 安徽蚌埠张公山动物园 陕西西安动物园
偶蹄目	河马科	侏儒河马	*Hippopotamus minor*	广州香江野生动物园
偶蹄目	鹿科	狍	*Capreolus capreolus*	北京动物园 山东荣成神雕山动物园
偶蹄目	鹿科	白唇鹿	*Cervus albirostris*	北京动物园 银川市中山公园动物园 重庆野生动物园 北京八达岭动物园 天津动物园 山西太原动物园 四川成都动物园 青海西宁动物园 陕西西安动物园
偶蹄目	鹿科	马鹿	*Cervus elaphus*	北京动物园 江苏南京红山森林动物园 哈尔滨动物园 昆明野生动物园 银川市中山公园动物园 重庆野生动物园 湖南长沙动物园 江苏苏州动物园 江苏常州淹城野生动物世界 江苏扬州动物园 吉林长春动植物园 天津动物园 山西太原动物园 山东济南动物园 山东荣成神雕

目	科	种名	拉丁名	饲养动物园
偶蹄目	鹿科	马鹿	*Cervus elaphus*	山动物园 四川成都动物园 青海西宁动物园 河南郑州动物园 河南漯河市人民公园动物园 河南洛阳王城公园动物园 河南许昌西湖公园动物园 辽宁大连森林动物园 江苏无锡锡惠园林动物园 陕西西安动物园 内蒙古通辽市西拉木伦公园动物园
偶蹄目	鹿科	坡鹿（泽鹿）	*Cervus eldi*	海南热带野生动植物园
偶蹄目	鹿科	梅花鹿	*Cervus nippon*	沈阳森林野生动物园 北京动物园 江苏南京红山森林动物园 哈尔滨动物园 昆明野生动物园 常德动物园 银川市中山公园动物园 重庆野生动物园 昆明动物园 广西南宁动物园 湖南长沙动物园 湖南湘潭和平公园动物园 江苏苏州动物园 江苏常州淹城野生动物世界 江苏扬州动物园 江苏徐州动物园 吉林长春动植物园 西藏拉萨市罗布林卡动物园 北京野生动物园 天津动物园 山西太原动物园 山东济南动物园 山东荣成神雕山动物园 山东荣成环翠楼动物园 四川成都动物园 四川南充动物园 青海西宁动物园 江西九江动物园 江西南昌动物园 甘肃兰州五泉公园动物园 海南金牛岭动物园 海南热带野生动植物园 河南郑州动物园 河南开封汴京公园动物园 河南焦作森林公园动物园 河南漯河市人民公园动物园 河南洛阳王城公园动物园 河南平顶山河滨公园动物园 河南许昌西湖公园动物园 河南周口人民公园动物园 辽宁大连森林动物园 安徽芜湖市赭山风景区动物园 安徽野生动物园 江苏无锡锡惠园林动物园 安徽六安公园动物园 安徽淮南龙湖公园动物园 安徽淮北相山公园动物园 安徽蚌埠张公山动物园 陕西西安动物园 内蒙古通辽市西拉木伦公园动物园 内蒙古大青山野生动物园
偶蹄目	鹿科	豚鹿	*Cervus porcinus*	北京动物园 哈尔滨动物园 四川成都动物园
偶蹄目	鹿科	水鹿（黑鹿）	*Cervus unicolor*	北京动物园 昆明野生动物园 昆明动物园 重庆野生动物园 四川成都动物园 江西南昌动物园 海南金牛岭动物园

目	科	种名	拉丁名	饲养动物园
偶蹄目	鹿科	黇鹿	*Dama dama*	沈阳森林野生动物园 北京动物园 江苏南京红山森林动物园 哈尔滨动物园 昆明野生动物园 银川市中山公园动物园 昆明动物园 湖南长沙动物园 江苏苏州动物园 江苏常州淹城野生动物世界 江苏徐州动物园 吉林长春动植物园 天津动物园 天津塘沽公园动物园 山西太原动物园 四川成都动物园 江西九江动物园 江西南昌动物园 甘肃兰州五泉公园动物园 海南金牛岭动物园 河南漯河市人民公园动物园 河南洛阳王城公园动物园 河南平顶山河滨公园动物园
偶蹄目	鹿科	毛冠鹿	*Elaphodus cephalophus*	四川成都动物园
偶蹄目	鹿科	麋鹿	*Elaphurus davidianus*	北京动物园 哈尔滨动物园 昆明野生动物园 昆明动物园 江苏苏州动物园 江苏扬州动物园 吉林长春动植物园 天津动物园 天津塘沽公园动物园 山东荣成神雕山动物园 山东荣成环翠楼动物园 四川成都动物园 海南金牛岭动物园 海南热带野生动植物园 河南郑州动物园 辽宁大连森林动物园 安徽野生动物园 江苏无锡锡惠园林动物园 安徽蚌埠张公山动物园 江苏徐州动物园 陕西西安动物园
偶蹄目	鹿科	河麂	*Hydropotes inermis*	北京动物园 江苏南京红山森林动物园 山东荣成神雕山动物园 辽宁大连森林动物园
偶蹄目	鹿科	黑麂	*Muntiacus crinifrons*	北京动物园 湖南长沙动物园
偶蹄目	鹿科	赤麂	*Muntiacus muntjak*	北京动物园 江苏南京红山森林动物园
偶蹄目	鹿科	小麂（黄麂）	*Muntiacus reevesi*	昆明动物园 江苏苏州动物园 江苏扬州动物园 山东荣成神雕山动物园 四川成都动物园 安徽六安公园动物园 安徽淮南龙湖公园动物园 安徽淮北相山公园动物园
偶蹄目	鹿科	驯鹿	*Rangifer tarandus*	山西太原动物园 内蒙古大青山野生动物园
偶蹄目	骆驼科	白骆驼	*Camelus bactrianus*	昆明野生动物园
偶蹄目	骆驼科	野骆驼（野双峰驼）	*Camelus ferus*	北京动物园 昆明动物园 银川市中山公园动物园 广州香江野生动物园 广西南宁动物园 湖南长沙动物园 湖南湘潭和平公园动物园 江苏苏州动物园 江苏常州淹城野生动物世界 江苏扬州动物园

目	科	种名	拉丁名	饲养动物园
偶蹄目	骆驼科	野骆驼（野双峰驼）	*Camelus ferus*	北京野生动物园 天津动物园 天津塘沽公园动物园 山西太原动物园 山东济南动物园 山东荣成环翠楼动物园 四川成都动物园 四川南充动物园 青海西宁动物园 江西九江动物园 江西南昌动物园 海南金牛岭动物园 海南热带野生动植物园 河南郑州动物园 河南开封汴京公园动物园 河南焦作森林公园动物园 河南漯河市人民公园动物园 河南洛阳王城公园动物园 河南平顶山河滨公园动物园 河南许昌西湖公园动物园 河南周口人民公园动物园 辽宁大连森林动物园 安徽芜湖市赭山风景区动物园 安徽野生动物园 江苏无锡锡惠园林动物园 安徽淮南龙湖公园动物园 安徽淮北相山公园动物园 安徽蚌埠张公山动物园 江苏徐州动物园 陕西汉中动物园 陕西西安动物园 内蒙古通辽市西拉木伦公园动物园
偶蹄目	骆驼科	羊驼	*Lama pacos*	北京动物园 昆明野生动物园 昆明动物园 江苏常州淹城野生动物世界 山东济南动物园 四川成都动物园 辽宁大连森林动物园
偶蹄目	骆驼科	原驼	*Lama glama*	北京动物园 哈尔滨动物园 青海西宁动物园 安徽蚌埠张公山动物园
偶蹄目	骆驼科	驼羊	*Vicugna pacos*	哈尔滨动物园 昆明野生动物园 广州香江野生动物园 江苏常州淹城野生动物世界 天津动物园 陕西西安动物园
偶蹄目	骆驼科	小羊驼	*Vicugna vicugna*	山东荣成神雕山动物园 辽宁大连森林动物园
偶蹄目	牛科	旋角羚（旋羚牛）	*Addax nasomaculatus*	北京动物园 四川成都动物园 江西南昌动物园
偶蹄目	牛科	高角羚	*Aepyceros melampus*	广西南宁动物园 北京八达岭动物园
偶蹄目	牛科	蛮羊	*Ammotragus lervia*	天津动物园 青海西宁动物园 辽宁大连森林动物园 北京动物园 山西太原动物园
偶蹄目	牛科	跳羚	*Antidorcas marsupialis*	沈阳森林野生动物园 重庆野生动物园 辽宁大连森林动物园
偶蹄目	牛科	印度黑羚（印度羚）	*Antilope cervicapra*	北京动物园 广西南宁动物园 四川成都动物园
偶蹄目	牛科	美洲野牛	*Bison bison*	北京动物园 山东济南动物园
偶蹄目	牛科	大额牛	*Bos frontalis*	昆明动物园

目	科	种名	拉丁名	饲养动物园
偶蹄目	牛科	野牦牛	*Bos grunniens*	江苏南京红山森林动物园 昆明动物园 湖南湘潭和平公园动物园 江苏徐州动物园 天津动物园 山东济南动物园 山东荣成神雕山动物园 四川南充动物园 青海西宁动物园 河南郑州动物园 河南漯河市人民公园动物园 辽宁大连森林动物园 安徽野生动物园 安徽淮北相山公园动物园 安徽蚌埠张公山动物园
偶蹄目	牛科	五指山白水牛	*Bubalus bubalus*	海南热带野生动植物园
偶蹄目	牛科	羚牛（扭角羚）	*Budorcas taxicolor*	沈阳森林野生动物园 北京动物园 昆明动物园 银川市中山公园动物园 湖南长沙动物园 江苏苏州动物园 江苏常州淹城野生动物世界 北京野生动物园 天津动物园 山东济南动物园 山东荣成神雕山动物园 四川成都动物园 青海西宁动物园 江西南昌动物园 河南郑州动物园 河南洛阳王城公园动物园 辽宁大连森林动物园 安徽野生动物园 陕西西安动物园
偶蹄目	牛科	东山羊	*Capra aegagrus*	海南热带野生动植物园
偶蹄目	牛科	山羊	*Capra hircus*	哈尔滨动物园 昆明野生动物园 广西南宁动物园 江苏扬州动物园 天津塘沽公园动物园 甘肃兰州五泉公园动物园 河南周口人民公园动物园 辽宁大连森林动物园 湖南湘潭和平公园动物园
偶蹄目	牛科	北山羊（羱羊）	*Capra ibex*	北京动物园 昆明动物园 北京野生动物园 青海西宁动物园 河南郑州动物园
偶蹄目	牛科	蓝角马（黑尾牛羚）（斑纹角马）	*Connochaetes taurinus*	北京动物园 重庆野生动物园 天津动物园 山东济南动物园 山东荣成神雕山动物园 四川成都动物园 江苏常州淹城野生动物世界
偶蹄目	牛科	白脸羚羊	*Damaliscus dorcas*	重庆野生动物园 辽宁大连森林动物园
偶蹄目	牛科	南非大羚羊	*Damaliscus lunatus*	山东荣成神雕山动物园
偶蹄目	牛科	白脸牛羚	*Damaliscus pygargus*	北京动物园
偶蹄目	牛科	鹅喉羚	*Gazella subgutturosa*	北京动物园 山东荣成神雕山动物园 新疆阿勒泰动物园
偶蹄目	牛科	塔尔羊（喜马拉雅塔尔羊）	*Hemitragus jemlahicus*	山东济南动物园 安徽野生动物园
偶蹄目	牛科	列氏水羚	*Kobus leche*	江苏常州淹城野生动物世界
偶蹄目	牛科	赤斑羚	*Nemorhaedus cranbrooki*	北京动物园
偶蹄目	牛科	斑羚（中华鬣羚）	*Nemorhaedus goral*	北京动物园 北京八达岭动物园 四川成都动物园

目	科	种名	拉丁名	饲养动物园
偶蹄目	牛科	长角羚（白长角羚）	*Oryx dammah*	北京动物园　昆明野生动物园　重庆野生动物园　广西南宁动物园　江苏苏州动物园　天津动物园　新疆乌鲁木齐动物园　辽宁大连森林动物园　陕西西安动物园
偶蹄目	牛科	南非长角羚	*Oryx gazelle*	北京动物园　山东荣成神雕山动物园
偶蹄目	牛科	阿拉伯羚羊	*Oryx leucoryx*	广西南宁动物园
偶蹄目	牛科	盘羊	*Ovis ammon*	北京动物园　银川市中山公园动物园　重庆野生动物园　湖南长沙动物园　江苏常州淹城野生动物世界　江苏徐州动物园　北京野生动物园　安徽蚌埠张公山动物园
偶蹄目	牛科	绵羊	*Ovis aries*	哈尔滨动物园　天津动物园　天津塘沽公园动物园
偶蹄目	牛科	欧洲盘羊	*Ovis musimon*	北京动物园
偶蹄目	牛科	黄羊	*Procapra gutturosa*	哈尔滨动物园
偶蹄目	牛科	藏原羚（藏黄羊）	*Procapra picticaudata*	青海西宁动物园
偶蹄目	牛科	岩羊	*Pseudois nayaur*	沈阳森林野生动物园　北京动物园　哈尔滨动物园　银川市中山公园动物园　重庆野生动物园　江苏苏州动物园　江苏常州淹城野生动物世界　西藏拉萨市罗布林卡动物园　天津动物园　山西太原动物园　山东济南动物园　四川成都动物园　青海西宁动物园　江西南昌动物园　河南郑州动物园　河南开封汴京公园动物园　辽宁大连森林动物园　内蒙古大青山野生动物园
偶蹄目	牛科	大羚羊	*Taurotragus oryx*	北京动物园　哈尔滨动物园　昆明野生动物园　重庆野生动物园　天津动物园　山东济南动物园　江西南昌动物园　安徽蚌埠张公山动物园
偶蹄目	牛科	东非条纹羚	*Tragelaphus angasi*	四川成都动物园
偶蹄目	牛科	非洲林羚	*Tragelaphus spekii*	重庆野生动物园　天津动物园
偶蹄目	牛科	大弯角羚	*Tragelaphus strepsiceros*	重庆野生动物园　安徽蚌埠张公山动物园
偶蹄目	牛科	薮羚	*Tragelaphus scriptus*	昆明野生动物园
偶蹄目	猪科	迷你猪（香猪）	*Sus barbatus*	昆明野生动物园　江苏常州淹城野生动物世界　江苏扬州动物园　辽宁大连森林动物园
偶蹄目	猪科	野猪	*Sus scrofa*	哈尔滨动物园　昆明野生动物园　常德动物园　昆明动物园　湖南长沙动物园　湖南湘潭和平公园动物园　北京野生动物园　北京八达岭动物园　山西太原动物园　山东济南动物园　四川成都动物园　海南热带野生动植物园　河南焦作森林公园动物园　河南漯河市人民公园动物园　河南许

目	科	种名	拉丁名	饲养动物园
偶蹄目	猪科	野猪	*Sus scrofa*	昌西湖公园动物园 河南周口人民公园动物园 安徽野生动物园 安徽淮北相山公园动物园 江苏徐州动物园 陕西西安动物园
啮齿目	仓鼠科	金丝熊	*Mesocricetus auratus*	北京野生动物园
啮齿目	海狸鼠	海狸鼠	*Myocastor coypus*	常德动物园 湖南湘潭和平公园动物园 江苏苏州动物园 江苏常州淹城野生动物世界 山东荣成神雕山动物园 江西九江动物园 海南金牛岭动物园 河南漯河市人民公园动物园 河南周口人民公园动物园 江苏无锡锡惠园林动物园 安徽淮北相山公园动物园 安徽蚌埠张公山动物园
啮齿目	豪猪科	扫尾豪猪（帚尾豪猪）	*Atherurus macrourus*	北京动物园 北京野生动物园
啮齿目	豪猪科	豪猪	*Hystrix hodgsoni*	北京动物园 哈尔滨动物园 昆明野生动物园 昆明动物园 常德动物园 湖南湘潭和平公园动物园 江苏苏州动物园 天津动物园 山东济南动物园 四川成都动物园 四川南充动物园 江西南昌动物园 海南金牛岭动物园 河南郑州动物园 河南开封汴京公园动物园 安徽芜湖市赭山风景区动物园 江苏无锡锡惠园林动物园 安徽六安公园动物园 安徽淮南龙湖公园动物园 安徽蚌埠张公山动物园
啮齿目	河狸科	河狸	*Castor fiber*	山东荣成神雕山动物园 安徽六安公园动物园
啮齿目	河狸科	河狸鼠	*Myocastor coupus*	北京动物园 北京野生动物园 山东济南动物园
啮齿目	鼠科	白鼠（小家鼠的变种）	*Mus musculus*	辽宁大连森林动物园
啮齿目	水豚科	水豚	*Hydrochoeris hydrochaeris*	山东荣成神雕山动物园
啮齿目	松鼠科	赤腹松鼠（赤腹丽松鼠）（红腹松鼠）	*Callosciurus erythraeus*	海南热带野生动植物园
啮齿目	松鼠科	北花松鼠（花鼠）	*Eutamias sibiricus*	北京野生动物园
啮齿目	松鼠科	灰旱獭	*Marmota baibacina*	四川成都动物园
啮齿目	松鼠科	栗背大鼯鼠（大鼯鼠）	*Petaurista albiventer*	北京动物园
啮齿目	松鼠科	巨松鼠	*Ratufa bicolor*	北京野生动物园
啮齿目	松鼠科	岩松鼠	*Sciurotamias davidianus*	山东荣成神雕山动物园
啮齿目	松鼠科	松鼠（北松鼠）	*Sciurus vulgaris*	北京动物园 常德动物园 广州香江野生动物园 江苏扬州动物园 江苏徐州动物园 海南金牛岭动物园 河南郑州动物园 辽宁大连森林动物园

目	科	种名	拉丁名	饲养动物园
啮齿目	豚鼠科	荷兰猪	*Cavia porcellus*	北京野生动物园 山东济南动物园 江西九江动物园 辽宁大连森林动物园 安徽淮北相山公园动物园
啮齿目	豚鼠科	兔豚鼠	*Cuniculus paca*	北京动物园
灵长目	长臂猿科	黑长臂猿（黑冠长臂猿）	*Hylobates concolor*	昆明野生动物园 北京野生动物园
灵长目	长臂猿科	白眉长臂猿	*Hylobates hoolock*	昆明野生动物园 昆明动物园 湖南长沙动物园 四川成都动物园
灵长目	长臂猿科	白掌长臂猿（白手长臂猿）	*Hylobates lar*	北京动物园
灵长目	长臂猿科	白颊长臂猿	*Hylobates leucogenys*	北京动物园 江苏南京红山森林动物园 昆明野生动物园 昆明动物园 广州香江野生动物园 广西南宁动物园 湖南长沙动物园 江苏常州淹城野生动物世界 北京野生动物园 天津动物园 山东济南动物园 四川成都动物园 海南金牛岭动物园
灵长目	长臂猿科	银白长臂猿	*Hylobates moloch*	广西南宁动物园
灵长目	猴科	夜猴	*Aotus trivirgatus*	北京动物园
灵长目	猴科	棕头蜘蛛猴	*Ateles fusciceps*	北京动物园
灵长目	猴科	巴拿马蜘蛛猴	*Brachyteles arachnoides*	江苏常州淹城野生动物世界
灵长目	猴科	白额悬猴	*Cebus albifrons*	哈尔滨动物园 昆明野生动物园
灵长目	猴科	绿猴	*Cercopithecus aethiops*	北京动物园 湖南长沙动物园 山东荣成神雕山动物园 四川成都动物园 江西南昌动物园
灵长目	猴科	青猴	*Cercopithecus mitis*	北京动物园
灵长目	猴科	博士猴	*Cercopithecus neglectus*	山东荣成神雕山动物园
灵长目	猴科	黑丛尾猴	*Chiropotes satanas*	北京动物园 江苏常州淹城野生动物世界
灵长目	猴科	东非疣猴	*Colobas guereza*	北京动物园
灵长目	猴科	赤猴	*Erythrocebus patas*	北京动物园 昆明动物园 湖南长沙动物园 北京野生动物园 山东荣成神雕山动物园 江西南昌动物园
灵长目	猴科	粗尾丛猴	*Galago crassicaudatus*	北京动物园
灵长目	猴科	短尾猴（红面猴）（大青猴）	*Macaca arctoides*	北京动物园 江苏南京红山森林动物园 昆明野生动物园 昆明动物园 广西南宁动物园 湖南长沙动物园 江苏苏州动物园 江苏常州淹城野生动物世界 天津动物园 山东荣成神雕山动物园 四川成都动物园 海南金牛岭动物园 河南郑州动物园 河南周口人民公园动物园 安徽芜湖市赭山风景区动物园 内蒙古大青山野生动物园

目	科	种名	拉丁名	饲养动物园
灵长目	猴科	熊猴（阿萨姆猴）	*Macaca assamensis*	北京动物园 江苏南京红山森林动物园 昆明野生动物园 昆明动物园 广西南宁动物园 湖南长沙动物园 江苏苏州动物园 四川成都动物园 江苏无锡锡惠园林动物园
灵长目	猴科	台湾猴（台湾猕猴）	*Macaca cyclopis*	海南金牛岭动物园
灵长目	猴科	日本猴	*Macaca fuscata*	四川成都动物园 河南郑州动物园 辽宁大连森林动物园
灵长目	猴科	猕猴（恒河猴）（黄猴）	*Macaca mulatta*	沈阳森林野生动物园 北京动物园 江苏南京红山森林动物园 哈尔滨动物园 昆明野生动物园 常德动物园 银川市中山公园动物园 重庆野生动物园 昆明动物园 广州香江野生动物园 广西南宁动物园 江苏大丰保护区动物园 湖南长沙动物园 湖南湘潭和平公园动物园 江苏珍珠泉野生动物园 江苏苏州动物园 江苏常州淹城野生动物世界 江苏扬州动物园 江苏徐州动物园 吉林长春动植物园 西藏拉萨市罗布林卡动物园 北京八达岭动物园 天津动物园 天津塘沽公园动物园 山西太原动物园 山东济南动物园 山东荣成神雕山动物园 山东荣成环翠楼动物园 四川成都动物园 四川南充动物园 新疆乌鲁木齐动物园 新疆阿勒泰动物园 青海西宁动物园 江西九江动物园 江西南昌动物园 甘肃兰州五泉公园动物园 海南金牛岭动物园 海南热带野生动植物园 河南郑州动物园 河南开封汴京公园动物园 河南焦作森林公园动物园 河南漯河市人民公园动物园 河南洛阳王城公园动物园 河南平顶山河滨公园动物园 河南许昌西湖公园动物园 河南周口人民公园动物园 辽宁大连森林动物园 安徽芜湖市赭山风景区动物园 安徽野生动物园 江苏无锡锡惠园林动物园 安徽六安公园动物园 安徽淮南龙湖公园动物园 安徽淮北相山公园动物园 安徽蚌埠张公山动物园 陕西汉中动物园 陕西西安动物园 内蒙古通辽市西拉木伦公园动物园 内蒙古大青山野生动物园
灵长目	猴科	豚尾猴（北豚尾猴）（平顶猴）	*Macaca nemestrina*	北京动物园 江苏南京红山森林动物园 哈尔滨动物园 昆明野生动物园 昆明动物园 广西南宁动物园 湖南长沙动物园 江苏苏州动物园 天津动物园 天津塘沽

目	科	种名	拉丁名	饲养动物园
灵长目	猴科	豚尾猴（北豚尾猴）（平顶猴）	*Macaca nemestrina*	公园动物园　山东荣成神雕山动物园　四川成都动物园　江西南昌动物园　海南金牛岭动物园　河南郑州动物园　河南洛阳王城公园动物园　辽宁大连森林动物园　江苏无锡锡惠园林动物园　安徽淮北相山公园动物园　安徽蚌埠张公山动物园
灵长目	猴科	黑冠猴	*Macaca niger*	北京动物园
灵长目	猴科	狮尾猴	*Macaca silenus*	北京动物园
灵长目	猴科	藏酋猴（藏猴）	*Macaca thibetana*	昆明野生动物园　重庆野生动物园　昆明动物园　广西南宁动物园　江苏常州淹城野生动物世界　山东济南动物园　山东荣成神雕山动物园　四川成都动物园　江西南昌动物园　甘肃兰州五泉公园动物园　安徽野生动物园　江苏无锡锡惠园林动物园
灵长目	猴科	食蟹猴	*Macaca fuscicularis*	北京动物园　昆明野生动物园　昆明动物园　重庆野生动物园　广西南宁动物园　湖南长沙动物园　江苏苏州动物园　山东荣成神雕山动物园　四川成都动物园　江西南昌动物园　海南金牛岭动物园　陕西汉中动物园
灵长目	猴科	山魈	*Mandrillus sphinx*	沈阳森林野生动物园　北京动物园　江苏南京红山森林动物园　哈尔滨动物园　昆明动物园　重庆野生动物园　广西南宁动物园　江苏苏州动物园　江苏常州淹城野生动物世界　天津动物园　山东荣成神雕山动物园　四川成都动物园　江西九江动物园
灵长目	猴科	绿狒狒	*Papio anubis*	北京动物园　哈尔滨动物园　昆明动物园　天津动物园　山东荣成神雕山动物园　四川成都动物园　江西南昌动物园　辽宁大连森林动物园
灵长目	猴科	黄狒	*Papio cynocephalus*	北京动物园
灵长目	猴科	阿拉伯狒狒	*Papio hamadryas*	北京动物园　江苏南京红山森林动物园　哈尔滨动物园　昆明野生动物园　昆明动物园　广州香江野生动物园　广西南宁动物园　湖南长沙动物园　吉林长春动植物园　北京野生动物园　天津动物园　山东荣成神雕山动物园　四川成都动物园　江西南昌动物园　辽宁大连森林动物园　江苏无锡锡惠园林动物园
灵长目	猴科	长尾叶猴	*Presbytis entellus*	山东荣成神雕山动物园
灵长目	猴科	黑叶猴	*Presbytis francoisi*	北京动物园　江苏南京红山森林动物园　昆明动物园　广西南宁动物园　江苏常州淹城野生动物世界　山东济南动物园　四川成都动物园　江西南昌动物园　海南金牛岭动物园　辽宁大连森林动物园

目	科	种名	拉丁名	饲养动物园
灵长目	猴科	菲氏叶猴（灰叶猴）（法氏叶猴）	Presbytis phayrei	昆明动物园
灵长目	猴科	戴帽叶猴	Presbytis pileatus	昆明动物园 山东荣成神雕山动物园
灵长目	猴科	滇金丝猴（云南仰鼻猴）	Rhinopithecus bieti	北京动物园 昆明动物园
灵长目	猴科	黔金丝猴（贵州金丝猴）（灰金丝猴）	Rhinopithecus brelichi	北京动物园 北京野生动物园
灵长目	猴科	金丝猴（川金丝猴）	Rhinopithecus roxellanae	北京动物园 江苏南京红山森林动物园 哈尔滨动物园 昆明野生动物园 昆明动物园 广州香江野生动物园 北京野生动物园 天津动物园 山东济南动物园 山东荣成神雕山动物园 四川成都动物园 甘肃兰州五泉公园动物园 辽宁大连森林动物园 陕西西安动物园
灵长目	猴科	棉顶狨	saguinnus oedipus	北京动物园
灵长目	猴科	柽柳猴	Saguinus midas	北京动物园
灵长目	狐猴科	环尾狐猴（节毛狐猴）（节尾狐猴）	Lemur Catta	北京动物园 江苏南京红山森林动物园 哈尔滨动物园 昆明野生动物园 重庆野生动物园 广州香江野生动物园 广西南宁动物园 江苏苏州动物园 江苏常州淹城野生动物世界 北京野生动物园 天津动物园 山东济南动物园 四川成都动物园 安徽野生动物园
灵长目	卷尾猴科	黑掌蜘蛛猴	Ateles geoffroyi	江苏常州淹城野生动物世界
灵长目	卷尾猴科	黑蜘蛛猴	Ateles paniscus	
灵长目	卷尾猴科	普通狨猴（毛狨）	Callithrix jacchus	北京动物园 山东济南动物园
灵长目	卷尾猴科	黑帽悬猴	Cebus apella	北京动物园 江苏南京红山森林动物园 哈尔滨动物园 昆明动物园 江苏常州淹城野生动物世界 山东济南动物园 江西南昌动物园 海南金牛岭动物园 辽宁大连森林动物园
灵长目	卷尾猴科	卷尾猴	Cebus capucinus	广西南宁动物园 北京野生动物园 江苏无锡锡惠园林动物园
灵长目	卷尾猴科	灰斑悬猴	Cebus nigrivittatus	北京动物园 哈尔滨动物园 天津动物园 海南金牛岭动物园 辽宁大连森林动物园
灵长目	卷尾猴科	松鼠猴	Saimiri sciureus	北京动物园 江苏南京红山森林动物园 哈尔滨动物园 昆明动物园 重庆野生动物园 广西南宁动物园 江苏常州淹城野生动物世界 北京野生动物园 天津动物园 山东济南动物园 四川成都动物园 新疆乌鲁木齐动物园 江西南昌动物园 海

目	科	种名	拉丁名	饲养动物园
灵长目	卷尾猴科	松鼠猴	*Saimiri sciureus*	南热带野生动植物园 辽宁大连森林动物园 安徽芜湖市赭山风景区动物园 安徽野生动物园 江苏无锡锡惠园林动物园
灵长目	懒猴科	蜂猴（懒猴）	*Nycticebus coucang*	北京动物园 昆明野生动物园 重庆野生动物园 昆明动物园 广州香江野生动物园 北京八达岭动物园 山东济南动物园 河南郑州动物园
灵长目	懒猴科	倭蜂猴（小懒猴）	*Nycticebus pygmaeus*	北京动物园 昆明野生动物园 重庆野生动物园 昆明动物园
灵长目	猩猩科	大猩猩	*Gorila gorilla*	北京动物园
灵长目	猩猩科	黑猩猩	*Pan Satyrus*	沈阳森林野生动物园 北京动物园 江苏南京红山森林动物园 哈尔滨动物园 昆明野生动物园 重庆野生动物园 昆明动物园 广州香江野生动物园 湖南长沙动物园 江苏常州淹城野生动物世界 吉林长春动植物园 北京野生动物园 天津动物园 山东荣成神雕山动物园 四川成都动物园 江西南昌动物园 河南郑州动物园 辽宁大连森林动物园 安徽野生动物园
灵长目	猩猩科	猩猩	*Pongo pygmaeus*	北京动物园 江苏南京红山森林动物园 昆明野生动物园 广州香江野生动物园 广西南宁动物园 新疆乌鲁木齐动物园 海南热带野生动植物园
鳞甲目	鲮鲤科	穿山甲（中国穿山甲）	*Manis pentadactyla*	昆明野生动物园
鲸目	海豚科	真海豚（海豚）	*Delphinus delphis*	广西南宁动物园
鲸目	海豚科	宽吻海豚	*Tursiops truncatus*	山东荣成神雕山动物园
长鼻目	象科	亚洲象	*Elephas maximus*	沈阳森林野生动物园 北京动物园 江苏南京红山森林动物园 哈尔滨动物园 昆明动物园 广州香江野生动物园 广西南宁动物园 湖南长沙动物园 天津动物园 山西太原动物园 山东济南动物园 四川成都动物园 新疆乌鲁木齐动物园 江西南昌动物园 海南三亚爱心大世界 海南金牛岭动物园 海南热带野生动植物园 河南郑州动物园 河南洛阳王城公园动物园 河南周口人民公园动物园 辽宁大连森林动物园 安徽野生动物园 陕西西安动物园
长鼻目	象科	非洲象	*loxodonta africanna*	北京动物园 广西南宁动物园 吉林长春动植物园 山东荣成神雕山动物园

附录 3　中国动物园引进的外来动物

墨西哥钝口螈

学名：*Ambystoma mexicanum*

英文名：Axolotl

原产地：墨西哥。

濒危信息：《IUCN 红色名录》列入 CR。

形态：体长 150～450 mm。鳃一般为红色，鳃会随食物的颜色改变。

习性：墨西哥蝾螈仅产于墨西哥中部的霍奇米尔科湖（Lake Xochimilco）和泽尔高湖（Lake Chalco）。水栖。性成熟不变态。

致危因素：由于其原栖息地已经被开发，原生境面积多小于 10 km^2，因此被 IUCN 列为极危物种。

海蟾蜍

学名：*Bufo marina*

英文名：Cane Toad

原产地：产自夏威夷，后引入昆士兰，最后由昆士兰被引入其他州，目前被澳大利亚认为是威胁本土野生动物的入侵种。

形态：体型大。从吻部沿着吻眼棱，绕过眼眶内侧到耳后腺之间有一条硬棱，耳后有一个硕大的毒腺。皮坚韧、粗糙。

习性：喜栖息于甘蔗田里，适应能力强，繁殖能力强。捕食昆虫为主。受威胁时会从耳后腺中喷出毒液。繁殖速度快。

入侵特征：因为繁殖快、繁殖率高易成为入侵物种。

钝角蛙

学名：*Ceratophrys ornata*

英文名：Argentina horned frog

原产地：阿根廷，乌拉圭大草原地带及巴西。

濒危信息：无。

形态：雄性体 100 mm，雌性可达 125 mm。埋伏型狩猎者，把身体半埋于土中等待猎物上门。

习性：栖息于南美温暖而较干燥的大草原地带，生境空气湿度要求达到 85%以上，适温环境为 26～29℃。在雨量集中的夏季繁殖，会选择在水池底部产下 200～1 000 个网球大小的卵块。

牛蛙

学名：*Rana catesbeiana*

英文名：Bull frog，American bullfrog

原产地：北美洲落基山脉以东地区，北到加拿大，南到佛罗里达州北部。

形态：体大粗壮，体长 152～170 mm。头长宽相近，吻端钝圆，鼻孔近吻端朝向上方，鼓膜甚大。背部皮肤略显粗糙。卵粒小，卵径 12～1.3 mm。蝌蚪全长可在 100 mm 以上。

习性：在水草繁茂的水域生存和繁衍。成蛙除繁殖季节集群外，一般分散栖息在水域内。蝌蚪多底栖生活，常在水草间觅食活动。食性广且食量大，包括昆虫及其他无脊椎动物，还有鱼、蛙、蝾螈、幼龟、蛇、小型鼠类和鸟类等，甚至有互相吞食的行为。1 年可产卵 2～3 次，每次产卵 10 000～50 000 粒。3～5 年性成熟。寿命 6～8 年。

绿雨滨蛙

学名：*Litoria caerulea*

英文名称：White's tree frog，Dumpy treefrog

原产地：澳洲东北部和新几内亚南部。

形态：成体 5～10 cm。其身体颜色可从暗淡的灰色变为鲜艳的青蓝绿色，腹部米黄色，体形肥胖。

习性：2 年达性成熟，雌性每窝 150～300 个卵，每个卵直径约 1.2 mm。捕食昆虫。喜欢在光线不太强及较凉爽的时候活动。在受惊时行动敏捷，活动频次不高。

湾鳄

学名：*Crocodylus porosus*

英文名：Estuarine crocodile

原产地：东南亚沿海和澳大利亚北部。

濒危信息：无。

形态：成体全长 3～7 m，最长达 8.63 m，体重超过 1.6 t，是现存最大的爬行动物。吻较窄长，前喙较低，吻背雕蚀纹明显，眼前各有一道骨嵴趋向吻端，但互不连接。外鼻孔单个，开于吻端；鼻道内无中隔，其后端边无横起缘褶而有腭帆。眼大，卵圆形外突。

生活习性：在淡水江河边的林荫丘陵营巢，以尾扫出一个 7～8 m 的平台，台上建有直径 3 m 的安放鳄卵的巢，巢距河约 4 m，以树叶丛荫构成，每巢有白色钙壳卵 50 枚左右，卵径约 9 cm；75～90 d 孵化；雏鳄出壳长 24 cm，1 年可达 48 mm，3 年可达 115 mm，重 5.2 kg。成鳄经常在水下，只眼鼻露出水面。耳目灵敏，受惊立即下沉。5～6 月交配，连续数小时，而受精仅 1～2 min；7—8 月产卵。以鱼、泥蟹、海龟、巨蜥、鸟类为食，也捕食大型哺乳动物。

湾鳄（*Crocodylus porosus*）　唐继荣摄

密河鳄

学名：*Alligator mississippiensis*

英文名：Mihee

原产地：北美洲东南部，又称美洲鳄。

濒危信息：目前野外种群数量有所增长，同时有大量人工养殖，总数已经达到 100 万只，不属于受威胁物种。

形态：生活在淡水河流或沼泽的浅水中。雄性个体较大，体长达 4 m 以上，雌性个体体长不到 3 m。背面暗褐色，腹面黄色。吻扁而阔，上面平滑。上下颌每侧有齿。躯干部背面有 18 个横列角质鳞，其中 8 列较大，趾间有不完全的蹼。

习性：栖息于沼泽、河流、湖泊等地带，喜欢在水中活动和捕食。具冬眠习性。繁殖时修筑堆起的巢，产卵较多，雌鳄负责照看巢和小鳄。幼体以昆虫和甲壳动物为食，年轻个体捕食爬行动物、小型哺乳动物和鸟类，成体捕食小型食草动物。

密河鳄（*Alligator mississippiensis*）　唐继荣摄

扁头长颈龟

学名：*Chelodina siebenrocki*

英文名：Siebenrock

原产地：澳大利亚北部，印度尼西亚，巴布亚新几内亚及托雷斯海峡部分岛屿。

形态：最大甲长 30 cm。颈部无斑纹，腹甲长度为前叶宽幅的 2 倍以内。股盾后方不变窄。

习性：栖息于近海的河川、湿地或沼泽，是完全水栖性的龟类，在水中完成冬眠或交配。只有雌龟产卵时上岸。如遇到旱灾河水干涸时，会钻入土中夏眠直到雨季来临。有群居的特性。繁殖习性不明。

阿根廷侧颈龟

学名：*Phrynops hilarii*

英文名：Hilaires side-necked turtle

原产地：南美洲阿根廷、巴西、乌拉圭、巴拉圭。

形态：背甲 30～40 cm，属体形较大的南美洲侧颈龟。腹甲长有很多不规则的黑色斑纹，面颊有一条黑线。

习性：栖息于河流沼泽区。适宜生活温度为 23～29℃。卵生。雌龟每次产卵 7～10 颗，5～7 年后性成熟。杂食性，耐寒力强，具冬眠习性。

黄头侧颈龟

学名：*Podocnemis unifilis*

英文名：Yellow-head twist-necked Turtle

原产地：委内瑞拉、哥伦比亚、厄瓜多尔、秘鲁、圭亚那、巴西、玻利维亚。

濒危信息：无。

形态：甲板达 40～60 cm，幼时甲色棕色，长大后，随着褪皮换甲，背甲变为灰黑色；腹甲为灰黄色并略带铅灰色，部分个体有黑斑。在腋部的缘盾与腹甲接合处，每侧都有 2～3 个小瘤，雄性个体尤为明显。

习性：以植物性食物为主，也食小型动物。6—11 月为繁殖期，每年至少繁殖两次，每次产卵 15～25 枚。生长速度快。具冬眠习性。

刀背麝动胸龟

学名：*Sternotherus carinatus*

英文名：Razor-backed musk turtle

原产地：密西西比州南部至德克萨斯州。

形态：10～14.9 cm，背甲具有明显的脊棱，形成陡峭的斜坡。盾片呈浅棕色至浅橙色，并带有深色的小点或放射状条纹，以及深暗色的边沿。这些图案在老年龟身上可能会褪去。腹甲黄色，喉盾缺如，只有 10 枚盾片。在胸盾和腹盾具有单个略具形态的铰链关节。鼻部略呈管状伸出。下巴上长有触须。

习性：栖息于沼泽，或是流速缓慢、底部松软、水生植被丰茂的小溪和河流。于 3—11 月间活动，遇危险时会释放一种异臭。繁殖习性不详。

黄头侧颈龟（*Podocnemis unifilis*）　唐继荣摄

鳄龟

学名：*Macroclemys temminckii*

英文名：Alligator snapper

原产地：北美洲和中美洲。

濒危信息：《IUCN 红色名录》列入 VU。

形态：棕黄至黑色，背甲粗糙，腹甲小呈十字形，尾长，头大，下腭呈钩状。大鳄龟背上有 3 条凸起的纵走棱脊。甲长 40～70 cm，体重 18～70 kg。大鳄龟雌性的背甲呈方形，尾基部较细，生殖孔距背甲后缘较近，雄性的背甲呈长方形，尾基部粗而长，生殖孔距背甲后缘较远。

习性：12℃以下进入浅冬眠状态，6℃时进入深度冬眠，15～17℃下少量活动，18℃以上正常摄食。鳄龟的食性杂，偏肉食性。一般每次产卵 15～40 枚。

致危因素：拥有巨大的市场，国际市场也在不断发展中，捕捉压力大。此外，使用除草剂和杀虫剂，污染了大鳄龟的栖息环境。大鳄龟捕食鱼和喇咕虾，除草剂和杀虫剂被鱼和喇咕虾等小动物摄入后，又在大鳄龟体内富集，使得大鳄龟不能正常地成长和繁殖，甚至死亡。

鳄龟（幼体）　唐继荣摄

斑点池龟

学名：*Geolemys hamiltonii*

英文名：Spotted pond turtle

原产地：巴基斯坦、印度、孟加拉国和尼泊尔。

形态：头部宽大，吻钝，头颈均为黑色，布有黄白色杂斑点。背甲黑色，有大块白色不规则斑点，有明显的三条龙骨，腹甲黑色，有白色大块杂斑，后缘缺刻较深。四肢黑色，有白色小杂斑点，趾间有蹼。

习性：为水栖龟，生活于溪流、湖泊及池塘中。杂食性。具冬眠习性。繁殖习性不明。

黄头庙龟

学名：*Hieremys annandalei*

英文名：Yellow-headed temple turtle

原产地：泰国、柬埔寨、马来西亚等东南亚国家。

形态：头较小，顶部呈黑色，散布有黄色小杂斑点，吻部较尖，眼眶黑色有黄色碎斑点，上颌中央呈 W 型。头侧部无纵条纹。背甲隆起较高呈黑色，腹甲淡黄色，四肢黑褐色，指趾间具蹼，尾适中。雄性腹甲中央凹陷，尾粗且长；雌性腹甲平坦，肛孔距腹甲后边缘较近，尾短。

习性：生活于江湖、溪流。能短时间生活于海水中。植食性。具冬眠习性。繁殖习性不明。

三棱黑龟

学名：*Melanochelys tricarinata*

英文名：Tricarinate hill turtle

原产地：印度与孟加拉国

濒危信息：CITES 附录Ⅰ物种。

形态：从幼龟到成龟，背上都有三条浅色脊棱突起。头部与红腹侧颈龟一样有 V 形的斑纹由鼻尖一直延伸到颈部，斑纹通常是黄色到橘红色。

习性：栖息于热带雨林中的裸地。杂食性。数量稀少，至今未有人工饲养繁殖成功记录。繁殖习性不明。具冬眠习性。

木纹龟

学名：*Rhinoclemmys pulcherima*

英文名：Painted wood turtle

原产地：墨西哥、哥斯达黎加、危地马拉和洪都拉斯。

形态：脚趾间无蹼，上颚未呈钩状及头部具数条斑纹等特征。最大甲板长 20.6 cm。

习性：陆栖性，栖息于邻近河川的树林，幼龟不善于游泳。杂食性。繁殖习性不明。具冬眠习性。

木纹龟（*Rhinoclemmys pulcherima*）　唐继荣摄

卡罗莱纳箱龟

学名：*Terrapene carolina*

英文名：Box turtle

原产地：美国、墨西哥。

形态：头淡黄色，眼球黑色，眼部虹膜为橘红色。嘴上缘勾曲。背甲较高，中央一条脊棱，背甲颜色主要由黑黄色交错的斑纹与线纹组成，背甲的边缘外翻。个体间颜色差异较大，腹甲淡黄色，每一块盾片上均有黑色斑块。

习性：生活栖息于森林、矮树林和草丛，偶尔在浅水或潮湿地区活动。杂食性。卵生。雄龟冬眠后寻找雌龟交配。雌龟受孕一次，精子在体内保存期长达 4 年。雌龟每窝下 3～8 颗蛋。具冬眠习性。

红耳龟

学名：*Trachemys scripta*

英文名：Red-ear turtle

原产地：北美洲。

形态：头较小，吻钝，头、颈处具黄绿相镶的纵条纹，眼后有 1 对红色斑块。背甲扁平，每块盾片上具有圆环状绿纹，后缘不呈锯齿状。腹甲淡黄色，具有似铜钱黑色圆环纹，每只龟的图案均不同。后缘不呈锯齿状。趾、指间具丰富的蹼。花鳖腹部有较大黑斑，性格凶猛，动作灵活，比较好斗。且表皮粗糙，体薄而裙边宽厚，脂肪色泽金黄。

习性：以动物性食物为主的杂食性。一般在 4～5 岁性成熟。每年 5—8 月为交配期，卵生，一年产卵 3～4 次，每次产卵 1～17 枚，个体大小决定产卵数目。具冬眠习性。

红耳龟　唐继荣摄

两爪鳖

学名：*Carettochelys inscupta*

英文名：Fly river turtle

原产地：澳大利亚北部、伊里安查亚南部和新几内亚南部。

形态：背甲较圆，呈深灰色，橄榄灰或棕灰色，近边缘处有一排白色的斑点。边缘略带锯齿，由于外缘骨骼发育良好，结构完整，无裙边。头部大小适中，无法缩入壳内。尾部偏短，背面覆盖着一列新月形的鳞片。

习性：高度水栖的淡水龟类，能长期地在深水中生活。典型的栖息环境包括河流、河口、潟湖、湖泊、沼泽和池塘。偏植食的杂食性动物。在原产地，繁殖季节为7～10月的旱季，每窝产7～19枚卵。其孵化期由60～70 d不等。具冬眠习性。

大象龟

学名：*Geochelone nigra*

英文名：Galapagos tortoise

原产地：厄瓜多尔。

形态：雄龟体大，重300 kg左右，腹甲凹陷，尾长且粗；雌龟体小，重100 kg左右，腹甲平坦最大甲板可长达130 cm。

习性：喜高温栖息环境。4月至12月间产卵1～2次，每次可产3～16个圆形卵。植食性。每年4—12月为繁殖季节，每次产卵3～16枚。卵长径56～63 mm，短径56～58 mm。孵化期3～8个月。

豹纹象龟

学名：*Geochelone pardalis*

英文名：Pardalis leopard tortoise

原产地：非洲撒哈拉地区。

形态：雄龟比雌龟体形大，饲养的最大雌性豹纹象龟身长39 cm，体重14 kg。

习性：栖息于半干燥草原。植食性。性成熟期12～15龄。一窝产5～15枚卵。孵化期130～150 d。

红腿象龟

学名：*Geochelone carbonaria*

英文名：Red-footed tortoise

原产地：巴拿马，哥伦比亚，委内瑞拉至巴拉圭，巴西，阿根廷。

形态：最大甲长51 cm。背甲呈黑色，各鳞甲的中央部分为黄色，背甲中央部分呈蜂腰状，尤以雄性成龟明显，四肢鳞片尖端呈鲜红色。

习性：栖息于热带湿草原或森林。杂食性。人工饲养环境下一年四季均可繁殖。一次产卵1～9枚，孵化时间105～202 d，平均为150 d。具冬眠习性。

红腿象龟（*Geochelone carbonaria*）　唐继荣摄

南美角蛙

学名：*Ceratophrys cranwelli*

英文名：South American horn frog

原产地：阿根廷，玻利维亚，巴西大峡谷地带。

形态：体长 75～125 mm。头骨所对应的大后头孔较高。

习性：干旱季节藏入地底中休眠，雨季开始繁殖。可在水草间产下内含 12～35 颗卵的卵块。一年中可产 2 000～4 000 枚卵。以其他蛙类、蜥蜴或昆虫为食。

苏里南负子蟾

学名：*Pipa pipa*

英文名：Suninam toad

原产地：玻利维亚，秘鲁，厄瓜多尔，巴西。

形态：雄性体长 100～150 mm，雌性则为 10～170 mm，趾间各分歧为 4 星状凸起。

习性：栖息于森林中的沼泽。卵藏于母体肥厚的皮肤内。雌性可背负 30～80 颗卵。12～18 周后发育成体长 15 mm 的亚成体。

番茄蛙

学名：*Dyscophus guineti*

英文名：Madagascan tomato frog

原产地：马达加斯加岛东岸。

形态：雄性体长 60～65 mm，雌性 90～95 mm。

习性：栖息于小水塘。遇威胁时，会如同蟾蜍般将身体膨胀，威吓敌人。繁殖习性不明。

非洲牛蛙

学名：*Pyxicephalus adspersus*

英文名：African bull frog

原产地：东至索马里，肯尼亚，坦桑尼亚，南至安哥拉及南非。

形态：巨型蛙类。体长超过 200 mm。

习性：繁殖期间聚集在雨季形成的水塘。雌蛙可产 3 000～4 000 颗卵。捕食小鸟、鼠、爬行类、青蛙、昆虫或蝎子等生物。

非洲爪蟾

学名：*Xenopus laevis*

英文名：African clawed toad

原产地：从南非的草原，北至肯尼亚，乌干达，西至喀麦隆的非洲。

形态：体长 100 mm。雄性会比雌性小，后肢具有 3 对角质脚爪。

习性：完全水生，广栖于淡水水域中，尤其喜好静止水域。白天多潜藏于水底深处，夜晚会爬至浅滩。初春至晚夏间为繁殖期，雌蛙每胎可产卵 2 000 颗以上。没有舌头，用其前肢捞食水中的无脊椎动物。

尼罗鳄

学名：*Crocodylus niloticus*

英文名：Nile crocodile

原产地：非洲尼罗河流域及东南部，在马达加斯加岛也有分布，有些种群生活于海湾环境中。在不同地区生活着不同的亚种，这些亚种彼此之间略有区别。

濒危信息：除苏丹种群列入《国际贸易公约》附录 I 以外，其余诸产区的尼罗鳄均被列入附录 II，限定每年猎取量并按指定出口定额进行国际贸易。低危，有些分布区可能濒危。

形态：一种大型的鳄鱼。体长 2～6 m，平均体长 4 m。成体有暗淡的横带纹。幼体深黄褐色，身体和尾部有明显的横带纹。习性：常袭击往来水边的兽类。在旱季期间，会躲藏于地底之下，直到下一个雨季来临为止。繁殖期为 11 月至次年 4 月。雌性在洞穴中产卵 40～60 枚。孵化期 80～90 d。成体捕食包括羚羊、水牛、河马幼体等在内的大型脊椎动物。成年鳄还会吞下石块以助于水底保持平衡。

恒河鳄

学名：*Crocodylus palustrisbr*

英文名：Mugger Crocodile

原产地：恒河鳄生活于印度、斯里兰卡、巴基斯坦、尼泊尔和伊朗东南部。

形态：平均体长 4 m。外貌似蜥蜴，上下腭特别细长，牙齿尖锐。一般体长 4～5 m。

习性：卵生，恒河鳄挖洞产卵，是鳄中唯一每年产卵两窝的种类，每窝平均产卵 30 枚。雌鳄筑巢，产硬壳卵。

泰国鳄

学名：*Crocodylus siamensis*

英文名：Siamense crocodile，freshwater crocodile

原产地：泰国中部、柬埔寨、马来西亚、印度尼西亚婆罗洲（旧称加里曼丹）东部，也可能存在于爪哇。

濒危信息：列入 CITES 附录 I 和 1996 年 IUCN 红皮书目录，极危种。

形态：成体最长可达 400 cm，常见成体长 250～300 cm，孵出雏鳄长约 25 cm。泄殖腔孔后缘有一条细线向尾后延伸，这一特征是泰国鳄的鉴别特征。上体呈暗橄榄绿色或浅棕绿色，带有黑色斑点，尾和背上有暗横带斑，腹部呈白色或淡黄白色。

习性：栖息于沼泽地、溪流和流水缓慢的河流，也生活于湖泊中。主要以鱼、龟、蛇和小型哺乳动物为食，幼体以水生无脊椎动物、昆虫等为食。雌鳄全长为平均 232 cm 时达性成熟。每年 12 月至翌年 3 月是泰国鳄的交配活动期，雄鳄间有时会发生争偶现象。

泰国鳄　唐继荣摄

密西西比地图龟

学名：*Graptemys kohnii*

英文名：Mississippi Map Turtle

原产地：美国中部至南部的密西西比河流域，自爱荷华州西南部到伊利诺伊州中部，向南到墨西哥湾。

形态：背甲橄榄色至棕色，脊棱深棕色。腹甲黄中泛绿，并具有由深色线条组成的图案，图案多变。眼后具有新月状的黄色纹样。下巴有圆形的斑点。眼睛白色，瞳孔黑色。雄性的前脚上长有修长的爪子。

习性：采食螺类、蛤类、昆虫、昆虫幼虫、鳌虾以及少量植物。栖息于河流、湖泊以及泥沼。在密西西比州，于 6 月早期筑巢产卵。

马来西亚巨龟

学名：*Orlitia borneensis*

英文名：Malayan giant turtle

原产地：马来西亚半岛、苏门答腊岛和婆罗洲大型河流和湖泊中。

形态：淡水龟。暗黑色，背甲狭长，黑色、褐色或灰色，腹甲呈灰白色。幼体的背甲有瘤，随着生长会变得光滑，成体也有着相对较狭长的甲壳。前肢外侧表面呈现为带状的鳞片，脚趾上有宽阔的蹼。面部是暗黑色的，但有 1 条灰白色条纹从吻部延伸头部后方。

习性：卵生，对它的生态学和行为学方面知之甚少。

印度星斑陆龟（*Geochelone elegans*）　唐继荣摄

印度星斑陆龟（星龟）

学名：*Geochelone elegans*

英文名：Indian star tortoise

原产地：印度、巴基斯坦、斯里兰卡。

形态：是象龟科（Geochelone）中最小的种类。成龟背甲的正常凸起十分明显，与一般的隆背略有不同。本种雌龟远大于雄龟。雌雄的辨别容易，雄性体型较小而狭长，腹甲凹陷明显；雌龟体型宽大，腹甲平坦。雄龟的尾巴粗大，雌龟尾巴肥短。

习性：喜食水果、多刺仙人掌、茎叶肥厚的植物和蓟。卵生。雌龟每年产卵 2～3 次，每次可产 5～7 颗蛋，在最适合的温度 29～30℃下约 100 d 左右可以孵化。

苏卡达龟

学名：*Geochelone sulcata*

英文名：African spurred tortoise

原产地：分布于非洲的埃塞俄比亚、苏丹、塞内加尔、马里、乍得等国。

形态：为大陆型陆龟中体型最大的一种，甲长约可长至 76 cm，重达 60 kg。后腿两侧上有 2 至 3 个粗大的角质节结，头部及四肢呈象牙色至棕色不等，前脚布有粗大的鳞片。成年雄性个体尾巴粗长，雌性个体尾巴细短；雄性的腹甲有凹陷而雌性的腹部较为平坦；雄性的泄殖腔离腹甲末端较远而雌性离得较近。另外，雌性背甲斑点较少，而雄性则每块背甲上都有灰色斑点，但在生长过程中斑点会逐渐消失。

习性：植食性。大多于黄昏或清晨开始活动。在 9—10 月份交配，通常在翌年 3—4 月份，雌性挖掘洞穴并产下 15～30 枚卵，然后掩埋孵化。

玛塔龟

学名：*Chelus fimbriata*

英文名：Matamata turtle

原产地：亚马逊河、秘鲁、巴西、玻利维亚、厄瓜多尔、哥伦比亚等地区。

形态：外形像一片枯萎的树叶。最大甲长 40 cm，背甲长方形，背甲粗糙、多瘤节。盾板圆锥形，具有同心生长环。头和颈部大而扁平，并覆盖着无数的小肉瘤、结节和褶皱。嘴宽，鼻长。眼小并靠近鼻子端。幼年时期背甲和颈部为茶褐色至红褐色，腹甲为鲜艳的橙红色。长大后，腹甲变成黄色或褐色。颈部变成棕褐色或茶褐色。喉部具有两条暗色带状条纹，且腹甲呈暗色。

习性：栖息于水流缓慢的水域底部。具有长颈及呼吸管状的吻部，借以伸出水面呼吸。夏季时爬至岸边产卵，每胎可产 12～28 颗卵。经 7～10 个月孵化。

白唇蟒

学名：*Leiopython albertisii*

英文名：White-lipped python

原产地：新几内亚，托列斯海峡诸岛。

形态：白色唇部为其独特标签。头部及背部均为黑色，带强烈金属光泽，腹部雪白色。体长可达 2.4 m。

习性：有明显的热坑，嗅觉极为灵敏。卵生繁殖，每次产卵 9～18 枚。昼伏夜出，喜欢下水。天性凶猛，具攻击性。多以哺乳类为食，偶尔也捕食鸟类。

非洲岩蟒

学名：*Python sebae*

英文名：African rock python

原产地：非洲亚撒哈拉沙漠。

濒危信息：CITES 附录 II 物种。

形态：最大体长为 7 m，通常为 5 m，头顶深褐色的箭矢状斑纹。浅褐色的身上覆盖着不规则的深褐色鞍形花纹。

习性：栖息于草地，特别是岩石露出的地方或村庄附近，非洲岩蟒是强而有力的掠食者，可以轻易猎食羚羊、山羊等大型哺乳动物。以鸟类或哺乳类为食，甚至也猎食鳄鱼。夜行性卵生，每次产卵 30～50 枚。

加州王蛇

学名：*Lampropeltis getulus*

英文名：California kingsnake

原产地：美国加州、亚利桑那、犹他、奥勒冈等州。

形态：体长 60～100 cm。具黑白交织的环状花纹。有体色变异。一般，底色多由黑色到棕色，环带斑纹则为白色或黄色。

习性：无毒，主要捕食其他蛇类，特别是毒蛇。一般都是以蟒蛇的缠绕方式使猎物窒息死亡后再吞食。王蛇属于温和的蛇类，可是如果受到威胁，会发出嘶声并反击，有时也会卷成球体并以排泄物喷向敌人。大多在 3～6 月间交配，雌性每次可以产下 4～20 枚椭圆形的蛋，45～90 d 之内可以孵化。孵化的幼蛇 20～30 cm，一般需要三年以上才能长为成体。

墨西哥王蛇

学名：*Lamproreltis mexicana*

英文名：Mexican Kingsnake

原产地：墨西哥中部。

形态：全长 60～90 cm。躯体背部斑纹有宽幅横纹或窄幅横纹等不同形式。即使同胎亦会有不同的斑纹出现。是为适应周围环境而使彼此间有极大差异。

习性：夜行性。以蜥蜴或小型哺乳类为食。繁殖习性不明。

尼罗河巨蜥

学名：*Varanus nitoticus*

英文名：Nile monitor

原产地：撒哈拉沙漠以南的非洲，栖居于河流、湖泊或湿地中。

形态：罗河巨蜥有较为细长的体型、鳞脊化的长尾巴及尖形的头。幼体时腹部呈黄色，背部为黑色，背上散布着黄色斑点，尾上则有黄色的带状纹。成体除了尾巴上的带状纹外全身灰黑色，体长可达 2 m。

习性：肉食性，卵生，从雨林地带至沙漠边缘均有分布，喜欢在河流、湖泊及湿地附近活动。每次产卵 20～60 枚，常伏卧溪流旁或横枝干上，主要以青蛙、贝类或小型哺乳类为食。

古巴变色蜥

学名：*Anolis equestris*

英文名：Cuba chameleon

原产地：古巴。

形态：口鼻细长成梭形，喉垂处呈粉红色，眼睛下方以及肩部有黄白色条纹，身上有小粒状鳞列，尾部略为侧扁，体色为亮绿色，能变为灰褐色。体长 30～50 cm。吻部细长，喉垂呈粉红色。眼部下方及肩部处，具有黄白色条纹，尾部略为侧扁。

习性：栖息于森林或果树园中，树栖型，日行性，以大型昆虫或其他小蜥蜴为食。喜好日阴处，行动不敏捷，遇到攻击时，会撑起喉垂张口还击。繁殖习性不明。

西部蓝舌蜥

学名：*Tiliqua occipitalis*

英文名：Blue-tongued skink

原产地：澳洲南半部。

形态：全长 30～45 cm，头侧前鳞的大小约与其他头侧鳞相当。位于顶间鳞至颈部间，覆有 2～4 列大型的多角状鳞片，体鳞数 38～42 列，外形与细纹蓝舌蜥极为酷似。体色茶褐色，有 4～6 条宽纹覆盖，眼睛后方有黑色条纹。舌头蓝色的，平时会不时向外一伸一伸的。

习性：栖息于草原森林里，白天活动觅食。以无脊椎动物为食。繁殖习性不明。

斜纹蓝舌蜥

学名：*Tiliqua scincoides*

英文名：Blue tongue skink

原产地：新几内亚、希兰岛、澳洲东部及北部。

形态：全长 45～60 cm，头侧前鳞比其他后方的鳞片更为细长。头顶间鳞至体鳞间覆有 1～2 列大型鳞片。东部与北部在形态上无任何差异，其中的不同点在眼部后方有无黑色纵纹。

习性：栖息于草原、森林，地栖型。以昆虫、陆栖蜷螺、动物尸体、花或果实为食。繁殖习性不明。

红眼鹰蜥

学名：*Tribolonotus gracilis*

英文名：Red-eye eagle lizard

原产地：新几内亚及外围岛屿潮湿森林区。

形态：全长 18～25 cm。眼睛周围有一个橘红色的眼圈，由正面看像两个大红眼睛，具有威吓掠食者的功用，是它们名字的由来。雄蜥体型略大于雌蜥，雄性后脚三个脚趾内侧都有一排细小的肉垫，雌性则无。雄性肚脐有一片大的方形鳞片。

习性：栖息于凉爽的雨林，藏在落叶和石堆中。胎卵生都可，繁殖习性不明。以昆虫为食。

噪犀鸟

学名：*Ceratogymna bucinator*

英文名：Trumpeter hornbill

原产地：分布于非洲东部和中部。

形态：嘴上有长而弯曲的大型头盔，体羽略似冠斑犀鸟，主要为黑色，腹部、腿羽、飞羽羽尖和外侧尾羽为白色。

习性：在天然的空树洞中繁殖，雌鸟被用泥封在树洞中，仅留一供取食的小孔，雄鸟负责喂食。体型健壮的林地犀鸟通常成小群活动，性格喧闹。主要以树上的果实和昆虫为食。

噪犀鸟（*Ceratogymna bucinator*）　唐继荣摄

非洲秃鹳

学名：*Leptoptilos crumeniferus*

英文名：Marabou stork

原产地：撒哈拉沙漠以南的大部分地区。

濒危信息：CITES 附录Ⅲ物种。

习性：栖居在河流、湖泊、沼泽、草地，甚至靠近人类居住区，集群，日行性，飞翔缓慢。留鸟。颈下部的膨胀肉垂（喉囊）用于求偶炫耀。主要以动物尸体为食，也捕食昆虫、鱼、鼠和鸟等。有时翻食垃圾。繁殖期不固定，营巢于大树上，每产 1～4 枚卵，孵化期 29～31 d，晚成鸟，3～4 岁性成熟。

黄嘴鹮鹳

学名：*Mycteria ibis*

英文名：Yellow-billed stork

原产地：非洲大陆及马达加斯加岛。

形态：嘴部前呈黄色。

习性：栖居在河流、湖泊及滩涂地域，成对或结小群活动，日行性。用脚、喙在浑水中探动，扇动双翅协助，捕捉鱼、蛙、爬行动物、甲壳类及昆虫等为食，偶食水生植物。雨季繁殖，营巢于树上，每产 3～4 枚卵，孵化期 27～29 d，晚成鸟，4～5 岁性成熟，寿命可达 20 年。

美洲红鹮

学名：*Eudocimus ruber*

英文名：Crested ibis

原产地：哥伦比亚到巴西的部分沿海地带。

形态：有一张长喙，但比鹤和鹳的喙细，灵巧，前端向前下弯曲。长喙是黑色的，羽毛红色，腿和脚趾亦为红色。到了繁殖期红鹮羽毛颜色加深。

习性：喙细长弯曲，以泥潭中的蟹类、软体动物和沼泽地中的小鱼、蛙和昆虫等小动物为食。在沙滩、咸水湖、红树林和沼泽里集群觅食，在沼泽中的大树上聚群过夜。鹮类鸟雌雄羽毛同色。幼雏为晚成鸟。

美洲红鹮 唐继荣摄

隐鹮

学名：*Geronticus eremita*

英文名：Hermit ibis

原产地：曾广泛分布在中东、北非及南欧。在西班牙、意大利、德国、奥地利及瑞士山区繁殖。300 年前在欧洲消失，在其他分布地也已经消失。现在摩洛哥野外的苏塞-马塞河国家公园有约 500 只。

形态：隐鹮体型较大，一般长 70～80 cm，翼展 125～135 cm，重 1～1.3 kg。通体呈黑色，有铜绿色及紫色光泽，后颈有细环。面部及头部呈暗红色及没有羽毛，喙长而且下弯，脚红色。雄鸟及雌鸟相似，但雄鸟喙稍大并较长。雏鸟呈淡褐色，换羽后就会像成鸟，但头部呈深色，脚呈浅灰色，喙较为浅色。幼鸟的头部及颈部会逐渐变成红色。摩洛哥亚种的喙明显较土耳其亚种的较长。

习性：栖息在荒芜、半沙漠或岩石环境，会在荒芜的山崖繁殖，并会在半干旱草原等地觅食。群居，迁徙时数量达 100 只，呈且形成 V 形飞行。在繁殖季节，会飞往草原、休耕地及农地觅食。主要吃蜥蜴及拟步行虫科甲虫，且会吃小哺乳动物、鸟类及无脊椎动物，如蜗牛、蝎子及毛虫等。

鸸鹋

学名：*Dromaius novaehollandiae*

英文名：Emu

原产地：澳大利亚大陆，常见于开阔生境。

形态：体健壮，腿长，头和颈暗灰。外表像鸵鸟，但没有鸵鸟高大，其身高 1.5～2 m，体重数十千克。

习性：双翅退化，无法飞翔。擅长奔跑，时速可达 70 km。以草类为食，也吃一些昆虫。3 岁性成熟，成年雌鸟只在每年 11 月至翌年 4 月产蛋，每次 7～15 枚，雄鸟孵卵。

鸸鹋（幼鸟）　唐继荣摄

双垂鹤鸵

学名：*Casuarius casuarius*

英文名：Southern cassowary

原产地：新几内亚南部和澳大利亚昆士兰最北部以及附近岛屿。

形态：体形健壮，无飞行能力；羽毛质地粗糙，有些羽毛尖端特化成长长的发状细丝；翅膀短小，在飞羽着生处只具有羽翮；头部裸露，颈部有红蓝色的垂肉，垂肉的颜色会随着年龄而发生变化。

习性：栖居在热带茂密丛林中，独来独往，畏惧日光，晨昏觅食。不会飞行，善奔走、跳跃，会游泳，行动隐蔽。留鸟。以各种植物果实、种子等为食，兼食昆虫、蛙、蜥蜴等小型动物。

西非冠鹤

学名：*Balearica pavonina*

英文名：West Africa Crowned Crane

原产地：西非塞内加尔到中非的尼日利亚。

形态：体长 70～90 cm，体重 2 000～4 000 g。雌雄鹤羽色基本相同。通体为黑色。喙粗直，呈灰黑色，鼻孔位于中部，额部向外凸出，具乌黑色的绒羽，枕部具土黄色绒丝，向四周放射，形成一个美丽的绒球，称之为冠羽，面颊上白下红，与乌黑色的额羽形成了鲜明的对比。颈长，羽毛为灰白色，喉部具有玫瑰红色的肉垂。除次级飞羽为灰白色外，其余羽毛为黑色。跗与趾呈蓝黑色。雄鸟面颊较之雌鸟要红。

习性：喜集群，常几十只或几百只集群在开阔的沼泽地区。喜欢在植物丰盛的水边觅食小鱼、蝌蚪、昆虫、小爬行类、蛙类和植物嫩芽。在配对前，常常成对或集结更多的伙伴一起举行"舞会"。配对结束后，开始筑巢，巢由芦苇、干草组成。每窝产卵 2～5 枚，卵呈蓝白色，卵重 120～130 g。雌雄鹤轮流孵卵，约 1 h 轮流一次，孵化期 27～30 d。雏鸟孵出来后，羽色为黄褐色，约 2 个月后才变为成体羽色。双亲每天外出寻找小虫喂养后代。3～5 岁性成熟，寿命 25～35 年。

东非冠鹤

学名：*Balearica regulorum*

英文名：Grey Crowned Crane

原产地：非洲的乌干达、刚果、肯尼亚、坦桑尼亚、莫桑比克、安哥拉、南非等地。

濒危信息：CITES 附录 II 物种。

形态：大型涉禽。体长 127 cm。额部向外凸出，有乌黑色绒羽，枕部有由无数条土黄色绒丝向四周放射所形成的绒球状冠羽。眼睛后方的面颊有上红下白的斑块。颈长。喉部有红色肉垂。体羽主要为浅蓝灰色，翅膀上的覆羽为白色，飞羽栗色。嘴、跗跖、趾均为黑色。

习性：分布于栖息于沼泽地带。集群生活。以鱼、昆虫、蛙等小型水生动物和各种植物嫩芽为食。东非冠鹤生性活泼。有时成双结对地跳，有时也围成一圈集体跳。开跳之前，一只只东非冠鹤总是先文雅地相互鞠躬，然后微舒双翅，轻挪双足，长颈不断曲伸，动作轻盈优雅，变化多端。它发出的声音有严格的时间性。繁殖期为每年 9 月至翌年 3 月。营巢于沼泽地或低平的树顶上。每窝产卵 2～3 枚，卵呈淡蓝色。孵化期为 26～31 d。雏鸟两个月就可长到和成鸟一样大。

致危因素：繁殖率低、适宜繁殖地减少以及对雏鸟的捕捉使东非冠鹤的生存受到影响。

东非冠鹤　唐继荣摄

肉垂鹤

学名：*Bugeranus carunculatus*

英文名：Wattled crane

原产地：非洲东南部，包括坦桑尼亚、安哥拉等广大的地区。

濒危信息：CITES 附录 II 物种，IUCN 濒危。

形态：体长约 132 cm。全身羽毛呈灰色。胸腹部黑色，头白色；喙红，两颌各有一个红色的扇形肉垂，雄鹤裸露的头顶呈灰色，雌鹤则带白色。肉垂鹤的白色颈部很长，扇形肉垂不时摇动，三级飞羽拖曳。颊部有红色扇形肉垂。

大红鹳

学名：*Phoenicopterus rubber*

英文名：Greater flamingo

原产地：中美洲及南美洲、非洲、南欧、中亚及印度西部。

濒危信息：CITIES 附录 II 物种。

形态：体大而甚高（130 cm）的偏粉色水鸟。喙粉红，端黑，喙形似靴，颈甚长，腿长，红色，两翼偏红。亚成鸟浅褐色，嘴灰色。

习性：栖息于人迹罕至的宽阔浅水域。常结成数十至上百只的大群一起生活，飞行时颈伸直。多立于咸水湖泊。在浅滩用芦苇、杂草、泥灰营造圆锥形巢穴。性机警、温和，善游泳，但很少到深水域，飞行慢而平稳。以水中甲壳类、软体动物、鱼、水生昆虫等为食。每年 6—7 月繁殖，产卵 1～2 枚，孵化期 29～32 d，3 岁性成熟，寿命 20～30 年。

大红鹳（*Phoenicopterus rubber*）　蒋志刚摄

智利红鹳

学名：*Phoenicopterus chilensis*

英文名：Chilean flamingo

原产地：南美洲的秘鲁、智利、阿根廷等国。

濒危信息：CITIES 附录 II 物种。

形态：身长 105 cm，属中型涉禽，羽毛粉红色，整个脚除各关节和蹼及爪为红色外，余部为铅色带黄。

习性：主要栖息山地盐火湖的浅水地带，海拔高度可达 4 500 m，数量曾经达到约 50 只。集群，性机警，善游泳，飞翔。主要以甲壳动物、蠕虫、小鱼、蛙、水生昆虫等小型无脊椎动物为食。繁殖期 5—7 月，营巢于湖边泥地，每窝产卵 1 枚，孵化期 28～32 d，雌雄轮流孵化，雏鸟晚成性，约 3 岁性成熟，寿命可达 20～30 年。

小红鹳

学名：*Phoenicopterus minor*

英文名：Lesser Flamingo

原产地：非洲东部、波斯湾和印度西北部。

濒危信息：CITIES 附录 II 物种。

形态：中型涉禽，羽毛粉红色，整个脚除各关节和蹼及爪为红色外，余部为铅色带黄。

习性：生活在沿海或咸水湖边的湿地。集上百成千只的大群，日行性，营巢于泥地上，相距很近。性安静，机警，会飞行，游泳，但很少到深水区。滤食水中原生动物、蠕虫、水藻等。每年 4—7 月繁殖。每窝产卵 1～3 枚，孵化期 28 d，雌雄轮游孵化，雏鸟晚成性，约 3 岁性成熟，寿命可达 20～25 年。

大凤冠雉

学名：*Crax rubra*

英文名：Great curasso

原产地：美洲，北起墨西哥南至厄瓜多尔。

濒危信息：CITES 附录Ⅲ物种。

形态：大中型鸡类，喙短，尾、腿长，大多头具羽冠，两性羽色相近，雏鸟早成性。

习性：生活在热带、亚热带的森林地区。成对或结小群，主要在树上活动，偶下地面，日行性。留鸟。以植物种子、果实和昆虫、蠕虫为食。2～3 岁性成熟。繁殖期 4—6 月，营巢于树枝或树洞中，每产 2～3 卵，孵化期 32 d。雏鸟属早成鸟，出壳后 3～4 d 即能飞。

大眼斑雉

学名：*Argusianus argus*

英文名：Great argus pheasant

原产地：马来西亚、苏门答腊、婆罗洲。

形态：翅的下端长有多个蓝色斑点，由此得名。

习性：不迁徙，栖息生境为热带雨林。繁殖习性不明。

美洲鸵

学名：*Rhea americana*

英文名：Rhea

原产地：南美洲。

形态：一种身体硕大不能飞行的鸵鸟型南美洲鸟类。体高约 120 cm，重约 20 kg。雄鸟体高约 1.5 m，雌鸟高 1.4 m。与鸵鸟不同，体形较小，足生 3 趾（鸵鸟 2 趾），善于驰走。细羽，一般为淡褐色。两翼的羽毛发育较好，可用作装饰品。头顶，颈后的上部和胸前的羽毛均为黑色，头顶两侧和颈下部为黄灰色或灰绿色，背、胸两侧和翼为褐灰色，其余部分为灰白色，尾羽退化。

习性：产于美洲草原地带，平时数十只为 1 群。生殖期便分为小群，每群有 1 只雄鸟和 5～7 只雌鸟。产卵多达 50 枚（卵长约 13 cm），产于地面上垫草的浅窝内。由雄鸟孵卵，孵化期约 6 周，然后雄鸟再照料幼雏 6 周。

美洲鸵（*Rhea americana*）　唐继荣摄

秘鲁企鹅

学名：*Spheniscus humboldti*

英文名：Peruvian penguin

原产地：南美洲的企鹅，主要在秘鲁和智利沿岸繁殖。

濒危信息：IUCN 易危。

形态：汉波德企鹅是中型的企鹅，成鸟 65～70 cm 高。头部呈黑色，有一条白色宽带从眼后过耳朵一直延伸至下颌附近；有的背部带有白色斑点。

习性：与其他企鹅相比，秘鲁企鹅喜欢生活在相对温暖的地方。在坑、缝隙和沙坑中筑巢，每年 3 月和 10 月产卵两次，每次产 2～3 枚卵，卵一般长 7.5 cm，重达 132 g，相当于普通鸡蛋（50 g 左右）的 3 倍。配偶制度为一雄一雌制。主要以大群的沙丁鱼、磷虾及乌贼为食。

致危因素及保护建议：主要由于过度捕渔导致数量下降。

绿翅金刚鹦鹉

学名：*Ara chloroptera*

英文名：Green- winged macaw

原产地：危地马拉、伯里兹、洪都拉斯、萨尔瓦多、尼加拉瓜、哥斯达黎加、巴拿马、巴哈马、古巴、海地、牙买加、多米尼加、安提瓜和巴布达、圣文森特和格林纳丁斯、圣卢西亚、巴巴多斯、格林纳达、特立尼达与多巴哥、哥伦比亚、委内瑞拉、圭亚那、苏里南、厄瓜多尔、秘鲁、玻利维亚、巴拉圭、巴西、智利、阿根廷、乌拉圭以及马尔维纳斯群岛。

形态：背部羽毛则为绿色。

习性：生活在热带森林，通常是一对或一个家族聚群活动，叫声响亮，咬啄力强。4岁开始繁殖，繁殖季节为每年11月至翌年5月，繁殖期具攻击性，喜欢筑巢于棕榈树上的洞，一窝通常产2～3枚蛋，孵化期约28 d。

致危因素及保护建议：栖息地破坏，违法盗猎。

绿翅金刚鹦鹉（*Ara chloroptera*）　蒋志刚摄

蓝紫金刚鹦鹉

学名：*Anodorhynchus hyacinthinus*

英文名：Hyacinth macaw

原产地：哥伦比亚、委内瑞拉、圭亚那、苏里南、厄瓜多尔、秘鲁、玻利维亚、巴拉圭、巴西、智利、阿根廷、乌拉圭以及马尔维纳斯群岛。

濒危信息：IUCN 濒危。

形态：是全世界最大的鹦鹉，体长100～107 cm，重达1.4～1.7 kg，翼展度1.3～1.5 m。

习性：活动于开阔的树林里，常成对或一小群活动。以两种不同的棕榈果为食。7月或12月时进入繁殖季节，通常一窝产2枚蛋，40%的蛋会被乌鸦、犀鸟和哺乳动物吃掉。雏鸟出孵后，通常只有一只能存活。7岁性成熟。

致危因素：农业、畜牧业开发，盗捕。

葵花凤头鹦鹉

学名：*Cacatua galerita*

英文名：Sulphur crested cockatoo

原产地：澳洲的北部、东部与南部及塔斯马尼亚、袋鼠岛，印尼的东摩鹿加群岛、新几内亚、国王岛、艾鲁岛等。

形态：全身呈白色，具形长的耸立型黄色凤头。

习性：通常群居，常常数百只成群，在觅食时会各自分散为一小群，在地上觅食，有些个体在树上警戒，有危险的状况时会警告正在觅食的同伴，主要食物有种子、坚果及水果。飞行时常发出沙哑响亮的叫声，有时会到农作物区觅食，造成严重损失，被视为害鸟。筑巢于高耸的树洞中，澳洲南方的繁殖期在 8 月至次年 1 月，北方在 5—12 月，一窝有 2～3 颗蛋，通常 2 颗，30 d 后孵化，70 d 后羽毛长成；4、5 岁以后有繁殖能力，一次产 2～3 颗蛋，孵化期约 30 d，9～10 个星期后羽毛长成。

葵花凤头鹦鹉（*Cacatua galerita*）　唐继荣摄

军金刚鹦鹉

学名：*Ara militaris*

英文名：Military macaw

原产地：委内瑞拉西北部到厄瓜多尔东部与秘鲁北部，墨西哥绿金刚鹦鹉分布于整个墨西哥（雨林地区除外）。

濒危信息：CITES 附录Ⅰ物种。

形态：体型较大，毛色略深。

习性：成对活动，繁殖期外可见一群 8～40 只的家族成员一起活动，不喜生活于潮湿的热带雨林，主要食用无花果、棕榈树果实等水果，浆果、种子、核果、蔬菜等食物，繁殖期于 8 月开始，筑巢于中空树干内或石灰岩地质悬崖的洞穴内。通常每次产 2~3 枚蛋，孵化期约 26 d，3 个月后幼鸟羽毛长成。

致危因素：栖息地破坏，盗捕。

橙冠凤头鹦鹉

学名：*Cacatua moluccensis*

英文名：Salmon-crested cockatoo

原产地：印尼摩鹿加群岛的西瑞岛及周围邻近的小岛，在沙巴鲁亚岛及哈鲁古岛的族群已绝种，曾再次引入安本岛野放，但现今也不见它们的踪迹了。

濒危信息：CITES 附录 I 物种。

形态：具有硕大的体型与美丽的外表。公母外表无明显差别，但母鸟的虹膜有点带红色，公鸟则为黑褐色。

习性：栖息地的海拔在 100~1 200 m，超过海拔 900 m 就很少有其踪迹，常栖息于开阔的林地、红树林、沼泽区、溪河边的森林区等地，通常单只、成对或一小群活动，偶尔大批聚集时，约有 16 只，在早晨离开栖树与傍晚返回栖树时会发出响亮的鸣叫，主食坚果、椰果、种子、浆果、昆虫等。繁殖期为 7—8 月，筑巢于高耸的树洞内，一窝产 2 颗卵，约 28 d 后孵化，它们约在 4、5 岁时成熟。凤头鹦鹉一年可多至 3~4 胎，一窝产 2 颗蛋，孵化期约 29 d，羽毛长成需 14~15 个星期，全年均可能繁殖。

致危因素：栖息地破坏，盗捕走私。

非洲灰鹦鹉

学名：*Psittacus erithacus*

英文名：African grey parrot

原产地：非洲中部及西部，西从几内亚比绍起，东到肯尼亚西部。

濒危信息：CITES 附录III物种；2008 年《鸟类红色名录》近危（NT）。

形态：大型鹦鹉，尾巴短，头部圆，面部长毛，喜攀爬，不善飞翔。身体为深浅不一的灰色，脸部眼睛周围有一片狭长的白色裸皮；头部和颈部的灰色羽毛带有浅灰色滚边，腹部的灰色羽毛则带有深色滚边；主要飞行羽灰黑色；尾羽鲜红色；鸟喙黑色，虹膜黄色。幼鸟尾羽尖端带有黑色，虹膜为浅灰色，随着年纪渐长会变为黄色，尼日利亚地区的非洲灰鹦鹉体色一般较深。从外观雄性的头形较阔大，眼头尾两边略尖成杏形，相反雌性头形较窄小，眼圈较圆。

习性：栖息在低海拔地区及雨林。群居性，喜食各类种子、坚果、水果、花蜜、浆果等，有时也会到农作物田园中觅食，造成农业损失。繁殖期开始于 3 岁左右，每年的 1—2 月及 6—7 月均为繁殖期，喜筑巢于 10~30 m 高的树洞内，一窝 2~4 只蛋，孵化期约 29 d，约 90 d 羽毛成长。刚出生的幼鸟约 15 g 重，5 cm 长。幼鸟的眼睛呈深黑色，随年龄增长而逐渐转为黄色。

非洲象

学名：*Loxodonta africanna*

英文名：African elephant

原产地：撒哈拉沙漠以南地区。

濒危信息：CITES 附录 I 物种。

形态：陆地上体形最大的哺乳动物。

习性：母象的孕期大约为 22 个月，每隔 4～9 年产下一仔（双胞胎极为罕见）。幼象出生时重 79～113 kg，大约到三岁时才断奶，但会同母象一同生活 8～10 年。头象和雌象一直生活在一起，而雄性非洲象在 14 岁青春期离开象群。有血缘关系的象群关系比较密切，有时会聚集到一起形成 200 头以上的大型群体。雄性非洲象独居或形成 3～5 头的小型象群。在雄象的活跃期，睾丸激素水平上升，攻击性加强。食物主要包括草、草根、树芽、灌木和树皮。

致危因素：栖息地丧失，非法捕猎。

非洲象（*Loxodonta africanna*）　唐继荣摄

绿猴

学名：*Cercopithecus aethiops*

英文名：Green monkey

原产地：东非、苏丹、埃塞俄比亚。

濒危信息：CITES 附录 II 物种。

形态：颅腔大，呈球状。眶后突发育形成骨质眼环，或全封闭形成眼窝；其嗅觉次于视觉、触觉和听觉。鼻子大又长。脚的拇趾和趾能对握，使得手和脚成为抓握器官。绿猴类的 5 指只能同时屈伸，不能个别运用。掌面与足面裸出，有指、趾纹，纹路形态不一。具软或宽的足垫，多数种类的指和趾端均具扁甲。前肢比后肢长。

习性：生活在靠近河和溪流的热带草原地区，喜在多树的地方活动。合群。主食植物，也吃小动物。既善于攀缘、奔跑，也善于游泳。4 岁性成熟，孕期 5 个多月，每胎 1 仔。寿命约 18 年。

赤猴

学名：*Erythrocebus patas*

英文名：Patas monkey

原产地：非洲靠近撒哈拉沙漠的干旱地区和稀树草原上。

形态：东部亚种 *Erythrocebus patas pyrrhonotus* 的鼻子为白色，而西部亚种 *Erythrocebus patas patas* 则为黑色。因毛色像金丝猴，故又有"非洲金丝猴"之称。

习性：结群而居，由一只成年雄猴和多只带幼猴的雌猴组成。活动范围 45～50 km。食物为昆虫、鸟蛋、野果、种子和植物根茎。适应地面生活，在地面奔跑速度可达 50 km/h。视觉、听觉、嗅觉都很敏锐。雄性体重约 13 kg，雌性在 5～7 kg。赤猴是群居动物，一群大约 12 只猴，雌赤猴有阶级制度，首领为雌性，决定整个群体的活动。只有一只成年雄性猴，主要负责警卫。幼年雄性猴性成熟后（大约 4 岁）就会离开群体。

日本猴

学名：*Macaca fuscata*

英文名：Japanese monkey

原产地：日本南部。

习性：在所有猴类中，最靠北方的种类。全身有浓密的长毛，群居于海拔 1500 m 以上的山地树林和多岩石山坡上。雄猴率领群猴活动觅食，食物有果实、野草及昆虫等。冬天则吃树皮。

食蟹猴

学名：*Macaca fascicularis*

英文名：Crab-eating macaque、long-tailed macaque

原产地：泰国、老挝、越南、柬埔寨、缅甸、马来西亚、印尼、菲律宾及印度尼科巴岛。

濒危信息：CITES 附录 II 物种。

形态：毛色黄、灰、褐不等，腹毛及四肢内侧毛色浅白；冠毛后披，面带须毛，眼围皮裸，眼睑上侧有白色三角区；耳直立且色黑。

习性：栖息于热带雨林、红树林沼泽、潮汐河流沿岸等热带岛屿、海滨。觅食螃蟹及贝类，故名食蟹猴。

黑冠猴

学名：*Macaca niger*

英文名：Celebes crested macaque

原产地：苏拉威西。

形态：头上有黑色的长冠毛。

习性：栖息环境广泛，多在白天活动，夜晚休息；群居，数十至数百只一群。在地面与在树上同样敏捷，善于游泳。食物包括果实、树叶、昆虫、鸟卵等。约 4 岁性成熟。每产 1 仔，孕期 5～7 个月。寿命约 30 年。

山魈

学名：*Mandrillus sphinx*

英文名：Mandrill

原产地：非洲喀麦隆萨纳河南部、赤道几内亚的比奥科岛、加蓬和刚果。

形态：体型粗壮，体长 61～81 cm，尾短粗，长 5.2～7.6 cm；肩高 50.8 cm。体重可达 54 kg。头大而长，鼻骨两侧各有 1 块骨质突起，其上有纵向排列的脊状突起，其间为沟，外被绿色皮肤，脊间鲜红色。雄性每侧约有 6 条主要的沟，其红色部分伸延到鼻骨和吻部周围。臀部胼胝及其周围皮肤均为淡紫色，这是由于具有丰富的血管的缘故，兴奋时，这种颜色更为明显。面部周围及头顶生有长毛。全身的毛绿褐色。腹面为淡黄褐色，毛长而密。前肢较后肢长而强健，因而行动时后部向下倾斜。山魈有浓密的橄榄色长毛，马脸凸鼻，血盆大口，獠牙越大表明地位越高。身长可超过 80 cm，站立时有 1 m 多高，体重为 30～40 kg。

习性：栖息于热带树林，喜欢多岩石的小山。白天在地面活动，也上树睡觉或寻找水果、核果、昆虫、蜗牛、蠕虫、蛙、蜥蜴、鼠等为食，主要敌害为豹。结群生活。以嫩枝叶、野果及鸟、鼠、蛙、蛇等为食，有时还捕食其他猴类。无固定繁殖期，孕期 220～270 d，每胎产 1～2 仔，寿命 20～28 年，饲养条件下可达 32 年。

绿狒狒

学名：*Papio anubis*

英文名：Green baboon

原产地：非洲

形态：体型大且强壮，绿狒幼年棕色，成年后变橄榄绿而得名。

习性：其寿命可达 35 岁，人工饲养条件下，寿命可达 37 岁，幼狒 5～7 周岁性成熟，8 岁繁殖，孕期 187 d。雄狒高 1.5 m，重 50 kg，雌狒只有 15 kg。是一雄多雌的群居动物。以野果、树叶、昆虫、鸟卵为食。

黄狒狒

学名：*Palo cynocephalus*

英文名：Yellow baboon

原产地：非洲。

形态：毛呈黄褐色，口鼻部向前突出，头体长 55～80 cm，尾长 40～60 cm，雄性体重 21～25 kg，雌性体重 12～14 kg，雌雄有明显体差。

习性：杂食性，果实、昆虫、小动物都吃。营大群生活，有严密的社会组织，智慧高，性情凶暴，叫声似犬吠。母狒狒发情期臀部有显著的性皮肿胀现象，没有特定的繁殖季节，怀孕期约 6 个月，每胎产一仔。

黄狒狒（*Palo cynocephalus*）   唐继荣摄

阿拉伯狒狒

学名：*Papio hamadryas*

英文名：Hamadryas Baboon

原产地：苏丹、埃塞俄比亚和阿拉伯。

形态：犬齿长而锐利。鬣毛发达。尾巴短，胼胝体发达。雄性体毛发灰，稍带棕色；雌性和幼狒狒呈棕色。雌性比雄性的体形小一半。

习性：栖息多岩石山坡上。群居性，常联合起来捕捉猎物，食性杂，无固定繁殖季节，6 岁性成熟。孕期 6 个月左右，每胎 1 仔。饲养寿命可达 37 年。植食性，也吃昆虫、蝗虫、蚂蚁等。

黑掌蜘蛛猴

学名：*Ateles geoffroyi*

英文名：Spider monkey

原产地：中美洲热带雨林区。

形态：体长 34～59 cm，体重 6～8 kg。

习性：主要以水果、树叶、花以及坚果为食。圈养条件下寿命可达 33 年。繁殖习性不明。

黑蜘蛛猴

学名：*Ateles paniscus*

英文名：Black spider monkey

原产地：南美洲巴西的中部、东北部，以及玻利维亚、圭亚那。

濒危信息：CITES 附录 II 物种。

形态：体长 38～57 cm，尾长 63～92 cm，体重 6.5～9 kg。体毛稀疏而短，全身毛色大多为具有光泽的棕黑色，腹部为棕黄色，四肢和尾巴呈黑色。头部小而圆，面部带有粉红色的条纹。

习性：昼行性，以树叶、水果、浆果和坚果等为食，也吃昆虫和蠕虫等。通常 3～6 只为一群生活。到了傍晚，整个家族才聚集在一起过夜。没有固定的繁殖季节，雌兽孕期约为 225 d，每隔 2～3 年繁殖一次，每胎仅产 1 仔。幼仔出生后，需要亲兽哺育 10 个月以上。幼仔在 3～4 岁时性成熟，寿命一般在 20 年左右，最多可达 27 年以上。

环尾狐猴

学名：*Lemur catta*

英文名：Ring-tailed lemur

原产地：马达加斯加西南部。

濒危信息：CITES 附录 I 物种。

形态：吻长、两眼侧向似狐，尾有环节。

习性：多 5～20 成群栖息在多石少树的干燥地区。善跳跃攀爬，主食昆虫、水果。3 岁性成熟，孕期约 4 个半月，多为双仔。寿命约 18 年。每年繁殖期仅两周，一只雌猴接受雄猴的时间不足一天。植食性，但是有时也吃昆虫、鸟蛋甚至幼鸟。每年 11—12 月发情交配，经常争斗。怀孕 5 个月，每胎 2～3 仔，2 岁性成熟。寿命 18～20 年。

环尾狐猴　蒋志刚摄

狨猴

学名：*Callithrix jacchus*

英文名：Marmoset

原产地：南美洲亚马孙河流域。

形态：体小尾长，尾不具有缠绕性，头圆、无颊囊、鼻孔侧向。长大后身高仅 10～12 cm，重 80～100 g。

习性：妊娠期为 146（140～150）d，性成熟为 14 个月，有月经，性周期为 16 d。交配不受季节限制，可以人工繁殖，每胎 1～3 仔，双胎率约为 80%。

黑帽悬猴

学名：*Cebus apella*

英文名：Tufted Capuchin

原产地：安地斯东边从哥伦比亚和委内瑞拉到向巴拉圭和北阿根廷。

濒危信息：CITES 附录 II 物种。

形态：体长 35～50 cm，尾长 40～50 cm，体重 2.6～3.3 kg。身体强健。头部较圆，头顶为黑色。鼻部扁平，鼻孔向旁侧开张。四肢短粗。尾巴几乎与体长相等。体色多样，从褐色、深黄至黑色。它们的肩和下腹部比身上的其他部位颜色要浅。在它们的头顶长着一块浓密的黑色毛发，看上去像似戴着一顶黑色的帽子，因此被称作黑帽悬猴。

习性：杂食动物，水果在食物中占有很大比重。怀孕期为 180 d。每胎产 1 仔。4～7 岁达到性成熟。

致危因素：在野外有一定数量，但由于森林被砍伐，生态环境遭到破坏，其生存受到了威胁。

卷尾猴

学名：*Cebus apella*

英文名：Ring-tail monkey

原产地：哥伦比亚东部、委内瑞拉、圭亚那、秘鲁东部、巴西、玻利维亚、巴拉圭。

形态：体长 300～550 mm，尾长与身长相同，体重 1 100～3 300 g。头顶生有簇状毛，看上去像成一顶帽子，全身毛发为灰褐色。其尾端部卷成圆圈，因而得名。

习性：栖居于湿润森林中，分布区的最高海拔为 2 700 m。主要取食嫩枝和树叶。通常在白天成群活动，每群有 10 只左右，猴群内的雄性个体多于雌性，但雄猴为群体的首领。全年都能繁殖，但多数幼仔在旱季至雨季初期出生，妊娠期 180 d。雌性个体 4 岁性成熟，雄性个体 8 岁才成年。每胎产 1 仔，猴群内的所有成员都参与照料幼仔的安全。

松鼠猴

学名：*Saimiri sciureus*

英文名：Squirrel monkey

原产地：南美洲。

形态：体长 20～40 cm，但尾巴却长达 42 cm，体重只有 750～1 100 g。体形纤细，它们尾巴短，毛厚且柔软，体色鲜艳，口缘和鼻吻部为黑色，眼圈、耳缘、鼻梁、脸颊、喉部和脖子两侧均为白色，头顶是灰色到黑色。背部、前肢、手和脚为红色或黄色，腹部呈浅灰色。尾巴可以缠绕在树枝上。

习性：生活在原始森林、次生林以及耕作地区，以及海平面至海拔 1 500 m 的树林中。寿命 10～12 年。松鼠猴主要以果子、坚果、昆虫、鸟卵等为食。

松鼠猴　蒋志刚摄

大猩猩

学名：*Gorilla gorilla*

英文名：Gorilla

原产地：非洲的喀麦隆、加蓬、几内亚、刚果、扎伊尔、乌干达等地。

形态：身高达 1.7 m，体重近 300 kg。

习性：栖居于海拔 1 500～3 500 m 的赤道-热带雨林地带。以树叶、嫩芽、花、果实、树枝等为食。繁殖期不固定，孕期 8.5～9.5 个月，每产 1 仔，7～10 岁性成熟，寿命 40～50 年。

大猩猩　蒋志刚摄

黑猩猩

学名：*Pan troglodytes*

英文名：Chimpanzee

原产地：非洲中部，向西分布到几内亚。

形态：体长 70～92.5 cm，站立时高 1～1.7 m，体重雄性 56～80 kg，雌性 45～68 kg；身体被毛较短，黑色，通常臀部有白斑，面部灰褐色，手和脚灰色并覆以稀疏黑毛；幼猩猩的鼻、耳、手和脚均为肉色；耳朵特大，向两旁突出，眼窝深凹，眉脊很高、头顶毛发向后；手长 24 cm；犬齿发达，齿式与人类同；无尾。

习性：栖息于热带雨林，集群生活，每群 2～20 余只，最多可达 80 只。孕期约 230 d，每胎 1 仔，哺乳期 1～2 年，性成熟约 12 龄，雌性 30 岁龄可生第 14 胎。寿命约 40 年。

黑猩猩　蒋志刚摄

婆罗洲猩猩

学名：*Pongo pygmaeus*

英文名：Orangutan

原产地：曾广泛分布在东南亚和中南半岛，现在仅存于苏门达腊的北部和婆罗洲的低地。

濒危信息：IUCN 列为极度濒危级，其中婆罗洲猩猩种群被列为濒危级。

形态：体长雄性为 97 cm，雌性 78 cm；身高雄性为 137 cm，雌性 115 cm；体重雄性为 60～90 kg，雌性 40～50 kg。体毛长而稀少，毛发为红色，粗糙，幼年毛发为亮橙色，某些个体成年后变为栗色或深褐色。面部赤裸，为黑色，但是幼年时的眼部周围和口鼻部为粉红色。雄性脸颊上有明显的脂肪组织构成的肉垫，具有喉囊。牙齿和咀嚼肌相对比较大，可以咬开和碾碎贝壳和坚果。苏门达腊猩猩体型偏瘦，皮毛比较灰，头发和脸都比婆罗洲猩猩的长。手臂展开可以达到 2 m 长。

习性：以果实（比如榴莲、红毛丹、木菠萝、荔枝、芒果、倒捻子、无花果）、嫩枝、花蕾、昆虫、蔓生植物为食；偶尔也吃鸟卵和小型脊椎动物。雌性约在 10 岁达到性成熟，到 30 岁停止生育。每 3～6 年产一崽，怀孕期为 235～270 d。幼崽需要哺乳 3 年，7～10 岁的时候才独立生活。

致危因素：栖息地破坏，捕捉。

金丝熊

学名：*Mesocricetus auratus*

英文名：Golden hamster

原产地：叙利亚、黎巴嫩、以色列等地。

形态：以黄色体毛者最常见。较其他仓鼠相比，脸部较大。雄性肛门与生殖器距离较远，可看到睾丸。

习性：栖息于戈壁、沙漠生境，营独居。夜行性；杂食性，主食杂草种子和粮食，偶尔猎食昆虫。不冬眠，储存的食物过冬。2 月龄性成熟，春季繁殖，妊娠期 17～22 d，年产 3～5 胎，每胎 4～8 仔，最多可达 10 只。

海狸鼠

学名：*Myocastor coypus*

英文名：Nutria

原产地：乌拉圭、阿根廷、智利、玻利维亚等国。

形态：体长 430～635 mm，尾长 225～425 mm，体重 5～10 kg，大的重达 17 kg。头较大、鼻小，在水中能关闭。耳小具瓣膜，耳孔处具毛，有防水作用。门齿大而长，呈橘红色。四脚黑色。腹部有 4 对乳头。背部具有针毛和绒毛，腹毛比背毛多而厚。背部黑色、体侧橙黄色。腹部土黄色。

习性：植食性生长快，繁殖力强。一中成年鼠的生长期为 7～9 个月，体重可达 6～12 kg，体长 45～60 cm。幼鼠发育到 3 个月即可配种，怀孕期为 132 d。产后的第二天即可交配，一年繁殖 2～5 胎，每胎产 6～14 只。

巴塔哥尼亚豚鼠

学名：*Dolechotis Patagonum*

英文名：Patagonian cavy

原产地：阿根廷中部和南部灌木沙漠和草原

形态：外形类似于野兔。毛色灰棕色，但尾部内侧为白色。眼大，尾短。后脚趾有钩形爪。体长可达 75 cm，体重达 16 kg。

习性：营掘地生活，一胎 1～3 崽。

水豚

学名：*Hydrochoerus hydrochoeris*

英文名：Capybara

原产地：美洲巴拿马运河以南地区。

形态：躯体巨大，长 1～1.3 m，肩高 0.5 m 左右，体重 27～50 kg。体背从红褐到暗灰色，腹黄褐色，脸部、四肢外缘与臀部有黑毛；体粗笨，头大，颈短，尾短，耳小而圆，眼的位置较接近顶部，鼻吻部膨大，末端粗钝；雄性成体的鼻吻部有一高起的裸露部位，内有肥大的脂肪腺体；上唇肥大，中裂为两瓣；前肢 4 趾，后肢 3 趾，呈放射状排列，趾间具半蹼，适于划水，趾端具近似蹄状的爪，雌兽有 4 对乳头。

习性：栖息于沼泽地。多以家族集群，每群不超过 20 头。喜晨昏活动。主要吃野生植物，有时混在家畜群中吃牧草，偶尔也吃水稻、甘蔗、各种瓜类和啃咬小树嫩皮。每年繁殖 1 次，妊娠期 100～120 d，产 2～8 仔，初生仔重约 1 kg。寿命 8～10 年，人工饲养可活 12 年。主要天敌为美洲豹和鳄。

水豚（*Hydrochoerus hydrochoeris*）　蒋志刚摄

长颈鹿

学名：*Giraffe camelopardalis*

英文名：Giraffa

原产地：非洲埃塞俄比亚、苏丹、肯尼亚、坦桑尼亚和赞比亚等国。

形态：陆地上最高的动物。遍体具棕黄色网状斑纹。雌雄都有外包皮肤和茸毛的小角，终身不会脱掉，椎骨 7 块。

习性：生活在稀树草原和森林边缘地带。繁殖期不固定，孕期 14～15 个月，每胎产 1 仔，生下来的幼仔身高 1.8 m，出生后 20 min 即能站立，几天后便能奔驰如飞，3.5～4.5 岁性成熟，寿命约 30 年。喜欢采食树叶。群居。

长颈鹿　蒋志刚摄

河马

学名：*Hippopotamus amphibius*

英文名：Hippopotamos

原产地：非洲。

形态：吻宽嘴大，四肢短粗。胃 3 室，不反刍。鼻孔在吻端上面，与上方的眼睛和耳朵成一条直线。体长 3.75～4.6 m，尾长约 56 cm，肩高约 1.5 m，体重 3～4.6 t，下犬齿长约 60 cm，可重达 3 kg。

习性：栖息在沼泽地。繁殖期不固定，全年均繁殖，每产一仔，孕期 227～240 d，仔兽出生时体重 27～45 kg。在饲养下约 3 岁性成熟，在野外 5、6 岁成熟。寿命 40～50 年。

河马　蒋志刚摄

侏儒河马

学名：*Choeropsis liberiensis*

英文名：Hippopotamus

原产地：西非科特迪瓦、几内亚、塞拉利昂、利比里亚。

形态：体长约 1.6 m，重量 160～250 kg。

习性：喜欢独居，植食性。繁殖习性不明。

羊驼

学名：*Lama pacos*

英文名：Alpaca

原产地：秘鲁和智利。

形态：颈长而粗；头较小，耳直立；体背平直，尾部翘起，四肢细长；被毛长达 60～80 cm，毛色有纯白、浅灰、棕黄、黑褐、纯黑等。

羊驼（*Lama pacos*）　李春林摄

驼羊

学名：*Vicugna pacos*

英文名：Alpaca

原产地：南美西部和南部。

形态：肩高 1.2 m，体重 70～140 kg。

习性：栖息在高海拔草原，最高分布海拔可达 5 000 m。一般 5～10 只一起活动。视觉、听觉、嗅觉敏锐，奔跑速度可达 55 km/h。一般在 8—9 月交配，孕期 10～11 个月，寿命可达 20 年。

旋角羚

学名：*Addax nasomaculatus*

英文名：Addax

原产地：冈比亚、阿尔及利亚至撒哈拉大沙漠。

形态：体长 1.5～1.7 m，肩高 0.9～1.1 m，体重约 120 kg。颈短，肩比臀部略高。四肢较粗，蹄宽大，适于在沙漠中行走。尾圆而细，长 25～35 cm，末端具长毛；冬毛长而粗糙，灰褐色，夏毛沙黄色。头部前额有较大片的黑色簇毛。眼小；雌雄均具角，长 76.2～89 cm，角较细，分别向后外侧再向上弯曲，并略呈扁的螺旋形扭曲。

习性：栖息于沙漠，怀孕期 10～12 个月，冬季或早春产仔，每胎 1 仔。

蛮羊

学名：*Ammotragus lervia*

英文名：Barbary sheep

原产地：非洲北部山区，北非摩洛哥至埃及、大西洋海岸到红海。

濒危信息：IUCN 易危物种。

形态：肩高 80～100 cm，体重 40～140 kg。毛色为沙黄色。

习性：栖息在荒凉的岩石和沙土地带。每胎产 1～2 仔，孕期为 160 d。

跳羚

学名：*Antidorcas marsupialis*

英文名：Springbok

原产地：南非、西南非洲、博茨瓦纳和安哥拉。

形态：体长 1.2～1.5 m，肩高 68～90 cm，体重 32～36 kg；四肢细长，背面毛色黄褐，臀部及其背面、腹部、四肢内侧均为白色，在身体两侧背腹之间有一红褐色条带；背部中央有 1 条纵向的由皮肤下凹而形成的褶皱，褶皱内的毛为白色，当受惊而开始逃跑时，褶皱展开，出现 1 条明显的白脊，这是向同伴告警的信号。雌雄均具角，黑色上具环棱。

习性：是羚羊类中最善于跳跃的种类。跳起时脊背弓起，四肢下伸而靠拢。在干旱季节进行长距离迁移。以草本和灌木嫩枝为食。每年 5 月发情交配，孕期 6 个月，通常在 11—12 月产仔，每胎 1 仔。鬣狗、兀鹰等为其天敌。

印度黑羚

学名：*Antilope cervicapra*

英文名：Blackbuck

原产地：印度、巴基斯坦等中南亚地区。

濒危信息：CITES 附录III物种。

形态：雌体为黄褐色，无角且体型较小。雄体角螺旋形。

习性：以草本植物为食，兼食树叶。每年春初交配，孕期为 6 个月，每产 1～2 仔，1～2 岁性成熟，寿命约 15 年。

美洲野牛

学名：*Bison bison*

英文名：Bison

原产地：曾遍布落基山以东地区。

形态：体长 2.1～3.5 m，尾长 0.5～0.6 m，肩高 2.6～2.8 m，成年体重 450～1350 kg。

习性：每年 7—9 月配偶。来年 5—6 月间产仔，孕期约 274 d。寿命 18～22 年。

白腿大羚羊

学名：*Damaliscus dorcas*

英文名：Blesbok，Bontebok

原产地：南非开普省、德兰士瓦、贝专纳等地区。

濒危信息：CITES 附录 II 物种。

形态：肩高 89～100 cm，尾长 42 cm，体重 55～60 kg，体色为棕褐色一直到黑色，腹部和臀部，还有四肢内侧为白色，面部有一块白色斑纹。

南非大羚羊

学名：*Damaliscus lunatus*

英文名：Sassaby

原产地：南非

形态：蹄毛棕色或灰黄色，肩背部略有细白纹。雌雄个体都具角，但雌性个体的角较细较长，最长达到 1 m 以上；雄性个体的角一般不超过 90 cm。躯体粗壮，体长 1.8～3.4 m，尾长 0.3～0.6 m，肩高 1～1.8 m。体重约 900 kg，雌雄均有角。

习性：栖息在开阔的草原或有灌丛和稀疏树林的地区。成群活动，雄性独栖。植食性。每年进行长距离的周期性迁移。雄性四岁、雌性三岁时性成熟，仔兽多在 10、11 月间出生，孕期 250～270 d。寿命 15～20 年。

阿拉伯羚羊

学名：*Arabian Oryx*

英文名：Oryx

原产地：阿拉伯半岛。

形态：毛色由米色一直到灰或棕色，有明显的棕色或黑色斑纹，鬃毛由颈部一直延伸到肩部，尾巴末端有蓬松的毛，雄羚喉部有毛；耳朵短而宽，雌雄都有角，角长而笔直，雌性的角通常较细长。头体长 0.1～0.2 mm，尾长 450～900 mm，肩高 900～1 400 mm，角长 600～1 500 mm，体重 100～210 kg。

习性：植食性。集群活动。一年四季均可发情交配，但主要集中于 10 月至翌年 5 月间，一雄配多雌，繁殖期内雄性之间大打出手以争夺交配权，雌兽的妊娠期 8～9 个月，每胎仅产 1 仔，哺乳期 3～5 个月，幼仔跟随母亲生活 1 年左右后独立，1～2 岁性成熟，最高寿命 20 年。

欧洲盘羊

学名：*Ovis musimon*

英文名：Mouflon

原产地：科西嘉、萨丁尼亚和塞浦路斯。

形态：肩高约 70 cm。浅红褐色，腹部白色。雄体背部有浅色马鞍形斑块，有尖端向外转的大而弯曲的角。雌体无角。

习性：结群生活，夏季时雄性另成群，雌性与幼仔一起生活。一般在一定的范围内活动，活动区域包括觅食、饮水与休息地段。它们在清晨和傍晚吃食，有时夜间也吃，中午休息。主要吃草、花、青嫩植物和树叶。雄性在晚秋和初冬时展开求偶争斗。雌羊挑选险峻难行的隐蔽处产仔，孕期 150～180 d。雌羊小心谨慎地照管仔羊，时刻提防敌害侵袭。仔羊二岁半至三岁半成熟，寿命 15～20 年。

中美貘

学名：*Tapirus bairdii*

英文名：Baird's Tapir

原产地：自墨西哥南部至哥伦比亚和厄瓜多尔的安第斯山以西地区。

形态：体长 200～250 cm，肩高 120 cm，尾长 6～12 cm，体重超过 300 kg。其上唇比马来貘的短，但尾较长些，全身棕黑色，头和颊部的颜色较浅，唇边、耳尖、喉和胸部有白色斑块，这是中美貘独有的特征。

习性：栖居于茂密的热带雨林中。中美貘是美洲产的体型最大的一种貘。独居，夜行性。视觉差，嗅、听觉灵敏，善游泳。以水生植物、树叶、嫩枝芽、果实等为食。没有固定的繁殖季节，但多在 5～6 月间发情交配，孕期 13～13.5 个月，每胎 1 仔。初生幼仔体重 7～9 kg，全身棕褐色，有白色斑点和条纹，数月后即逐渐隐退，哺乳期约 3 个月，4～5 岁性成熟。寿命 20～25 年。

马来貘

学名：*Tapirus indicus*

英文名：Malayan Tapir

原产地：缅甸、泰国、马来西亚、柬埔寨及印度尼西亚的苏门答腊等地。栖息在热带丛林内、沼泽地带。

濒危信息：CITES 附录 I 物种。

形态：体长为 140～250 cm，肩高 73～120 cm，尾长 5～10 cm，体重 180～300 kg。四肢粗壮，前肢具 4 趾，其中的一趾显著地大于其他各趾，后肢具 3 趾。雌兽有一对乳头，位于鼠鼷部。尾巴极短。全身被黑白两色短毛，头部和身体的前部、腹部、四肢和尾巴均为黑色，身体的中、后部为灰白色。

习性：单独或结小群活动。夜行性。性机警、温顺而胆小。喜好植物的嫩枝芽、树叶、水果、草及水生植物，繁殖期不固定，一般两年生产 1 次，孕期 390～400 d，每产 1 仔，极少两仔，4～5 岁性成熟，寿命约 30 年。

马来貘　唐继荣摄

南美貘

学名：*Tapirus terrestris*

英文名：Brazilian tapir

原产地：南美的巴西、秘鲁、哥伦比亚、巴拉圭、委内瑞拉和阿根廷。

形态：体长 1.5～2.1 m，肩高 860～940 mm，体重 150～200 kg。头部毛呈暗棕色至淡红色，腹部色淡。颈部及耳缘白色。颈背部有短鬃毛，带黑色。身上的毛短而光滑。幼兽有纵行白纹和斑点斑纹，耳郭上缘白色，背毛密而短，上唇比下唇长，鼻端突出。前蹄三大一小共 4 趾，后蹄 3 趾。

习性：生活于河流或湖泊的沿岸，单独生活，以植物为食，也盗食农田的瓜果和根叶。夜行，白天于林中活动，傍晚于湖、河边嬉水。听觉敏锐，善于游泳。主要敌害是美洲豹。南美貘繁殖期不固定，孕期 11.5～13 个月，每胎 1 仔，初生幼仔身上有黄色斑点和条纹。

4~5 岁性成熟。寿命 20~25 年。在人工饲养下个别寿命达 35 年。

白犀

学名：*Ceratotherium simum simum*

英文名：White Rhinoceros，Square-Lipped Rhinoceros

原产地：非洲赤道南北草原。

形态：体长 3.3~4.2 m，肩高 1.5~1.8 m，重达 1.4~3.6 t。尾长仅 50~70 cm。皮肤灰色。头长，无下门齿。吻大而钝，故自成 1 个属，又称方吻犀。鼻端有 2 个长角，前角长约 120 cm，后角长约 60 cm，雌犀的角常长于雄犀。体色由黄棕色到灰色，耳朵边缘与尾巴有刚毛，其余部分则无毛，上唇为方形。鼻上的角长平均为 60 cm，最长可达 200 cm。

习性：食草。喜泥水浴。栖息于草原及丛林地带。通常结成小群或整个家族在一起生活。全年都可进行繁殖。

白犀　蒋志刚摄

黑犀

学名：*Diceros bicornis*

英文名：Black rhinoceros

原产地：非洲东部和南部的小范围地区。

形态：长 3~3.7 m，肩高 1.2~1.8 m，重达 1~1.5 t。体色灰色。在鼻骨的一个凸起上长两只角，纵向排列，前面的角较长，最长可达 1.2 m。上唇具卷绕性，取食时能用来剥枝条上的叶子。

习性：栖息在接近水源的林缘山地。雄犀一般独自生活，用尿来标记领域。以树叶、灌丛、落地果实和杂草为食，黑犀全年均可繁殖，孕期为 440~470 d。

爪哇犀

学名：*Rhinoceros sondaicus*

英文名：Java rhino

原产地：曾分布于孟加拉国东部。越南南部，泰国，老挝，柬埔寨和爪哇岛（印度尼西亚）。

形态：爪哇犀体重 1 500～2 000 kg，体长为 2～4 m，肩高 1.5～1.7 m。皮肤灰色。

习性：喜欢栖息在低地雨林，以树枝、嫩叶和果子为食。雌犀成熟在三到四岁间，雄性成熟在六岁之后，爪哇犀怀孕期间是 16 个月，繁殖间隔达 4～5 年。每胎一头，幼犀哺乳为 1～2 年。爪哇犀平均寿命 35～40 年。

致危因素：偷猎，栖息地减少与破坏。

北美海狮

学名：*Arctocephalus townsendi*

英文名：Gaudaloupe fur seal

原产地：加利福尼亚沿岸的瓜达鲁佩岛。

形态：雄性体长 1.8～1.9 m，体重 160～170 kg，雌性体长 1.2～1.4 m，体重 45～55 kg。眶间额平，吻短。鼻骨中等长，41 mm，头骨颅基长 253 mm，腭较狭，齿大，单尖，4～5 颊齿间虚位。肉质鼻头很长。

习性：不详。

海狮　蒋志刚摄

海狗

学名：*Arctocephalinae*

英文名：Fur seal

原产地：北太平洋，沿北美西海岸和亚洲东海岸的岛屿。

形态：体呈纺锤形。头部圆，吻部短，眼睛较大，有小耳壳，体被刚毛和短而致密的绒毛，背部呈棕灰色或黑棕色，腹部色浅，四肢呈鳍状，适于在水中游泳。后肢在水中方向朝后，上陆后则可弯向前方，用四肢缓慢爬行。四肢短，像鳍，趾有蹼，尾巴短，毛紫褐色或深黑色，雌的毛色淡。雄性体长 2.1 m，体重 270 kg，雌性体长仅 1.5 m，体重 50 kg 或更多，仔兽体长 60～65 cm，体重 5.4～6 kg。

习性：捕食鳕鱼和鲑鱼，也吃海蟹、贝类。白天在近海游弋猎食，夜晚上岸休息。听觉和嗅觉灵敏。除繁殖期外，无固定栖息场所。每年的春末夏初，海狗进入繁殖季节。

南美海豹

学名：*Arctocephalus australis*

英文名：South American fur seal

原产地：福克兰群岛、南美沿岸从火地岛向北到巴西的里约热内卢和秘鲁的利马。

形态：深灰色，雌性和多数未成熟个体体色多样，颈和背部多为灰色，但有些毛尖部白色，使其呈银灰色，腹部淡黄。具外耳壳。头骨颅基长 255 mm，额部平，吻中长，鼻长 38 mm，腭部宽，齿列平行，齿冠三尖或单尖。雄性体长 1.2 m，体重 120～200 kg，雌性体长 1.4 m，体重 40～50 kg，仔兽体长 60～65 cm，体重 3.5～5.5 kg。

习性：以无脊椎动物、上层鱼、企鹅和头足类为食。11 月繁殖，1 头雄兽平均和 3～5 头雌兽组成多雌群。

海象

学名：*Odobenus rosmarus*

英文名：Walrus

原产地：北极海

形态：春季，海象开始大迁徙。雌海象产崽后，进入交配期。初生小海象体重可达 40 kg，经过一个月哺乳期后其体重可达近百公斤。小海象两岁时，身长可达 2.5 m，体重达 500 kg，从此开始独立生活。

南美浣熊

学名：*Nasua nasua*

英文名：coatimundi

原产地：美国西南部到南美洲一带的森林地区。

形态：雄体全长可达 73～136 cm，体重 4.5～11 kg，雌体略小。吻部长而坚韧，毛粗，灰色至微红或褐色，腹部色浅，面部有浅色线纹，尾细长，有深色环带，行动时竖立。

习性：多白天活动，5～6 只乃至 40 只一群。善爬树，在树上和地面觅食果、种子、卵和各种小动物。妊娠期约 77 d，每产 2～6 仔。

斑鬣狗

学名：*Crocuta crocuta*

英文名：Spotted hyena

原产地：非洲。

形态：身长 950～1 600 mm，尾长 250～360 mm，重 40～86 kg 雌性个体明显大于雄性。毛色土黄或棕黄色，带有褐色斑块。短、无鬃毛；上额犬齿不发达，但下颌强大，能将 9 kg 重的猎物拖走 100 m。

习性：见于视野开阔的生境，如长有仙人掌的石砾荒漠和半荒漠草原、低矮的灌丛等。成群活动，每群约 80 只左右，雄性个体在群体中占优势。性凶猛，可以捕食斑马、角马和斑羚等大中型草食动物。进食和消化能力极强，一次能连皮带骨吞食 15 kg 的猎物。善奔跑，时速可达 40～50 km，最高时速为 60 km。全年都能繁殖，但雨季为产仔高峰期。妊娠期 110 d，每胎产 2 仔。雄性 2 岁、雌性 3 岁性成熟。是目前非洲草原上数量最多的捕食动物，在维持被捕食动物种群数量方面具有作用。

斑鬣狗（*Crocuta crocuta*）　蒋志刚摄

缟鬣狗

学名：*Hyaena hyaena*

英文名：Hyaena

原产地：亚洲西南部和非洲东北部。

形态：皮毛呈浅灰色或淡黄，上有垂直的褐色或黑色条纹。体长 0.9～1.2 m，不包括 30 cm 长的尾巴。体重 25～55 kg。脚上只有 4 个趾，前肢比较长，脚爪不能握紧。颚和牙齿特别强健，可以咬碎大骨头。

习性：除了吃死尸外，还吃蝗虫、白蚁等昆虫以及鼠兔等小型啮齿动物，甚至还吃植物的果实。栖息于稀树草原、半沙漠地区以及海岸附近林地，生存环境偏向于干旱地区，有时群居，有时独居，白天和黑夜都可以活动。是著名的食腐动物。

非洲狮

学名：*Panthera leo*

英文名：Leo

原产地：在撒哈拉沙漠以南至南非以北的大陆上。

形态：长 2.8～3.7 m，雄狮体重可达 120～250 kg，雌狮 110～210 kg。体色有浅灰、黄色或茶色，雄狮的鬃毛有淡棕色、深棕色和黑色。

习性：群居性动物。

非洲狮　蒋志刚摄

美洲豹

学名：*Panthera onca*

英文名：Jaguar

原产地：美国以南，主要是南美洲的热带雨林和稀树草原。主要在巴西、阿根廷、哥斯达黎加、巴拉圭、巴拿马、萨尔瓦多、乌拉圭、危地马拉、秘鲁、哥伦比亚、玻利维亚、委内瑞拉、苏里南和法属圭亚那。

濒危信息：CITES 附录Ⅱ物种。

形态：体长 1.5～2.3 m，尾长 60～90 cm，肩高 75～90 cm，体重 39～160 kg。美洲虎有一定比例的黑色变异个体。

习性：食性广泛，吃一切能捕到的动物，包括龟类、鱼、短吻鳄、灵长类、鹿类、西猯、貘、犰狳以及两栖动物等。也会袭击家畜。雌性 2 岁性成熟，雄性 3～4 年性成熟。一年四季均可繁殖，雌性发情期 22～65 d，妊娠期约 100 d。

致危因素：森林砍伐和偷猎。

美洲狮

学名：*Puma conco*

英文名：Lorcougar

原产地：北到美国加利福尼亚州，南到南美洲最南端。

形态：雌性体长 1.3～2 m，尾长约 1 m，肩高 55～80 cm，体重 35～100 kg，成年雄性体长可达 2.4 m，体重 110 kg，雄性个体比雌性大 40%。

习性：妊娠期 90～95 d，每产 2～6 崽，刚出生的幼崽体重 220～500 g，眼睛蓝色，身上布满斑纹，并在 3 个月左右逐渐褪去。

美洲狮（*Puma conco*）　蒋志刚摄

非洲猎犬

学名：*Lycaon pictus*

英文名：African wild dog

原产地：非洲的干燥草原和半荒漠地带。

形态：体重为 18～34 kg，身长 85～141 cm，尾长 30～45 cm。雄性个体比雌性约大 3%～7%。每只脚有四个脚趾。

习性：一年内均可繁殖，高峰期为雨季的后半期，即每年的 3 月到 7 月间。怀孕期 10 周，每胎 2～20 只。生殖间歇期为 12～14 个月，如果幼仔全部死亡，则可以缩短为 6 个月。断奶期为 10 周。3 个月后小狗就会开始外出活动。8～11 个月大就能够自行捕食，12～18 个月达到性成熟。

北极熊

学名：*Ursus maritimus*

英文名：Polar bear

原产地：北极

濒危信息：CITES 附录 II 物种。

形态：雄性身长 240～260 cm，体重为 400～800 kg。雌性身长 190～210 cm，体重 200～300 kg。冬眠到来之前，体重可达 500 kg。

习性：主要捕食海豹，特别是环斑海豹，此外也会捕食髯海豹、鞍纹海豹、冠海豹。除此之外，它们也捕捉海象、白鲸、海鸟、鱼类、小型哺乳动物。夏季偶尔采食浆果和植物根茎。春末夏临之时，到海边来取食少量海草补充矿物质和维生素。

加拿大臭鼬

学名：*Mephitis mephitis Schreber*

英文名：Striped skunk

原产地：整个北美洲。

形态：体长 512～610 mm，体重 920～2 440 g。雄性大于雌性。头、耳、眼均小，四肢短，前足爪长，后足爪短，尾巴长并似刷状。具 1 对会阴腺。头部亮黑色，两眼间有一狭长白纹，两条宽阔的白色背纹始于颈背并向后延伸至尾基部。

习性：生活于林地、沟谷和耕地四周。多在黄昏活动，偶见于白天。挖洞而居、用草叶作为垫巢材料。巢域为 10.4 hm^2 左右。杂食性，秋、冬季以野果、小型哺乳类及谷物为食，而春、夏季多以昆虫和谷物等为主，偶吃小鸟、鸟卵、蛇、蛙等。以奇臭的腺体分泌物作为防卫武器。交配季节一雄多雌，2～3 月交尾，妊娠期 62 d。每胎 2～10 仔，5～6 仔居多。

灰袋鼠

学名：*Macropus giganteus*

英文名：Eastern grey kangaroo

原产地：灰袋鼠产于澳洲的南部和西部。

形态：体长 110～130 cm，尾长 100～110 cm，体重 60～80 kg；鼻孔两侧无黑色须痕；体毛呈深灰色。

习性：灰袋鼠主要生活于灌木丛中。植食性。善于跳跃，在遇到紧急情况时，一般能跳过 7～8 m 的距离和 1.5～1.8 m 的高度。无固定繁殖季节，孕期约为 1 个月，每胎 1 仔，偶有 2 仔，但出袋前一般死掉 1 只。初生幼仔体长 2.5 cm，体重约 2 g，全身裸露，双眼紧闭，未发育完全。出生后它本能地用前肢抓住母兽的腹毛慢慢地爬到育儿袋里。母兽的育儿袋内有四个乳头，幼仔叼住其中一个后，乳头便有规律地收缩，自动向幼仔嘴里输送乳汁。幼仔半年以后出袋活动，约 10 个月独立生活，1.5～2 岁性成熟。寿命20～22 年。

灰袋鼠　蒋志刚摄

红袋鼠

学名：*Macropus rufus*

英文名：Red kangaroo

原产地：澳大利亚东南部。

形态：体长 130~150 cm，尾长 120~130 cm，体重 70~90 kg。头小，颜面部较长，鼻孔两侧有黑色须痕。眼大。耳长。

习性：多在早晨和黄昏活动，白天隐藏在草窝中或浅洞中。喜欢集成 20~30 只或 50~60 只群体活动，植食性。1.5~2 岁成熟，孕期为 343 d，一般 1 胎 1 仔。寿命 20~22 年。

红袋鼠　蒋志刚摄

红颈袋鼠

学名：*Macropus rufogriseus*

英文名：Red-necked wallaby

原产地：澳洲东部海岸及高地。

形态：雄性体重 20 kg，体长 90 cm。鼻子及爪黑色，上唇有白纹，毛皮灰色，两肩之间有红斑。

习性：独自生活，但仍有较稀疏的群族，往往都有共同哺食的地方。它们于晚间觅食，尤其是在阴天或近黄昏时分，吃接近遮蔽处的草。独自生活，晚间觅食。有两个亚种。于夏天末（约 2 月至 4 月）或全年繁殖。孕期 8 个月。

树袋熊

学名：*Phascolarctos cinereus*

英文名：Koala

原产地：澳大利亚东南部。

形态：体长 70～80 cm，成年体重 8～15 kg，身被浓密灰褐色短毛，胸部、腹部、四肢内侧和内耳皮毛呈灰白色，鼻子裸露且扁平，没有尾巴。四肢粗壮，尖爪锐利，长而弯曲，它的爪尖利，每只五趾分为两排，一排为二趾，一排为三趾，善于攀树。

习性：以桉树叶和嫩枝为食，从取食的桉树叶中获得所需的 90%的水分，只在生病和干旱的时候喝水。雌性 3～4 岁时开始繁殖，通常一年繁殖一只小仔。有些雌性树袋熊每 2～3 年才会繁殖一次。一只雌性树袋熊一生中仅能繁殖 5～6 只小树袋熊。怀孕期仅为 35 d。

参考文献及数据库

[1]   Balmford A, Mace G M, Leader-Williams N. 1996. Designing the ark: setting priorities for captive breeding. Conservation Biology 10: 719-727.

[2]   Balmford A. 2000. Separating fact from artifact in analyses of zoo visitor preferences. Conservation Biology 14: 193-1195.

[3]   BirdLife International. 2001. Threatened birds of Asia: The BirdLife International Red Data. Cambridge, UK: BirdLife International. 1-3038.

[4]   Bitgood S, Benefield A, Paterson D, et al.. 1985. Zoo Visitors: Can We Make Them Behave? In: Proceedings of the Annual American Association of Zoological Parks and Aquariums Conference.

[5]   Bitgood S, Paterson D, Benefield A, et al.. 1986. Understanding Your Visitors: Ten Factors Influencing Visitor Behavior. In Proceedings of the Annual American Association of Zoological Parks and Aquariums Conference.

[6]   Bitgood S, Patterson D, Benefield A. 1998. Exhibit design and visitor behavior: empirical relationships. Environment and Behavior 20: 474-491.

[7]   Bitgood S, Paterson D, Benefield A, et al.. 1986. Understanding Your Visitors: Ten Factors Influencing Visitor Behavior. Proceedings of the Annual American Association of Zoological Parks and Aquariums Conference, Minneapolis, MN.

[8]   Bitgood S. 2000. Environmental Psychology in Museums, Zoos, and Other Exhibition Centers. The New Environment Psychology Handbook.

[9]   Bitgood S, Benefield A, Paterson D, et al.. 1985. Zoo Visitors: Can We Make Them Behave? In: Proceedings of the Annual American Association of Zoological Parks and Aquariums Conference.

[10]   Bitgood S. 2002.Environmental psychology in museums, zoos, and other exhibition cen- ters. In Handbook of Environmental Psychology, 461-480, R. Bechtel and A. Churchman (eds.).New York John Wiley and Sons.

[11]   Bonner JP. 2011. Vision and future of zoos. WAZA News 1/11: 2-4.

[12]   Churchman D, Bossler C. 1990. Visitor behavior at Singapore zoo. Resource in Education 11: 126-141.

[13]   Churchman D. 1987. Visitor behavior at Melbourn zoo. Resource in Education 8: 123-140.

[14]   Conde D A, Flesness N, Colchero F, et al.. 2011. An emerging role of zoos to conserve biodiversity. Science 331: 1390-1391.

[15]   Csatádi K, Kristin LeusJeffrey J M. Pereboom. 2007. A brief note on the effects of novel enrichment on an unwanted behaviour of captive bonobos, Applied Animal Behaviour Science 112: 201-204.

[16]   Cui B. Jiang D. 2011. The Problems and Countermeasures of Animal Protection in Zoos—Take Shenyang Glacier Zoo for Example. International Journal of Biology 3 (1): 136-139.

[17] da Silva M, da Silva J. 2007. A note on the relationships between visitor interest and characteristics of the mammal exhibits in Recife Zoo, Brazil. Applied Animal Behaviour Science 105: 223-226.

[18] Davey G. 2006. Relationships between exhibit naturalism, animal visibility and visitor interest in a Chinese zoo. Applied Animal Behaviour Science 96: 93-102.

[19] Finlay T, James L R, Maple T L. 1988. People's perceptions of animals: the influence of zoo environment. Environment and Behavior 20: 508-528.

[20] Grenyer R, Orme D L, Jackson S F, et al.. 2006. Global distribution and conservation of rare and threatened vertebrates. Nature 444, 93-96 |doi: 10.1038/nature05237.

[21] Gusset M, Dick G. 2011. The global reach of zoos and aquariums in visitor numbers and conservation expenditures. Zoo Biology 30: 566–569.

[22] Hare VJ, Ripsky D, Battershill R, et al.. 2003. Giant panda enrichment: Meeting everyone' needs. Zoo Biol. 22: 401-416.

[23] Hoage RF, Deiss WA. 1996. From Menagerie ro Zoological Park in the Nineteenth Century. Baltimore & London: The Johns Hopkins University Press.

[24] Hoffmann M, Hilton-Taylor C, Angulo A, et al.. 2010. The impact of conservation on the status of the world's vertebrates. Science 330: 1503-1509.

[25] International Species Information System, www.isis.org. Access on Nov. 20, 2011.

[26] IUCN/SSC. 1993. The World Zoo Conservation Strategy: The Role of the Zoos and Aquaria of the World in Global Conservation. Chicago: Chicago Zoological Society.

[27] Johnston RJ. 1998. Estimating demand for wildlife viewing zoological parks: an exhibit-specific, time allocation approach. Human Dimensions of Wildlife 3: 16-34.

[28] Karsten. P. 1988. Zookeeper Safety Manuel. 1988 (7): 1-10.

[29] Karsten. P. 1988. Zookeeper Training Manual.1988 (8): 128-138.

[30] Kleiman DG, Allen ME, Thompson KV, et al.. Wild Mammals in Captivity: Principles and Techniques. Chicago: The University of Chicago Press.

[31] Leus K, Bingaman L L, van Lint W, et al.. 2011.Sustainability of European Association of Zoos and Aquaria bird and mammal populations. WAZA Magazine 12: 11-14.

[32] Long S, Dorsey C, Boyle P. 2011. Status of Association of Zoos and Aquariums Cooperatively Managed Populations. WAZA Magazine 12: 15-18.

[33] Marcellini DL, Jenssen TA. 1998. Visitor behavior in the national zoo's reptile house. Zoo Biology 7: 329-338.

[34] Margulis SW, Hoyos C, Anderson M. 2003. Effect of felid activity on zoo visitor interest. Zoo Biology 22: 587-599.

[35] Mellen J, MacPhee MS. 2001. Philosophy of environmental enrichment: past, present, and future. Zoo Biology 3: 211-226.

[36]　Mitchell G，Herring F，Obradovich S，et al.. 1991. Effects of visitors and cage changes on the behaviors of mangabeys. Zoo Biology 10：417-423.

[37]　Ridgway S C. 2000. Visitor Behavior in Zoo Exhibits with Underwater Viewing：An Evaluation of Six Exhibits in the Western United States. MLArch Dissertation of the University of Arizona.

[38]　Strehlow H. Zoo and aquariums in Berlin. 63-72. In Hoage RF and Deiss WA.（eds.） From Menagerie ro Zoological Park in the Nineteenth Century. Baltimore & London：The Johns Hopkins University Press.

[39]　Ward PI，Mosberger N，Kistler C，et al.. 1998. The relationship between popularity and body size in zoo animals. Conservation Biology 12：1408-1411.

[40]　WAZA，2005. Building a Future for Wildlife：The World Zoo and Aquarium Conservation Strategy. WAZA，Berne，Switzerland.

[41]　Worstel C.　2007. 猩猩展区为例：顺从使用者需要设计展区. 刘丽，译. 世界动物园科技信息，2007.

[42]　Yan C，Jiang Z. 2006. Does estradiol modulate sexual solicitations in the female Sichuan Golden Monkey（Rhinopithecus roxculana）？ International Journal of Primatology. 27（4）：1171-1186.

[43]　Yu S，Jiang Z，Zhu H，et al.. 2009. Effects of odors on behaviors of captive Amur leopards Panthera pardus orientalis. Current Zoology 55（1）：20-27..

[44]　Zhao J，Shan B. 2007. Pollutant loads of surface runoff in Wuhan City Zoo，an urban tourist area. Journal of Environmental Sciences 19（4）：464-468.

[45]　Zhao Y，Wu S. 2011. Willingness to pay：animal welfare and related influencing factors in China. Journal of Appllied Animal Welfare Science 14（2）：150-161.

[46]　埃里克·巴拉泰，伊丽莎白·阿杜安·菲吉耶. 2006. 动物园的历史. 乔江涛，译. 北京：中信出版社.

[47]　奥克兰动物园. 2007. 鸟类丰富建议指导方针. 刘丽，译. 世界动物园科技信息，15.

[48]　奥谢，哈利戴. 2005. 两栖与爬行动物：全世界400多种两栖与爬行动物的彩色图鉴——自然珍藏图鉴丛书. 王跃招，译. 广州：中国友谊出版公司.

[49]　包军. 1997. 动物福利学科的发展现状. 家畜生态 18：33-39.

[50]　曹杰，何国声，徐梅倩，等. 2005. 野生动物园动物寄生虫调查. 野生动物杂志，26（6）：46-47.

[51]　常红，张忠潮. 2008. 我国动物园动物保护问题探析. 安徽农业科学，24：10504-10505.

[52]　陈博旻. 2012. 解析艺术美在公园公共设施中的应用——以南昌市动物园为例. 中国园艺文摘，2012（1）：82-83.

[53]　陈飞星，朱斌. 2002. 利用水生植物改善北京动物园水环境的研究初探. 上海环境科学，21（8）：469-472.

[54]　陈兼善，于名振. 1984. 台湾脊椎动物志（上册）. 台北：台湾商务印书馆. 1-457.

[55]　陈兼善，于名振. 1984b. 台湾脊椎动物志（下册）. 台北：台湾商务印书馆. 1-412.

[56]　陈金洪. 2007. 赤猴的行为观察与饲养管理. 福建畜牧兽医，29：16-17.

[57]　陈澜沧. 2003. 动物展示与生态环境的表现. 广州园林，（2）：29-31.

[58] 陈礼朝，李文斌，周建平，等.2009. 动物园及家养野生动物的化学麻醉与保定效果观察. 畜禽业，（12）：74-76.

[59] 陈宁，刘婕，宁长申，等.2005. 郑州市动物园珍禽寄生虫感染情况调查. 中国兽医寄生虫病，13（3）：59-62.

[60] 陈文汇，纪建伟，刘俊昌. 2007. 我国综合型野生动物园数量分布与区域社会经济发展的关联分析. 林业资源管理，（5）：71-75.

[61] 陈绚姣，陈武，张马龙，等.2005. 动物园草食兽附红细胞体病的诊断及治疗. 动物医学进展，26（6）：116-118.

[62] 陈雪.2010. 动物园动物保护工作与公众支持的建立. 绿色科技，（12）：138-139.

[63] 程健.2003.优美的环境和谐的空间——昆明动物园孔雀园规划设计.中国园林，19（7）：42-43

[64] 程鲲.2003. 动物园游客的观赏和教育效果评价. 东北林业大学硕士学位论文.

[65] 程英芬，代俊荣，刘文秀.2006. 动物园兽舍生态绿化研究. 园林科技，（4）：18-22.

[66] 崔冰冰，刘广纯.2010. 动物园保护动物的问题及解决对策——以沈阳冰川动物园为例. 黑龙江畜牧兽医，（12）：153-155.

[67] 崔卫国，包军.2004. 动物的行为规癖与动物福利. 中国畜牧兽医，31：3-5.

[68] 崔卫国.2004. 动物园内动物的异常行为. 生物学通报，39：21-22.

[69] 丁文娟，冯爱国，宋桂强，等.2012. 青贮饲料的制作及在野生动物中的应用. 中国畜牧兽医文摘，28（4）：186-197.

[70] 范丽琴.2010. 成都动物园动物保护效益调查分析. 四川林业科技，31（5）：108-111.

[71] 方红霞，罗振华，李春旺，等.2010. 中国动物园动物种类与种群大小. 动物学杂志，42：54-66.

[72] 房英春，邢才，杨晴，等.2008. 沈阳市森林野生动物园的现状及保护对策. 农技服务，24（11）：84-85.

[73] 费梁，孟宪林.2005. 常见蛙蛇类识别手册. 北京：中国林业出版社. 1-217.

[74] 费梁，叶昌媛，黄永昭，等.2005. 中国两栖动物检索及图解. 成都：四川科学技术出版社. 1-326.

[75] 风易.1999. 野生动物园，经起几番风雨. 中国林业，2：24-25.

[76] 冯友谦，杨庆川.1995. 北京动物园经济情况调查报告. 北京园林，（3）.

[77] 甘卫华.2012. 动物园保护动物存在的问题与对策. 科技信息，（11）.

[78] 郭志宏，李闻，刘维宏，等.1997. 西宁动物园藏野驴寄生蠕虫调查. 中国兽医科技，27（1）：11-12.

[79] 国家林业局.2000. 全国野生动物园建设与发展规划（2000—2010 年）.

[80] 哈里森，格林史密斯.2005. 鸟：全世界800多种鸟的彩色图鉴——自然珍藏图鉴丛书. 丁长青，译. 广州：中国友谊出版公司.

[81] 何勇贵. 2008. 特殊动物展示区景观设计的原则与方法——以上海动物园马来熊展区景观设计为例. 农业科技与信息（现代园林），2008（8）：51-55.

[82] 贺佳飞，李凌鹏，周伟.2004. 昆明动物园区域布局合理性分析与评价. 西南林学院学报，24（1）：49-54.

[83] 胡刚，张宪东. 2002. 昆明动物园圈养水鹿，梅花鹿的饲养及行为观察. 西北林学院学报，17（4）：73-76.

[84] 黄鉴明，杨光成. 1994. 某动物园几种动物炭疽病的确诊和防治. 中国兽医科技，24（2）：32-32.

[85] 黄玫. 2005. 生物多样性在城市动物园规划中的运用. 当代生态农业，14（1）：66-70.

[86] 黄勉，植广林. 2012. 浅谈动物园兽医工作的思路. 广东园林，34（1）：7-8.

[87] 黄世强. 1994. 北京动物园大熊猫繁殖记录. 生物多样性，2（2）：113-117.

[88] 黄志宏，王兴金，何梓铭，等. 2007. 环境丰容对单独圈养黑猩猩行为影响的研究. 野生动物，28：19-22.

[89] 贾劲锐. 2011. 动物园在生态城市建设中可拓展性作用. 山西林业，（1）：30-32.

[90] 菅复春，韩德鹏，张龙现，等. 2007a. 郑州市动物园鸟类寄生虫感染调查及驱虫试验. 中国畜牧兽医，34（10）：104-106.

[91] 菅复春，张庆涛，李少英，等. 2008. 郑州市动物园草食动物和灵长类动物寄生虫感染情况及驱虫试验. 中国农学通报，24（5）：29-34.

[92] 菅复春，朱金鑫，赵金凤，等. 2007b. 郑州市动物园东北虎和非洲狮蛔虫感染情况调查与防治. 中国畜牧兽医，34（8）：78-80.

[93] 姜虹，徐苏宁. 2006. 我国城市动物园选址的误区与对策. 低温建筑技术，（3）：162-165.

[94] 蒋志刚. 2001. 野生动物的价值与生态服务功能. 生态学报，21：1909-1917.

[95] 蒋志刚. 2011. 鄂尔多斯动物园项目建议书. 鄂尔多斯动物园项目咨询文件第8号.

[96] 蒋志刚. 1997. 迁地保护//蒋志刚，马克平，韩兴国. 保护生物学. 杭州：浙江科技出版社.

[97] 解德胜，王会香. 1998. 动物园熊与狮的死亡病例. 中国兽医杂志，24（12）：24-26.

[98] 金惠宇，夏述忠. 2000. 建设野生动物园的意义及其发展对策初探. 上海建设科技，2000（6）.

[99] 金钱荣，吴志晖，吴兴辉. 2004. 云南野生动物园环境绿化设计研究. 林业调查规划，29（1）：88-90.

[100] 李华，潘文婧. 2005. 环境丰容对圈养黑猩猩行为的影响. 北京师范大学学报，41（4）：410-414.

[101] 李杰. 2011. 动物园园林景观植物虫害的综合防治. 山西科技，26（6）：131-132.

[102] 李丽芸. 2006. 动物园绿化植物的配植. 科技情报开发与经济，16（1）：290-291.

[103] 李梅荣，唐泰山，张常印，等. 2006. 动物园大型猫科动物犬瘟热的免疫监测. 中国病毒学，21（4）：368-370.

[104] 李淑军，王晓丽，刘俊，等. 2002. 大连森林动物园蝇类防治. 中华卫生杀虫药械，8（4）：4-5.

[105] 李淑玲，焦燕芬. 1994. 动物园野生动物繁殖性能的综合评定方法探讨. 野生动物，（6）：11-13.

[106] 李淑玲，刘景臣. 1997. 动物园野生动物种群的系谱分析. 黑龙江动物繁殖，5（2）：17-18.

[107] 李树忠. 1994. 北京动物园珍贵鸟类的繁殖成果简介. 生物多样性，2（3）：181-183.

[108] 李伟杰，赵耘，杜昕波，等. 2010. 动物园野生动物支气管败血波氏杆菌的分离鉴定与系统发育树的构建. 中国兽医学报，30（3）：344-346.

[109] 李闻，郭志宏，马少丽，等. 2000. 西宁动物园珍稀野生动物寄生蠕虫名录. 青海畜牧兽医杂志，30（4）：9-10.

[110] 李兴玉, 王强, 杨晓梅, 等. 2011. 动物园珍禽禽流感和新城疫免疫抗体检测. 畜牧与兽医, 43（6）: 77-79.

[111] 李亚林, 李叙云. 2000. 融自然风景区与野生动物园为一体——雅安碧峰峡野生动物园规划设计. 四川建筑, 20（3）: 9-11.

[112] 李妍, 胡红青, 刘静, 等. 2005. 武汉动物园土壤特性与磷释放研究. 华中农业大学学报, 24（2）: 165-168.

[113] 李叶, 丁新民, 郝建新, 等. 2011. 新疆天山野生动物园散放盘羊夏季昼间活动节律及时间分配. 野生动物, 32（6）: 299-301.

[114] 李跃峰, 李俊梅, 费宇, 等. 2010. 用旅行费用法评估樱花对昆明动物园游憩价值的影响. 云南地理环境研究, 22（1）: 88-93.

[115] 李振宇, 解焱. 2002. 中国外来入侵种. 北京: 中国林业出版社, 1-326.

[116] 李忠淑. 2004. 从动物园选址看太原市城市休闲空间的构建. 山西建筑, 30（22）: 16-17.

[117] 梁玮. 2010. 浅析野生动物园中野生动物资源的法律保护. 法制与经济, （16）: 48-50.

[118] 林君兰. 1993. 动物展示场前游客行为之观察分析. 动物园学报, 5: 41-50.

[119] 林君兰. 1993. 动物展示场前游客行为之观察分析. 动物园学报, （5）: 41-50

[120] 林毅. 2011. 论福州市新动物园设计与实践. 海峡科学, （8）: 42-44.

[121] 刘碧云. 2006. 福建省陆生野生动物园区建设与管理通用技术规范刍议. 林业勘察设计, （1）: 56-58.

[122] 刘德晶. 2000. 中国的野生动物园及建设. 野生动物, 21（1）: 20-21.

[123] 刘定震, 王立文, 张晓彤, 等. 2003. 大熊猫尿液中挥发性成分的初步分析. 北京师范大学学报（自然科学版）, 39（1）: 123-131.

[124] 刘定震, 张贵权, 魏荣平, 等. 2002. 性别与年龄对圈养大熊猫行为的影响. 动物学报, 48（5）: 584-590.

[125] 刘建斌. 2008. 广州动物园主要绿化树种病虫害调查. 江西植保, 31（1）: 38-40.

[126] 刘娟, 陈玥, 郭丽然, 等. 2005. 圈养大熊猫刻板行为观察及其激素水平测定. 北京师范大学学报（自然科学版）, 41（1）: 75-78.

[127] 刘丽. 1995. 东北虎相残行为初步分析. 野生动物, 16（1）: 23-25.

[128] 刘牧, 张金国, 刘维俊, 等. 2011. 中国建立"冷冻动物园"浅析. 野生动物, 32（1）: 41-45.

[129] 刘乔伊, 魏梓菲, 田春华, 等. 2012. 大熊猫取食时的利手研究. 生物学通报, 47（2）: 51-55.

[130] 刘霞利. 2000. 南京红山森林动物园营林改造技术. 江苏林业科技, （1）.

[131] 刘小青, 桑青芳, 严志强. 2006. 动物园的科学发展观与市场化选择. 野生动物, 27（2）: 53-56.

[132] 刘小青, 吴其锐, 黄翠莲, 等. 2007. 广州动物园草食类动物的饲养及其效果评价. 野生动物, 28（5）: 50-54.

[133] 刘小青, 吴其锐, 王静, 等. 2012. 动物园动物的应激行为与动物福利管理. 野生动物, 33（1）: 51-53.

[134] 刘育文. 2005. 广州动物园生态完善建设规划思路与分析. 广东园林, 31（5）: 15-17.

[135] 罗洪章，匡中帆，吴忠荣. 2006. 贵阳黔灵公园动物园笼养黑叶猴的行为观察. 西北林学院学报，21（4）：96-100.

[136] 罗小红，杨晓霞，雷丽. 2011. 我国野生动物园时空分布研究. 西南师范大学学报（自然科学版），36（3）：229-232.

[137] 马建章，田秀华，马雪峰. 2006. 东方白鹳迁地保护研究现状及发展趋势. 野生动物，2006（3）.

[138] 梅涛. 2004. 浅析武汉动物园对墨水湖水质污染的影响. 中国环境管理（吉林），23（2）：40-42.

[139] 彭建宗，刘小青，吴其锐，等. 2010. 广州动物园草食动物饲用木本植物的筛选. 野生动物，31（1）：39-41.

[140] 彭真信，朱飞兵，吕慧，等. 1998. 动物园中大熊猫粪便菌群的检测. 中国兽医科技，28（12）：46-47.

[141] 齐萌，董海聚，胡霖，等. 2011. 野生动物园动物肠道寄生虫感染情况调查. 中国畜牧兽医，38（10）：188-191.

[142] 齐萌，冯超，韩同广，等. 2009. 动物园草食动物肠道寄生虫感染情况和治疗效果回顾性分析. 中国畜牧兽医，36（5）：172-174.

[143] 饶广新. 2011. 论动物园建设的整体规划. 山西建筑，37（33）：13-14.

[144] 饶广新. 2012. 论动物园建设的园林景观. 山西建筑，38（3）：211-212.

[145] 沈富军，张志和，李光汉，等. 2002. 圈养大熊猫的系谱分析. 遗传学报，4：307.

[146] 沈权，蒲颖艳，张文，等. 2008. 皖南某野生动物园戊型肝炎跨种感染的分析. 安徽农业科学，36（9）：3690-3691.

[147] 沈志军，孙伟东. 2012. MBO 在红山森林动物园管理中的应用. 绿色科技，2012（4）：244-247.

[148] 沈志军，白亚丽. 2011. 基于 SWOT 分析法的南京红山森林动物园发展战略分析. 野生动物，32（6）：349-353.

[149] 舒巧云. 2004. 动物园优质牧草周年供青品种及生产关键技术介绍. 宁波农业科技，2004（3）：15-16.

[150] 宋晓东，张延君，田秀华. 2012. 大连森林动物园散放区草食动物混养现状及模式初探. 野生动物，33（2）：84-88.

[151] 唐朝忠，卫泽珍. 1997. 长颈鹿骨软症的诊断及体内矿物元素含量测定. 中国兽医科技，1997（1）：45-46.

[152] 唐朝忠，温伟业，卫泽珍，等. 1998. 动物园中褐马鸡生理生化指标的研究. 应用与环境生物学报，4（1）：85-87.

[153] 唐乐，周舟，甘德欣. 2010. 生态动物园设计的核心理念与发展方向. 湖南农业大学学报（自然科学版），36（2）：79-82.

[154] 田红，魏荣平，张贵权，等. 2007. 雄性大熊猫对化学信息行为反应的年龄差异. 动物学研究，28（2）：134-140.

[155] 田红，魏荣平，张贵权，等. 2004. 传统圈养和半自然散放环境亚成年大熊猫的行为差异. 动物学研究，25（2）：137-140.

[156] 田秀华，张丽烟，高喜凤，等. 2007b. 中国动物园保护教育现状分析. 野生动物，28（6）：33-37.

[157] 田秀华, 张丽烟, 王晨. 2007. 动物园环境丰容技术及其效果评估方法. 野生动物, 28: 64-68.

[158] 田裕中. 2007. 引进国际先进理念, 打造生态型动物展示模式. 中国公园, (33).

[159] 万林旺. 2011. 上海市动物园改造规划设计. 建筑设计管理, (6): 64-66.

[160] 王保强, 肖方, 赵靖. 2010. 北京动物园内的标识牌示 (一) ——导向标识. 广告大观 (标识版), (4).

[161] 王根红, 邱振亮, 张志忠, 等. 2002. 合肥野生动物园食草动物寄生虫的调查. 中国兽医寄生虫病, 10 (3): 63-64.

[162] 王华川, 顾正飞. 2010. 基于生态理念的现代动物园设计趋势及建议. 中国园艺文摘, (3): 72-73.

[163] 王晶, 杨宝仁. 2010. 旅行费用法在北方森林动物园资源价值评估中的应用. 经济师, (7): 64-65.

[164] 王莉. 2011. 动物园的百年"禁锢". 建筑知识, 31 (1): 30-33.

[165] 王丽, 刘占海, 崔书宝, 等. 2011. 浅谈动物园园林植物配置——以天津动物园为例. 天津农学院学报, 18 (3): 23-27.

[166] 王丽华. 2003. 大连森林动物园旅游形象定位和传播策略. 桂林旅游高等专科学校学报, 14 (3): 56-58.

[167] 王强, 黄道超, 杨光友, 等. 2007. 成都动物园爬行动物寄生虫感染情况调查. 四川动物, 26 (2): 451-453.

[168] 王荣军, 朱金凤, 张龙现, 等. 2007. 郑州动物园鹤球虫感染调查. 河南农业大学学报, 41 (1): 61-63.

[169] 王荣琼, 刘永张, 李树荣, 等. 2006. 昆明动物园孔雀消化道寄生虫调查. 动物医学进展, 2006 (10).

[170] 王荣琼, 刘永张. 2011. 昆明地区圈养狮子感染狮弓蛔虫初查. 经济动物学报, 15 (1): 61-62.

[171] 王万华, 王志永, 李勇军, 等. 2009. 动物园动物的应激及其管理. 野生动物, 30 (6): 318.

[172] 王伟. 2008. 野生动物饲料安全的初步探讨. 饲料广角, (23): 21-22.

[173] 王炜, 杨梅, 杨敏, 等. 2009. 昆明动物园野生鸟类多样性调查. 西南林学院学报, 29 (3): 62-66.

[174] 王小龙, 李培英, 顾有方, 等. 2010. 安徽某动物园灵长类和草食类动物隐孢子虫感染情况调查. 安徽科技学院学报, 24 (1): 8-11.

[175] 王兴金. 2012a. 动物园兽医的使命及发展思路. 野生动物, 33 (1): 48-50.

[176] 王兴金. 2012b. 毋忘社会责任探索动物园现代转型之路. 广东园林, 34 (1): 4-6.

[177] 王迎春, 王立刚, 耿旭, 等. 2005. 利用生物制剂处理北京动物园富营养型地表水的初步研究. 环境污染治理技术与设备, 6 (6): 24-27.

[178] 王宗祎. 1996. 野生动物易地保护情况调研阶段报告——动物园与野生动物保护//中国环境与发展国际合作委员会. 保护中国的生物多样性. 北京: 中国环境科学出版社, 76-90.

[179] 韦莉, 韩志刚, 吴登虎, 等. 2012. 重庆动物园亚洲象真菌性皮肤病的治疗探讨. 四川动物, 31 (2): 265-268.

[180] 魏荣平, 张贵权, 李德生, 等. 2002. 大熊猫母性行为培训. 生物学通报, 38 (2): 1-3.

[181] 魏婉红. 2006. 我国野生动物园的发展定位思考. 北京: 北京林业大学博士学位论文.

[182] 吴必虎.2001. 区域旅游规划原理. 北京：中国旅游出版社，251-252.

[183] 吴昌标，吴莉莉，郑文金，等.2008. 动物园动物粪便中苏云金芽孢杆菌调查. 经济动物学报，12（4）：241-244.

[184] 吴海龙，江浩，吴治安.2003. 合肥野生动物园黑麂的繁殖资料. 动物学杂志，38（2）：40-44.

[185] 吴金亮. 1998. 昆明动物园野生鸟类群落及与环境的关系. 云南大学学报：自然科学版，20（5）：388-391.

[186] 吴孔菊，李洪文，费立松，等. 2005. 圈养条件下鸳鸯的自然繁殖. 四川动物，24（4）：582-583.

[187] 吴其锐.2008. 城市动物园开放式生态化展示体系研究. 广东园林，（1）：60-62.

[188] 吴其锐.2011. 野生动物饲养展出管理要求提高人的安全行为能力. 野生动物，32（5）：285-288.

[189] 吴艳云，史秋梅，孙好学，等.2009. 动物园动物禽流感疫苗免疫后抗体水平检测. 中国兽医杂志，45（3）：85-86.

[190] 吴兆铮，田裕中，熊成培.2005. 以人为本让动物园里也和谐. 城乡建设，11：46-47.

[191] 吴兆铮. 2006. 兽舍，一个无尽的话题. 人与生物圈，（4）：37.

[192] 伍清林，金兰梅，邓长林，等.2010. 动物园部分动物舍内外环境中常见病原菌的调查. 家畜生态学报，31（6）：70-75.

[193] 肖方，杨小燕，杜洋.2009. 中国的动物园. 科普研究，4（5）：69-73.

[194] 肖绍祥，廖国新，周增香，等.2008. 北京动物园水体藻华成因及人造生物膜控藻效果. 污染防治技术，21（2）：70-73.

[195] 熊飞.2009. 野生动物行为与安全管理. 山东畜牧兽医，（7）.

[196] 徐国煜. 2006. 仿生态改造城市动物园. 中国农村小康科技，（3）：33.

[197] 徐蒙，王智鹏，刘定震，等.2011. 发情期大熊猫交互模态信号通信. 科学通报，56（36）：3073-3077.

[198] 徐学群，沈志军.2011. 南京红山森林动物园发展环境评析. 绿色科技，（10）：178-181.

[199] 许韶娜，程鲲，邹红菲.2007. 动物园展馆评估系统的建立及应用. 四川动物，26：174-178.

[200] 阎彩娥，蒋志刚，李春旺，等. 2003a. 利用尿液中的性激素含量监测雌性川金丝猴（*Rhinopithecus roxellana*）的月经周期和妊娠. 动物学报，49：693-697.

[201] 阎彩娥，蒋志刚，李春旺，等. 2003b. 雌性川金丝猴（*Rhinopithecus roxellana*）的邀配行为与雌二醇水平的相互关系及其在妊娠期的生物学意义. 动物学报，49：736-741.

[202] 杨健鸾.2011. 云南野生动物园客源市场分析. 绿色科技，（8）：248-250.

[203] 杨明海，龚光建.1998. 北京动物园动物粪便寄生虫卵检查及分析. 中国兽医杂志，24（7）：19-20.

[204] 杨文辉，邓爱怀，邹希明，等.2009. 北方森林动物园鸟类传染性疾病监测和防治措施的探讨. 畜牧兽医科技信息，（9）：25-27.

[205] 杨小燕.2002. 北京动物园园志概述. 北京：中国林业出版社.

[206] 杨秀梅，李枫.2008. 中国野生动物园发展中的突出问题和可持续发展对策. 野生动物，29：152-156.

[207] 杨秀梅，李枫. 2008. 中国野生动物园发展中的突出问题及可持续发展对策. 野生动物，29（3）：152-156.

[208] 杨秀梅. 2008. 我国野生动物园可持续发展经营管理模式初步研究. 哈尔滨：东北林业大学硕士学位论文.

[209] 叶枫. 2007. 动物园发展及其规划设计. 北京：北京林业大学.

[210] 叶枫. 2008. 动物园规划设计概述. 风景园林，（4）：117-119.

[211] 叶瑞铨. 2005. 动物园绿化的植物配置研究——以南平市九峰山动物园为例. 福建热作科技，30（3）：21-23.

[212] 叶知妙. 2005. 绿色的家园——温州市新动物园设计札记. 建筑知识，（6）：30-31.

[213] 尹秀花. 2009a. 浅谈如何提高动物园绿化景观效果. 科技情报开发与经济，19（23）：211-212.

[214] 尹秀花. 2009b. 浅析园林植物配置对改善动物生存环境的作用. 科技情报开发与经济，19（24）：184-185.

[215] 尹秀花. 2009c. 浅谈城市动物园的园林绿化. 科技情报开发与经济，19（28）：203-204.

[216] 于洪贤，覃雪波. 2005. 哈尔滨北方森林动物园生态旅游开发探讨. 东北林业大学学报，33（6）：85-86.

[217] 于洪贤，王晶. 2007. 模糊决策理论在旅游资源综合评价中的应用——以哈尔滨北方森林动物园为例. 东北林业大学学报，35（1）：79-81.

[218] 于学伟. 2012. 动物园环境丰容的基础与原则. 野生动物，33（2）：97-99.

[219] 于延军. 2010. 浅议动物园自然生态型展区设计. 河北林业科技，（4）：49-51.

[220] 于泽英. 2004. 动物园圈养种群的遗传学管理. 野生动物，25（4）：41-42.

[221] 鱼京善，崔国庆. 2004. 北京动物园水体水华发生的生态学机理. 环境工程，22（4）：62-65.

[222] 袁志航，文利新. 2007. 动物免疫应激研究进展. 动物医学进展，28（7）：63-65.

[223] 约翰·马敬能，卡伦·菲利普斯，何芬奇. 2000. 中国鸟类野外手册. 长沙：湖南教育出版社，1-517.

[224] 昝树婷，周立志，江浩，等. 2008. 合肥野生动物园东方白鹳的保护遗传学初步研究. 生物学杂志，25（6）：22-25.

[225] 詹锦花. 2009. 浅谈动物园的植物配置——以福州市动物园为例. 热带农业科学，29（4）：70-73.

[226] 张成林，蔡勤辉，牛李丽，等. 2010. 中国圈养野生动物疫苗使用调查. 野生动物，31（4）：204-208.

[227] 张成林. 2010. 加强圈养野生动物疫病防控技术研究. 中国比较医学杂志，20（11）：95-97.

[228] 张得良. 2007. 西宁动物园科技发展现状及思考. 青海科技，（6）：75-76.

[229] 张邓华，陈清凤，邓芸，等. 2009. 重庆市动物园动物环境中常见病原菌的调查及预防保健措施. 中国畜牧兽医，36（8）：140-143.

[230] 张冬野. 2011. 孔雀群大肠杆菌和沙门氏菌混合感染的诊治. 畜禽业，2011（12）：78-79.

[231] 张恩权. 2006. 两栖爬行动物的异地保护. 野生动物杂志，27（6）：41-43.

[232] 张国贤，王利涛，曹天海. 2010. 金刚鹦鹉的繁殖行为观察. 野生动物，31（1）：37-38.

[233] 张建辉. 2003. 西霞口野生动物园繁殖野生动物经验谈. 野生动物，2003（1）.

[234] 张金国. 1986. 动物园野生动物弓形虫病感染的调查. 中国兽医科技，16：21-22.

[235] 张君，胡锦矗，钟顺龙，等. 2004. 圈养山魈繁殖行为的观察. 兽类学报，24（3）：205-211.

[236] 张君，胡锦矗，钟顺龙. 2006. 圈养山魈昼夜活动节律的研究. 西华师范大学学报（自然科学版），27（3）：242-247.

[237] 张述义，周忠勇. 2001. 动物园珍稀野生动物弓形虫感染的血清学调查. 中国兽医学报，21（1）：68-71.

[238] 张涛，王俊丽，张丽敏. 2003. 动物标记在动物园中的应用. 野生动物，24（1）：20-21.

[239] 张文东. 2003. 动物园建设与动物保护. 林业调查规划，28（1）：78-80.

[240] 张旭，邹晞明，杨文辉，等. 2007. 北方森林动物园观赏鸟类寄生蠕虫的调查研究. 黑龙江八一农垦大学学报，19（1）：60-63.

[241] 张远环. 2008. "动物、人、自然"和谐的乐园——广州动物园飞禽大观景区改造. 今日科苑，（10）.

[242] 张占侠. 1994. 浅谈动物园群集饲养的鸟类发病原因及预防. 畜牧与兽医，26（3）：123.

[243] 张志国. 2012. 全国首家"零碳馆"落户北京动物园. 绿色中国，（4）：70-72.

[244] 赵波，王强，严慧娟，等. 2009. 成都动物园野生动物原虫和犬恶丝虫的感染情况调查. 中国兽医科学，39（3）：277-282.

[245] 赵建伟，单保庆，尹澄清. 2006. 城市旅游区降雨径流污染特征——以武汉动物园为例. 环境科学学报，26（7）：1062-1067.

[246] 赵金凤，杨光诚，周守营，等. 2007. 动物园肉，杂食动物消化道寄生虫感染情况调查及驱虫试验. 中国畜牧兽医，34（3）：110-112.

[247] 赵靖，肖方，王保强. 2009. 北京动物园导视牌示系统研究. 中国园林，（9）：86-90.

[248] 赵静，汪明权，刘严秋. 2008. 亚洲象细菌性急性败血症的病理学观察. 湖北畜牧兽医，（4）：29-30.

[249] 赵文娟. 2010. 太原动物园圈养动物感染寄生虫情况的调查. 科学之友，（19）.

[250] 赵义旺. 2003. 云南野生动物园建设中若干问题的探讨. 林业资源管理，（4）：34-37.

[251] 赵英杰，贾竞波. 2009. 中国动物福利支付意愿及影响因素分析. 东北林业大学学报，37（6）：48-50.

[252] 郑光美. 世界鸟类分类与分布名录. 北京：科学出版社，2002.

[253] 郑光美. 中国鸟类分类与分布名录. 北京：科学出版社，2005.

[254] 郑乐，刘芳，李琳娜. 2012. 动物园条件下鸳鸯的繁殖行为. 特种经济动植物，（5）.

[255] 郑淑玲. 1994. 中国动物园在野生动物的易地保护中的作用//李渤生，詹志勇. 绿满东亚，北京：中国环境科学出版社，327-345.

[256] 郑先春，吴明清. 1995. 动物园饲养动物血清 HBsAg 水平调查. 中国兽医学报，15（2）：197-197.

[257] 中国动物园协会管理委员会年会. 中国动物园协会道德规范和动物福利公约. 广州：2011.

[258] 中国野生动物保护协会，费梁. 1999. 中国两栖动物图鉴. 郑州：河南科学技术出版社，1-432.

[259] 中国野生动物保护协会，季达明，温世生. 2002. 中国爬行动物图鉴. 郑州：河南科学技术出版社，1-347.

[260] 中国野生动物保护协会，盛和林. 2005. 中国哺乳动物图鉴. 郑州：河南科学技术出版社，1-527.

[261] 中华人民共和国林业部. 1996. 林业部关于加强野生动物园建设管理的通知.

[262] 钟灵，李学琼，廖辉，等. 2011. 重庆动物园饲料管理小结. 国外畜牧学（猪与禽），（6）.

[263] 周杰珑，刘丽，王家晶，等. 2012. 春季动物园大熊猫粪便可培养真菌鉴定与分析. 西南林业大学学报，32（1）：74-78.

[264] 周杰珑，马国强，李奇生，等. 2012. 高海拔地区昆明野生动物园大熊猫春季刻板行为探究. 四川动物，31（3）：342-347.

[265] 周明华，黄冠燊，陈翊平，等. 2007. 武汉动物园人工湿地土壤氮素时空分布特征. 华中农业大学学报，26（3）：322-326.

[266] 周圣生，周春华，唐亮，等. 1996. 上海野生动物园土壤性状及其综合评价. 上海农学院学报，14（3）：153-158.

[267] 周伟，杨梅，黄和显. 2004. 昆明动物园迁地保护及管理分析. 西南林学院学报，24（3）：43-50.

[268] 朱本传. 2010. 浅谈合肥动物园几种非洲动物散放混养技术. 安徽农学通报，16（12）：50-50.

[269] 朱丽叶·克鲁顿-布罗克. 2005. 哺乳动物：全世界450多种哺乳动物的彩色图鉴——自然珍藏图鉴丛书. 王德华，等. 广州：中国友谊出版公司.

[270] 朱渺也，王晓虹. 2010a. 当下对城市动物园搬迁与建设的思考. 现代园艺，9：35-37.

[271] 朱渺也，王晓虹. 2010b. 浅析南昌动物园繁育华南虎种群的软硬件优势. 现代园艺，（8）：57-59.

[272] 朱祥明. 1994. 上海野生动物园规划构想. 上海建设科技，3：36-38.

[273] 邹希明，杨文辉，张丽冰，等. 2009. 哈尔滨北方森林动物园观赏肉食目动物寄生蠕虫感染情况调查. 中国动物传染病学报，17（3）：73-75.

参考网站

《IUCN 红色名录》http：//www.iucnredlist.org/

CITES 附录查询 http：//www.cites.org/eng/resources/species.html

动物多样性数据库 *Animaldiversity* http：//animaldiversity.ummz.umich.edu/site/index.html

生命大百科 *Encyclopedia of Life* http：//eol.org/

国际鸟盟 *Bird life* http：//www.birdlife.org/

维基百科 *Wikipedia* http：//en.wikipedia.org/wiki/Main_Page

动物志 http：//www.zoology.csdb.cn/page/showTreeMap.vpage？uri=cnfauna.tableTaxa&id=

中国濒危动物红皮书数据库 http：//vzd.brim.ac.cn/xieyan_redbooksrch.asp

中国物种信息服务（CSIS）网 http：//www.baohu.org/csis_search/search1.php

野生动物网 http：//www.cnwildlife.com/

中国濒危和保护动物数据库 http：//zd1.brim.ac.cn/endangsrch.asp

中国濒危物种进出口信息网 http：//www.cites.gov.cn/

中国动物物种编目数据库 http：//www.bioinfo.cn/db05/BjdwSpecies.php

中国动物信息网 http：//www.animal.net.cn/Tree_View.asp

中国动物志数据库 http：//zd1.brim.ac.cn/fauna1srch.asp

中国生物多样性与自然保护区网 http：//www.biodiv.org.cn/

中国蛙类网 http：//www.frogvilla.com/

中国野生动物保护协会 http：//www.cwca.org.cn/index.htm

动物名称数据库 http：//zd1.brim.ac.cn/Mnamesrch.asp

国家林业局 http：//www.forestry.gov.cn/

环境保护部 http：//www.mep.gov.cn/